"十二五"普通高等教育本科国家级规划教材

高校建筑环境与能源应用工程学科专业指导委员会规划推荐教材

燃 气 输 配

Gas Transmission and Distribution

（第五版）

段常贵　主编

中国建筑工业出版社

图书在版编目(CIP)数据

燃气输配/段常贵主编. —5 版 .—北京：中国建筑
工业出版社，2015.9（2023.4 重印）
"十二五"普通高等教育本科国家级规划教材. 高
校建筑环境与能源应用工程学科专业指导委员会规划
推荐教材
ISBN 978-7-112-18411-8

Ⅰ.①燃… Ⅱ.①段… Ⅲ.①燃气输配-高等学校-
教材 Ⅳ.①TU996.6

中国版本图书馆 CIP 数据核字(2015)第 202913 号

本书共 13 章，包括：城镇燃气的分类及其性质，城镇燃气需用量及供需平衡，
燃气的长距离输送系统，城镇燃气管网系统，燃气管道及其附属设备，燃气管网的水
力计算，燃气管网的水力工况，燃气的压力调节及计量，燃气的压送，燃气的储存，
压缩天然气供应，液化天然气供应，液化石油气供应。本书可供高校建筑环境与能源
应用工程专业的学生使用。

责任编辑：齐庆梅
责任校对：张 颖 党 蕾

"十二五"普通高等教育本科国家级规划教材
高校建筑环境与能源应用工程学科专业指导委员会规划推荐教材

燃 气 输 配
（第五版）
段常贵 主编

*

中国建筑工业出版社出版、发行（北京海淀三里河路 9 号）
各地新华书店、建筑书店经销
北京红光制版公司制版
北京圣夫亚美印刷有限公司印刷

*

开本：787 毫米×1092 毫米 1/16 印张：18 字数：445 千字
2015 年 12 月第五版 2023 年 4 月第四十七次印刷
定价：38.00 元
ISBN 978-7-112-18411-8
（27640）

第五版前言

本书为高校建筑环境与能源应用工程专业适用的专业课教材《燃气输配》（第五版）。第四版教材出版以来，我国的城市燃气事业得到了飞速的发展，国内外涌现了大量的新技术、新工艺、新设备及新材料等科技成果，需要适当地充实到教材中，做到与时俱进。而各高校的教学计划中，教学时数规定偏紧，对教材内容的正确取舍是解决矛盾的关键。本次修编工作的重点，是根据我们的教学经验和工程实践对教材内容作了比较大的变动，在章节上也作了适当的调整，若有不妥之处，希望广大师生和读者给予批评指正。

参加本书修编的有：段常贵、张兴梅、苗艳姝、车立新、聂廷哲、王烜。本书由段常贵担任主编。感谢高华伟、董建锴为本次修编所做的工作。

为方便任课教师制作电子课件，我们制作了基本的电子素材库，可发送邮件至 jiangongshe@163.com 免费索取。

编　者
2015.9

第 四 版 前 言

本书为建筑环境与设备工程专业适用的专业课教材《燃气输配》第四版。自《燃气输配》第三版教材 2001 年出版至今，已历时将近十年。十年来，我国的城镇燃气事业得到了飞速发展，城镇燃气气源已经过渡到以天然气为主，人工煤气和液化石油气逐渐被天然气取代的时期。天然气的应用领域正不断扩大，技术不断进步。本书在总结多年教学经验的基础上，适应客观形势发展的需要，增加了两章天然气的相关内容，在章、节上进行了较大的调整，对部分内容作了更新、补充和修改。

本教材第一章、第十四章由张兴梅、苗艳姝共同编写；第二章、第四章由苗艳姝编写；第三章、第五章由张兴梅编写；第九章由车立新编写；第十二章由王烜编写；第十三章由聂廷哲编写；第六章、第七章、第八章、第十章、第十一章由段常贵编写。本书由段常贵担任主编。

由于编者水平所限，书中的错误和不妥之处欢迎读者给予批评指正。

编 者
2011.2

第 三 版 前 言

从第二版《燃气输配》教材发行至今，已过去了十余年。在这期间，我国的城市燃气事业发展迅速，正在实施的"西气东输"战略工程对从事城市燃气输配的设计、科研以及运行管理的工程技术人员提出了更高的要求。燃气输配技术特别是天然气及液化石油气管道供应技术取得了长足的进步，而以人工气为气源的输配系统还要保留一定的时期。另一方面，原"城市燃气热能供应工程专业"已调整合并为"建筑环境与设备专业"，城市燃气是专业方向之一。为适应这一变化，在总结多年教学经验的基础上，本书在章、节上进行了调整，对部分内容作了补充和更新，对有些内容进行了删减。

本教材第一章由严铭卿编写；第二章、第六章、第七章由张同编写；第三章、第四章、第五章由彭世尼编写；第八章、第九章、第十章、第十一章由段常贵编写；第十二章、第十三章由严铭卿、段常贵共同编写。

本书由段常贵担任主编。王民生担任主审。承主审细致审阅，提出许多宝贵意见。

由于编写水平所限，书中的错误和不妥之处希望读者予以批评指正。

编 者

2001.5

第 二 版 前 言

本书是根据 1986 年 9 月供热通风及燃气类教材编审委员会的决定，在第一版的基础上进行修订的。

在修订中，考虑到本书自第一版发行 6 年来，燃气输配技术的发展及教学需要的情况，在总结教学经验的基础上，对部分内容作了补充和更新，对有些内容进行了删减。

参加本书第二版的编写人员有：薛世达、朱芝芬、段常贵、张士文、黄箴、唐国堃、王民生、李淑媛、黎光华、刘永志。本书由薛世达和王民生主编，由中国市政工程华北设计院李猷嘉主审。

恳请读者对本书内容批评指正。

编 者
1987.6

第 一 版 前 言

本书是根据城市燃气热能供应工程专业"燃气输配"教材大纲编写的，使用学时数为80学时。

提高气体燃料在能源结构中的比重，对实现四个现代化有重要意义。发展城市燃气事业，是合理有效利用能源、保护城市环境，防止大气污染、促进生产和改善人民生活条件的重要措施之一。城市燃气输配系统的规划、设计、建造和管理，应达到技术先进、经济合理和安全可靠的要求，以保证居民和工业企业正常的用气需要。

本书内容结合我国燃气输配工程的生产实际，并注意吸收国外燃气输配的先进技术。

本书由哈尔滨建筑工程学院、北京建筑工程学院和同济大学三院校的城市燃气热能供应工程教研室合编。编写人员有：哈尔滨建筑工程学院薛世达、朱芝芬、段常贵、张士文、黄箴、唐国塈；北京建筑工程学院王民生、刘永耀；同济大学李淑媛。由薛世达和王民生担任主编。

本书承国家城建总局天津市政工程设计院李猷嘉细致审阅，提出许多宝贵意见。又承重庆建筑工程学院、天津市政工程设计院、北京市公用局、上海市公用局、北京市煤气热力设计所、北京市公用事业科学研究所、北京市煤气公司、上海市煤气公司、天津市煤气事业管理处、哈尔滨市煤气公司和大庆石油设计研究院等单位的有关教师和科技人员，提给许多资料和宝贵意见，在此致以衷心感谢。由于编者水平所限，书中错误和不妥之处，希望读者予以批评指正。

编　者
1980.7

目　　录

第一章　城镇燃气的分类及其性质

第一节　燃气的分类

城镇燃气是以可燃组分为主的混合气体，可燃组分一般有碳氢化合物、氢和一氧化碳，不可燃组分有二氧化碳、氮和氧等。

燃气的种类有很多，可以作为城镇燃气气源供应的主要是天然气和液化石油气，人工煤气将逐步被以上两种燃气所取代，生物气可以作为农村或乡镇以村或户为单位的能源。现在我国已经开始出现生物气的工业生产，经过提纯成为人工天然气作为城镇气源。

一、天然气

天然气既是制取合成氨、炭黑、乙炔等化工产品的原料气，又是优质燃料气，是理想的城镇燃气气源。有效利用天然气对于促进低碳化、实现节能减排、提高能源利用率和实现能源的可持续发展具有重要的意义。天然气的开采、储运和使用既经济又方便。例如液态天然气的体积仅为气态时的1/600，有利于运输和储存。一些天然气资源缺乏的国家通过进口天然气或液化天然气以发展城镇燃气事业，天然气工业在世界范围内发展迅速。21世纪，天然气将会取代石油成为全球的主导能源。

我国有较为丰富的天然气资源，但天然气资源地理分布不均衡，为实现资源的合理调配利用，20世纪90年代以来，我国天然气管道向大型化、网络化方向发展，多条天然气长输管线进行建设并投入使用。

天然气有多种分类方式，按照勘探、开采技术可分为常规天然气和非常规天然气两大类。

（一）常规天然气

常规天然气按照矿藏特点可分为气田气、石油伴生气和凝析气田气等。

1. 气田气

气田气指产自天然气气藏的纯天然气。气田气的组分以甲烷为主，还含有少量的非烃类组分如二氧化碳、硫化氢、氮、氧和氢等，微量组分有氦和氩。

2. 石油伴生气

石油伴生气指与石油共生的、伴随石油一起开采出来的天然气。石油伴生气的主要成分是甲烷、乙烷、丙烷和丁烷，还有少量的戊烷和重烃。

3. 凝析气田气

凝析气田气是指从深层气田开采的含石油轻质馏分的天然气。凝析气田气除含有大量甲烷外，还含有2%～5%戊烷及戊烷以上的碳氢化合物。

（二）非常规天然气

非常规天然气是指由于目前技术经济条件的限制尚未投入工业开采的天然气资源，包括煤层气、页岩气、天然气水合物、水溶气、浅层生物气及致密砂岩气等。我国非常规天然气资源量丰富，在未来将具有巨大的应用前景。

1. 煤层气

煤层气又称煤层甲烷气，是煤层形成过程中经过生物化学和变质作用以吸附或游离状态存在于煤层及固岩中的自储式天然气。煤层气的成分以甲烷为主，含有少量的二氧化碳、氮、氢以及烃类化合物。煤层气的开发利用可以防范煤矿瓦斯事故、有效减排温室气体，并可作为一种高效、洁净的城镇燃气气源。我国鼓励煤层气的开发利用，目前，煤层气已经像常规天然气一样得到开采利用，初步形成产业化发展模式。

2. 页岩气

页岩气是以吸附或游离状态存在于暗色泥页岩或高碳泥页岩中的天然气。由于页岩气储层的渗透率低，使页岩气的开采难度较大。美国是世界上页岩气勘探开发利用技术较成熟的国家，已经实现了页岩气商业性开发。我国页岩气资源广泛分布于海相、陆相盆地，资源量丰富。

3. 天然气水合物

天然气水合物（Gashydrates 或 Gas Hydrates）俗称"可燃冰"，是天然气与水在一定条件下形成的类冰固态化合物。形成天然气水合物的主要气体为甲烷，在标准状态下，1 单位体积的甲烷水合物最多可结合 164 单位体积的甲烷。在天然气水合物的开采过程中，最大限度地减少对环境和气候的影响等技术难题是目前需要解决的问题。

二、液化石油气

液化石油气是在开采天然气及石油或炼制石油过程中，作为副产品而获得的一部分碳氢化合物，分为天然石油气和炼厂石油气。

目前我国城镇供应的液化石油气主要来自炼油厂，其主要组分是丙烷（C_3H_8）、丙烯（C_3H_6）、丁烷（C_4H_{10}）和丁烯（C_4H_8），习惯上称 C_3、C_4，即只用烃的碳原子（C）数表示。这些碳氢化合物在常温、常压下呈气态，当压力升高或温度降低时，很容易转变为液态，液化后体积缩小约为原体积的 1/250。

液化石油气是管输天然气很好的补充气源，在天然气长输管线达不到的城镇，将会广泛采用液化石油气。另外，液化石油气也可以作为汽车燃料。

三、人工煤气

人工煤气是以煤或石油系产品为原料转化制得的可燃气体。按照生产方法和工艺的不同，一般可分为干馏煤气、气化煤气和油制气等。

目前，作为城镇气源的人工煤气主要有：焦炉炼焦副产品的高温干馏煤气和以石脑油为原料的油制气。人工煤气作为城镇气源将逐步被天然气所取代。

四、生物气

各种有机物质，如蛋白质、纤维素、脂肪、淀粉等，在隔绝空气的条件下发酵，在微生物的作用下产生的可燃气体，叫做生物气（沼气）。发酵的原料来源广泛，农作物的秸秆、人畜粪便、垃圾、杂草和落叶等有机物质都可以作为制取生物气的原料，因此生物气属于可再生能源。生物气的组分中甲烷的含量约为 60%，二氧化碳约为 35%，此外，还含有少量的氢和一氧化碳等气体。工业化生产的人工沼气，可在小范围内供应城镇居民及工业用户使用，也可以脱除二氧化碳后，转化为人工天然气供城市使用。

　　无论是天然气、液化石油气还是人工煤气，由于产地不同即使是同一种类燃气的成分和热值都不尽相同，有时区别还可能很大。燃具制造商按照各类燃气的标准气进行设计和制造，用户也按此选择燃具。另外，当一种燃气被另一种燃烧特性差别较大的燃气所取代时，除了华白指数以外，还必须考虑不产生离焰、黄焰、回火及不完全燃烧等现象。因此，有必要对燃气进行进一步的细化分类。《城镇燃气分类和基本特性》（GB/T 13611）根据燃气的华白数和燃烧势对燃气进行的分类如表 1-1 所示。表中所列华白数和燃烧势的波动范围是规定的最大允许波动范围，作为城镇燃气气源时应尽量控制在±5%以内。

城镇燃气的类别及特性指标（干燃气，15℃，101.325kPa）　　　表 1-1

类　别		高华白数 W_h（MJ/m³）		燃烧势 CP	
		标　准	范　围	标　准	范　围
人工煤气	3R	13.71	12.62～14.66	77.7	46.5～85.5
	4R	17.78	16.38～19.03	107.9	64.7～118.7
	5R	21.57	19.81～23.17	93.9	54.4～95.6
	6R	25.69	23.85～27.95	108.3	63.1～111.4
	7R	31.00	28.57～33.12	120.9	71.5～129.0
天然气	3T	13.28	12.22～14.35	22.0	21.0～50.6
	4T	17.13	15.75～18.54	24.9	24.0～57.3
	6T	23.35	21.76～25.01	18.5	17.3～42.7
	10T	41.52	39.06～44.84	33.0	31.0～34.3
	12T	50.73	45.67～54.78	40.3	36.3～69.3
液化石油气	19Y	76.84	72.86～76.84	48.2	48.2～49.4
	20Y	79.64	72.86～87.53	46.3	41.6～49.4
	22Y	87.53	81.83～87.53	41.6	41.6～44.9

第二节　燃气的基本性质

　　燃气组成中常见的低级烃和某些单一气体的基本性质分别列于表 1-2 和表 1-3。

某些低级烃的基本性质（273.15K、101.325kPa）　　　表 1-2

气　体	甲烷	乙烷	乙烯	丙烷	丙烯	正丁烷	异丁烷	正戊烷
分子式	CH_4	C_2H_6	C_2H_4	C_3H_8	C_3H_6	C_4H_{10}	C_4H_{10}	C_5H_{12}
分子量 M(kg/kmol)	16.0430	30.0700	28.0540	44.0970	42.0810	58.1240	58.1240	72.1510
摩尔体积 $V_{0.M}$(Nm³/kmol)	22.3621	22.1872	22.2567	21.9360	21.9900	21.5036	21.5977	20.8910
密度 ρ_0(kg/Nm³)	0.7174	1.3553	1.2605	2.0102	1.9136	2.7030	2.6912	3.4537
气体常数 R(kJ/(kg·K))	517.1	273.7	294.3	184.5	193.8	137.2	137.8	107.3
临界参数								
临界温度 T_c(K)	191.05	305.45	282.95	368.85	364.75	425.95	407.15	470.35
临界压力 p_c(MPa)	4.6407	4.8839	5.3398	4.3975	4.7623	3.6173	3.6578	3.3437
临界密度 ρ_c(kg/Nm³)	162	210	220	226	232	225	221	232

续表

气　　体	甲烷	乙烷	乙烯	丙烷	丙烯	正丁烷	异丁烷	正戊烷
发热值								
高发热值 H_h(MJ/Nm³)	39.842	70.351	63.438	101.266	93.667	133.886	133.048	169.377
低发热值 H_l(MJ/Nm³)	35.902	64.397	59.477	93.240	87.667	123.649	122.853	156.733
爆炸极限①								
爆炸下限 L_l(体积%)	5.0	2.9	2.7	2.1	2.0	1.5	1.8	1.4
爆炸上限 L_h(体积%)	15.0	13.0	34.0	9.5	11.7	8.5	8.5	8.3
黏度								
动力黏度 $\mu \times 10^6$(Pa·s)	10.395	8.600	9.316	7.502	7.649	6.835		6.355
运动黏度 $\nu \times 10^6$(m²/s)	14.50	6.41	7.46	3.81	3.99	2.53		1.85
无因次系数 C	164	252	225	278	321	377	368	383

① 在常压和293K条件下，可燃气体在空气中的体积百分数。

某些单一气体的基本性质(273.15K、101.325kPa)　　　　　　　表 1-3

气　　体	一氧化碳	氢	氮	氧	二氧化碳	硫化氢	空气	水蒸气
分子式	CO	H_2	N_2	O_2	CO_2	H_2S		H_2O
分子量 M(kg/kmol)	28.0104	2.0160	28.0134	31.9988	44.0098	34.0760	28.9660	18.0154
摩尔体积 $V_{0,M}$(Nm³/kmol)	22.3984	22.4270	22.4030	22.3923	22.2601	22.1802	22.4003	21.6290
密度 ρ_0(kg/Nm³)	1.2506	0.0899	1.2504	1.4291	1.9771	1.5363	1.2931	0.8330
气体常数 R(kJ/(kg·K))	296.63	412.664	296.66	259.585	188.74	241.45	286.867	445.357
临界参数								
临界温度 T_c(K)	133.0	33.3	126.2	154.8	304.2		132.5	647.3
临界压力 p_c(MPa)	3.4957	1.2970	3.3944	5.0764	7.3866		3.7663	22.1193
临界密度 ρ_c(kg/Nm³)	200.86	31.015	310.910	430.090	468.190		320.070	321.700
发热值								
高发热值 H_h(MJ/Nm³)	12.636	12.745				25.348		
低发热值 H_l(MJ/Nm³)	12.636	10.786				23.368		
爆炸极限①								
爆炸下限 L_l(体积%)	12.5	4.0				4.3		
爆炸上限 L_h(体积%)	74.2	75.9				45.5		
黏度								
动力黏度 $\mu \times 10^6$(Pa·s)	16.573	8.355	16.671	19.417	14.023	11.670	17.162	8.434
运动黏度 $\nu \times 10^6$(m²/s)	13.30	93.00	13.30	13.60	7.09	7.63	13.40	10.12
无因次系数 C	104	81.7	112	131	266		122	

① 在常压和293K条件下，可燃气体在空气中的体积百分数。

一、混合气体及混合液体的平均分子量、平均密度和相对密度

（一）平均分子量（平均摩尔质量）

混合气体的平均分子量按式（1-1）计算：

$$M = \Sigma \, y_i M_i = y_1 M_1 + y_2 M_2 + \cdots + y_n M_n \tag{1-1}$$

式中　　　　M——混合气体的平均分子量（kg/kmol）；

y_1、$y_2 \cdots y_n$——混合气体中各组分的摩尔分数（气体的摩尔分数与体积分数数值相等）。

M_1、$M_2 \cdots M_n$——混合气体中各组分的分子量（kg/kmol）。

混合液体的平均分子量按式（1-2）计算：

$$M = \Sigma \, x_i M_i = x_1 M_1 + x_2 M_2 + \cdots + x_n M_n \tag{1-2}$$

式中　　　　M——混合液体的平均分子量（kg/kmol）；

x_1、$x_2 \cdots x_n$——混合液体中各组分的摩尔分数；

M_1、$M_2 \cdots M_n$——混合液体中各组分的分子量（kg/kmol）。

（二）平均密度和相对密度

混合气体的平均密度和相对密度按式（1-3）和式（1-4）计算：

$$\rho = \frac{m}{v} = \frac{M}{V_M} \tag{1-3}$$

$$S = \frac{\rho_0}{1.293} = \frac{M}{1.293 V_{0,M}} \tag{1-4}$$

式中　ρ——混合气体的平均密度（kg/m³）；

m——混合气体的质量（kg）；

v——混合气体的体积（m³）；

V_M——混合气体的平均摩尔体积（m³/kmol）；

S——混合气体的相对密度；

ρ_0——标准状态下混合气体的平均密度（kg/Nm³）；

1.293——标准状态下空气的密度（kg/Nm³）；

$V_{0,M}$——标准状态下混合气体的平均摩尔体积（Nm³/kmol）。

对于由双原子气体和甲烷组成的混合气体，$V_{0,M}$ 可取 22.4Nm³/kmol，而对于由其他碳氢化合物组成的混合气体，则取 22.0Nm³/kmol。可采用式（1-5）精确计算：

$$V_{0,M} = \Sigma \, y_i V_{0,M_i} = y_1 V_{0,M_1} + y_2 V_{0,M_2} + \cdots + y_n V_{0,M_n} \tag{1-5}$$

式中　V_{0,M_1}、$V_{0,M_2} \cdots V_{0,M_n}$——标准状态下混合气体中各组分的摩尔体积（Nm³/kmol）。

混合气体平均密度还可根据混合气体中各组分的密度及体积分数按式（1-6）进行计算：

$$\rho_0 = \Sigma \, y_i \rho_{0,i} = y_1 \rho_{0,1} + y_2 \rho_{0,2} + \cdots + y_n \rho_{0,n} \tag{1-6}$$

式中　$\rho_{0,1}$、$\rho_{0,2} \cdots \rho_{0,n}$——标准状态下混合气体中各组分的密度（kg/Nm³）。

含有水蒸气的燃气称湿燃气，其密度按式（1-7）计算：

$$\rho_0^w = (\rho_0^g + d) \frac{0.833}{0.833 + d} \tag{1-7}$$

式中　ρ_0^w——标准状态下湿燃气的密度（kg/Nm³）；

ρ_0^g——标准状态下干燃气的密度（kg/Nm³）；

d——燃气含湿量（kg 水蒸气/Nm³ 干燃气）；

0.833——标准状态下水蒸气的密度（kg/Nm³）。

干、湿燃气体积分数按式（1-8）换算：

$$y_i^w = ky_i \tag{1-8}$$

式中　y_i^w——湿燃气体积分数；

y_i——干燃气体积分数；

k——换算系数，$k = \dfrac{0.833}{0.833+d}$。

几种燃气在标准状态下的密度（平均密度）和相对密度（平均相对密度）列于表 1-4。

几种燃气的密度和相对密度

表 1-4

燃气种类	密度 （kg/Nm³）	相对密度
天然气	0.75～0.8	0.58～0.62
焦炉煤气	0.4～0.5	0.3～0.4
气态液化石油气	1.9～2.5	1.5～2.0

由表 1-4 可知，天然气、焦炉煤气都比空气轻，而气态液化石油气比空气重约一倍。

混合液体平均密度与相同状态下水的密度之比称为混合液体的相对密度。在常温下，液态液化石油气的密度是 500kg/m³ 左右，约为水的一半。

（三）计算例题

【例 1-1】　已知混合气体各组分的摩尔分数分别为 $y_{C_2H_6} = 0.04$，$y_{C_3H_8} = 0.75$，$y_{nC_4H_{10}} = 0.20$（正丁烷），$y_{nC_5H_{12}} = 0.01$（正戊烷）。求混合气体平均分子量、平均密度和相对密度。

【解】　由表 1-2 查得各组分分子量分别为 $M_{C_2H_6} = 30.070$，$M_{C_3H_8} = 44.097$，$M_{nC_4H_{10}} = 58.124$，$M_{nC_5H_{12}} = 72.151$，按式（1-1）求混合气体的平均分子量：

$$M = \sum y_i M_i$$
$$= 0.04 \times 30.070 + 0.75 \times 44.097 + 0.20 \times 58.124 + 0.01 \times 72.151$$
$$= 46.622 \text{kg/kmol}$$

由表 1-2 查得标准状态下各组分的密度为 $\rho_{0,C_2H_6} = 1.355 \ \text{kg/Nm}^3$，$\rho_{0,C_3H_8} = 2.010 \ \text{kg/Nm}^3$，$\rho_{0,nC_4H_{10}} = 2.703 \ \text{kg/Nm}^3$，$\rho_{0,nC_5H_{12}} = 3.454 \ \text{kg/Nm}^3$，按式（1-6）求标准状态下混合气体的平均密度：

$$\rho_0 = \sum y_i \rho_{0,i}$$
$$= 0.04 \times 1.355 + 0.75 \times 2.010 + 0.20 \times 2.703 + 0.01 \times 3.454$$
$$= 2.137 \text{kg/Nm}^3$$

按式（1-4）求混合气体的相对密度：

$$S = \frac{\rho_0}{1.293} = \frac{2.137}{1.293} = 1.653$$

【例 1-2 】　已知干燃气的体积分数分别为 $y_{CO_2}=0.019$，$y_{C_mH_n}=0.039$（可按 C_3H_6 计算），$y_{O_2}=0.004$，$y_{CO}=0.063$，$y_{H_2}=0.544$，$y_{CH_4}=0.315$，$y_{N_2}=0.016$。假定燃气含湿量为 $d=0.002$kg 水蒸气/Nm³ 干燃气，求湿燃气的体积分数及其平均密度。

【解】

（1）湿燃气的体积分数

首先确定换算系数：

$$k=\frac{0.833}{0.833+d}=\frac{0.833}{0.833+0.002}=0.9976$$

按式（1-8）求湿燃气的体积分数：

$$y_{CO_2}^{w}=ky_{CO_2}=0.9976\times0.019=0.01895$$

依次可得：$y_{C_mH_n}^{w}=0.03891$，$y_{O_2}^{w}=0.00399$，$y_{CO}^{w}=0.06285$，$y_{H_2}^{w}=0.54270$，$y_{CH_4}^{w}=0.31424$，$y_{N_2}^{w}=0.01596$

而 $y_{H_2O}^{w}=\dfrac{\dfrac{d}{0.833}}{1+\dfrac{d}{0.833}}=\dfrac{d}{0.833+d}=\dfrac{0.002}{0.833+0.002}=0.00240$

$$\begin{aligned}\Sigma y_i^{w}=&\,0.01895+0.03891+0.00399+0.06285\\&+0.54270+0.31424+0.01596+0.00240=1.0\end{aligned}$$

（2）湿燃气的平均密度

标准状态下干燃气的平均密度：

$$\begin{aligned}\rho_0^{g}=&\,\Sigma y_i\rho_{0,i}\\=&\,0.019\times1.9771+0.039\times1.9136+0.004\times1.4291+0.063\times1.2506\\&+0.544\times0.0899+0.315\times0.7174+0.016\times1.2504\\=&\,0.492\text{kg}/\text{Nm}^3\end{aligned}$$

按式（1-7）求湿燃气密度：

$$\begin{aligned}\rho_0^{w}=&\,(\rho_0^{g}+d)\frac{0.833}{0.833+d}\\=&\,(0.492+0.002)\frac{0.833}{0.833+0.002}\\=&\,0.493\text{kg}/\text{Nm}^3\end{aligned}$$

二、临界参数及实际气体状态方程

（一）临界参数

温度不超过某一数值，对气体进行加压，可以使气体液化，而在该温度以上，无论加多大压力都不能使气体液化，这个温度就叫该气体的临界温度。在临界温度下，使气体液化所必需的压力叫临界压力。

图 1-1 所示为在不同温度下对气体压缩时，其压力和体积的变化情况。

从 E 点开始压缩至 D 点时气体开始液化，到

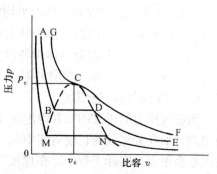

图 1-1　气体 $p\text{-}v$ 图的示意图

B点液化完成；而从F点开始压缩至C点时气体开始液化，但此时没有相当于BD的直线部分，其液化的状态与前者不同。C点为临界点，气体在C点所处的状态称为临界状态，它既不属于气相，也不属于液相。这时的温度T_c、压力p_c、比容v_c、密度ρ_c分别叫做临界温度、临界压力、临界比容和临界密度。在图1-1中，NDCG线的右边是气体状态，MBCG线的左边是液体状态，而在MCN线以下为气液共存状态，CM和CN为边界线。

气体的临界温度越高，越易于液化。天然气主要成分甲烷的临界温度低，故较难液化；而组成液化石油气的碳氢化合物的临界温度较高，故较容易液化。

几种气体的液态-气态平衡曲线如图1-2所示，曲线左侧为液态，右侧为气态，曲线的顶点为临界点。

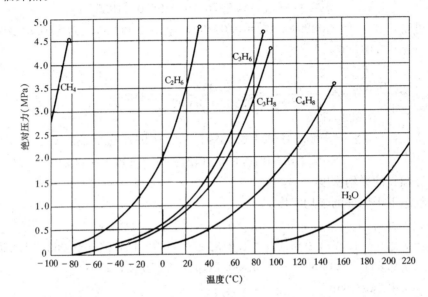

图1-2　几种气体的液态-气态平衡曲线

由图可知，气体温度比临界温度越低，则液化所需压力越小。例如20℃时使丙烷液化的绝对压力为0.846MPa，而当温度为−20℃时，在0.248MPa绝对压力下即可液化。

混合气体的平均临界压力和平均临界温度按式（1-9）和式（1-10）计算：

$$p_{m,c} = y_1 p_{c_1} + y_2 p_{c_2} + \cdots + y_n p_{c_n} \tag{1-9}$$

$$T_{m,c} = y_1 T_{c_1} + y_2 T_{c_2} + \cdots + y_n T_{c_n} \tag{1-10}$$

式中　$p_{m,c}$、$T_{m,c}$——混合气体的平均临界压力（MPa）、平均临界温度（K）；

p_{c_1}、p_{c_2}…p_{c_n}——混合气体中各组分的临界压力（MPa）；

T_{c_1}、T_{c_2}…T_{c_n}——混合气体中各组分的临界温度（K）；

y_1、y_2…y_n——混合气体中各组分的体积分数。

（二）实际气体状态方程

当燃气压力低于1MPa和温度在10～20℃时，在工程上还可视为理想气体。但当压力很高（如在天然气的长输管线中）、温度很低时，用理想气体状态方程进行计算所引起的误差会很大。实际工程中，在理想气体状态方程中引入考虑气体压缩性的压缩因子Z，可以得到实际气体状态方程式（1-11）：

$$pv = ZRT \tag{1-11}$$

式中 p——气体的绝对压力（Pa）；

$\quad\quad v$——气体的比容（m^3/kg）；

$\quad\quad Z$——压缩因子；

$\quad\quad R$——气体常数($J/(kg \cdot K)$)；

$\quad\quad T$——气体的热力学温度（K）。

压缩因子 Z 随温度和压力而变化，压缩因子 Z 值由图 1-3 和图 1-4 确定。

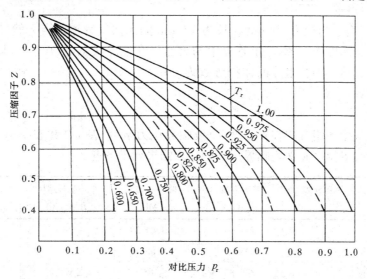

图 1-3　气体的压缩因子 Z 与对比温度 T_r、对比压力 p_r 的关系

（当 $p_r < 1$，$T_r = 0.6 \sim 1.0$ 时）

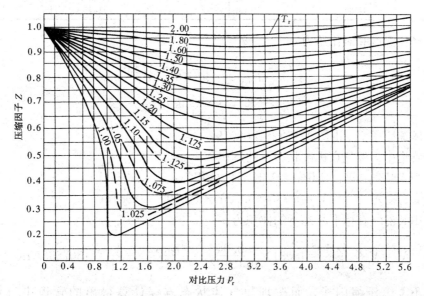

图 1-4　气体的压缩因子 Z 与对比温度 T_r、对比压力 p_r 的关系

（当 $p_r < 5.6$，$T_r = 1.0 \sim 2.0$ 时）

图 1-3 和图 1-4 都是按对比温度和对比压力制作的。所谓对比温度 T_r 就是工作温度 T 与临界温度 T_c 的比值，而对比压力 p_r 就是工作压力 p 与临界压力 p_c 的比值。此处温度为热力学温度，压力为绝对压力，见式（1-12）：

$$T_r = \frac{T}{T_c}, p_r = \frac{p}{p_c} \tag{1-12}$$

对于混合气体，在确定 Z 值之前，首先要按式（1-9）、式（1-10）确定平均临界压力和平均临界温度，然后再按图 1-3、图 1-4 求得压缩因子 Z。

（三）计算例题

【例 1-3】 有一内径为 700mm、长为 125km 的天然气管道。当天然气的平均压力为 3.04MPa（绝）、温度为 278K，求管道中的天然气在标准状态下（101.325kPa，273.15K）的体积。已知天然气中各组分的体积分数为 $y_{CH_4} = 0.975$，$y_{C_2H_6} = 0.002$，$y_{C_3H_8} = 0.002$，$y_{N_2} = 0.016$，$y_{CO_2} = 0.005$。

【解】

（1）天然气中各组分的临界温度 T_c 及临界压力 p_c 查表 1-2 和表 1-3，查得的数据及天然气的平均临界温度和平均临界压力的计算结果列于下表。

气体名称	体积分数 y_i	临界温度 T_c（K）	临界压力 p_c（MPa）	平均临界温度 $T_{m,c}$（K）	平均临界压力 $p_{m,c}$（MPa）
CH_4	0.975	191.05	4.64		
C_2H_6	0.002	305.45	4.88		
C_3H_8	0.002	368.85	4.40	$\Sigma y_i T_{ci}$	$\Sigma y_i p_{ci}$
N_2	0.016	126.2	3.39		
CO_2	0.005	304.2	7.39		
	1.000			191.16	4.64

（2）对比温度和对比压力

$$T_r = \frac{T}{T_{m,c}} = \frac{278}{191.16} = 1.45$$

$$p_r = \frac{p}{p_{m,c}} = \frac{3.04}{4.64} = 0.66$$

（3）压缩因子 Z 由图 1-4 查得 $Z = 0.94$

（4）管道中天然气在标准状态下的体积

管道中天然气在 3.04MPa、278K 下的体积为：

$$V = 0.785 \times 0.700^2 \times 125000 = 48081 \text{m}^3$$

管道中天然气在标准状态下的体积为：

$$V_0 = V \frac{p}{p_0} \frac{T_0}{T} \frac{1}{Z} = 48081 \times \frac{3.04}{0.101325} \times \frac{273.15}{278} \times \frac{1}{0.94} = 1507853 \text{Nm}^3$$

如果不考虑压缩因子，而按理想气体状态方程计算得出的管道中气体体积为 1417382Nm³，比实际少 6%。

【例 1-4】 已知混合气体各组分的体积分数为 $y_{C_3H_8} = 0.5$，$y_{nC_4H_{10}} = 0.5$，求在工作压

力 $p=1MPa$、$t=100℃$时的密度和比容。

【解】

（1）标准状态下混合气体密度

按式（1-6）和表 1-2，可以得到：

$$\rho_0 = \Sigma y_i \rho_{0,i}$$
$$= 0.5 \times 2.0102 + 0.5 \times 2.703 = 2.36 kg/Nm^3$$

（2）混合气体的平均临界温度和平均临界压力

由表 1-2 查得丙烷的临界温度和临界压力为：

$$T_c = 368.85K，\quad p_c = 4.3975MPa$$

正丁烷的临界温度和临界压力为：

$$T_c = 425.95K，\quad p_c = 3.6173MPa$$

混合气体的平均临界温度和平均临界压力为：

$$T_{m,c} = \Sigma y_i T_{ci}$$
$$= 0.5 \times 368.85 + 0.5 \times 425.95 = 397.4K$$

$$p_{m,c} = \Sigma y_i p_{ci}$$
$$= 0.5 \times 4.3975 + 0.5 \times 3.6173 = 4.0074MPa$$

（3）对比压力和对比温度

$$p_r = \frac{p}{p_{m,c}} = \frac{1 + 0.101325}{4.0074} = 0.28$$

$$T_r = \frac{T}{T_{m,c}} = \frac{100 + 273.15}{397.4} = 0.94$$

（4）压缩因子 Z　由图 1-3 查得 $Z = 0.87$

（5）混合气体密度

$p=1MPa$、$t=100℃$时混合气体的密度为：

$$\rho = \rho_0 \frac{p}{p_0} \frac{T_0}{T} \frac{1}{Z} = 2.36 \times \frac{1 + 0.101325}{0.101325} \times \frac{273.15}{100 + 273.15} \times \frac{1}{0.87} = 21.6 kg/m^3$$

（6）混合气体比容

$p=1MPa$、$t=100℃$时混合气体的比容为：

$$\upsilon = \frac{1}{\rho} = \frac{1}{21.6} = 0.0463 m^3/kg$$

若按理想气体状态方程计算，$\rho = 18.78 kg/m^3$，$\upsilon = 0.0533 m^3/kg$，偏差达 13%。

三、黏度

混合气体的动力黏度可以近似地按式（1-13）计算：

$$\mu = \frac{\Sigma g_i}{\Sigma \dfrac{g_i}{\mu_i}} = \frac{g_1 + g_2 + \cdots + g_n}{\dfrac{g_1}{\mu_1} + \dfrac{g_2}{\mu_2} + \cdots + \dfrac{g_n}{\mu_n}} \tag{1-13}$$

式中　　　　μ——混合气体在 0℃时的动力黏度（Pa·s）；

g_1、$g_2 \cdots g_n$——混合气体中各组分的质量分数；

μ_1、$\mu_2 \cdots \mu_n$——混合气体中各组分在 0℃时的动力黏度（Pa·s）。

混合气体的动力黏度和单质气体一样，也是随压力的升高而增大的，在绝对压力小于1MPa的情况下，压力的变化对黏度的影响较小，可不考虑。至于温度的影响，却不容许忽略。t℃时混合气体的动力黏度按式（1-14）计算：

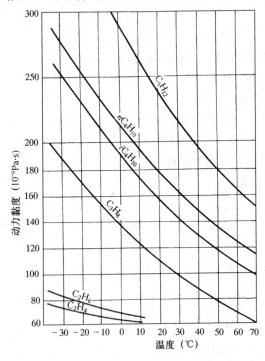

图 1-5　不同温度下液态碳氢化合物的动力黏度

$$\mu_t = \mu \frac{273+C}{T+C} \left(\frac{T}{273}\right)^{\frac{3}{2}} \quad (1-14)$$

式中　μ_t——t℃时混合气体的动力黏度（Pa·s）；

　　T——混合气体的热力学温度（K）；

　　C——混合气体的无因次实验系数，可用混合法则求得。各组分的 C 值可由表1-2、表1-3查得。

不同温度下液态碳氢化合物的动力黏度如图1-5所示。

液态碳氢化合物的动力黏度随分子量的增加而增大，随温度的上升而急剧减小。气态碳氢化合物的动力黏度则正相反，分子量越大，动力黏度越小，温度越上升，动力黏度越增大，这对于一般气体都适用。

混合液体的动力黏度可以近似的按式（1-15）计算：

$$\frac{1}{\mu} = \frac{x_1}{\mu_1} + \frac{x_2}{\mu_2} + \cdots + \frac{x_n}{\mu_n} \quad (1-15)$$

式中　　　μ——混合液体的动力黏度（Pa·s）；

x_1、x_2…x_n——混合液体中各组分的摩尔分数；

μ_1、μ_2…μ_n——混合液体中各组分的动力黏度（Pa·s）。

混合气体或混合液体的运动黏度为式（1-16）：

$$\nu = \frac{\mu}{\rho} \quad (1-16)$$

式中　ν——混合气体或混合液体的运动黏度（m²/s）；

　　μ——相应的混合气体或混合液体的动力黏度（Pa·s）；

　　ρ——混合气体或混合液体的密度（kg/m³）。

【例 1-5】 已知混合气体各组分的摩尔分数为 $y_{CO_2}=0.019$，$y_{C_mH_n}=0.039$（可按 C_3H_6 计算），$y_{O_2}=0.004$，$y_{CO}=0.063$，$y_{H_2}=0.544$，$y_{CH_4}=0.315$，$y_{N_2}=0.016$。求该混合气体的动力黏度。

【解】

（1）将摩尔分数换算为质量分数

以 g_i 表示混合气体中 i 组分的质量分数，则换算公式为：

$$g_i = \frac{y_i M_i}{\sum y_i M_i}$$

由表 1-2、表 1-3 查得各组分的分子量，计算得到：

$\sum y_i M_i = 0.019 \times 44.010 + 0.039 \times 42.081 + 0.004 \times 31.999 + 0.063 \times 28.010 + 0.544$
$\times 2.016 + 0.315 \times 16.043 + 0.016 \times 28.013 = 10.969$ kg/kmol

各组分的质量分数为：

$$g_{CO_2} = \frac{y_{CO_2} M_{CO_2}}{\sum y_i M_i} = \frac{0.019 \times 44.010}{10.969} = 0.0762$$

依次可得 $g_{C_m H_n} = 0.1496$，$g_{O_2} = 0.0117$，$g_{CO} = 0.1609$，$g_{H_2} = 0.1000$，$g_{CH_4} = 0.4607$，$g_{N_2} = 0.0409$。

$\sum g_i = 0.0762 + 0.1496 + 0.0117 + 0.1609 + 0.1000 + 0.4607 + 0.0409 = 1.0$

（2）混合气体的动力黏度

由表 1-2、表 1-3 查得各组分的动力黏度代入式（1-13），混合气体的动力黏度为：

$$\mu = \frac{\sum g_i}{\sum \dfrac{g_i}{\mu_i}}$$

$$= \frac{1.0 \times 10^{-6}}{\dfrac{0.0762}{14.023} + \dfrac{0.1496}{7.649} + \dfrac{0.0117}{19.417} + \dfrac{0.1609}{16.573} + \dfrac{0.1000}{8.355} + \dfrac{0.4607}{10.395} + \dfrac{0.0409}{16.671}}$$

$$= 10.63 \times 10^{-6} \text{Pa} \cdot \text{s}$$

四、饱和蒸气压及相平衡常数

（一）饱和蒸气压与温度的关系

液体的饱和蒸气压，简称蒸气压，就是在一定温度下密闭容器中的纯液体及其蒸气处于动态平衡时蒸气所表示的绝对压力。

蒸气压与密闭容器的大小及液体的量无关，仅取决于温度。温度升高时，蒸气压增大。一些低碳烃在不同温度下的蒸气压列于表 1-5。

不同温度下部分液态烃的饱和蒸气压 表 1-5

温度 （℃）	饱和蒸气压（MPa）						
	乙烷	乙烯	丙烷	丙烯	正丁烷	异丁烷	丁烯-1
−40	0.792	1.47	0.114	0.15			0.023
−35		1.65	0.143	0.18			0.028
−30	1.085	1.88	0.171	0.21		0.0547	0.033
−25		2.18	0.208	0.25		0.0612	0.036
−20	1.446	2.56	0.248	0.31		0.0742	0.056
−15		2.91	0.295	0.38	0.0578	0.0920	0.074
−10	1.891	3.34	0.349	0.45	0.0812	0.1120	0.095
−5		3.79	0.414	0.52	0.0976	0.1380	0.113
0	2.433	4.29	0.482	0.61	0.1170	0.1629	0.139
+5			0.556	0.70	0.1410	0.1962	0.165

续表

温度 （℃）	饱和蒸气压（MPa）						
	乙烷	乙烯	丙烷	丙烯	正丁烷	异丁烷	丁烯-1
+10	3.079		0.646	0.79	0.1675	0.2290	0.190
+15			0.741	0.88	0.2006	0.2582	0.215
+20	3.844		0.846	0.97	0.2348	0.3115	0.262
+25			0.967	1.11	0.2744	0.3620	0.302
+30	4.736		1.093	1.32	0.3202	0.4180	0.366
+35			1.231	1.51	0.3670	0.4800	0.439
+40			1.396	1.68	0.4160	0.5510	0.497

（二）混合液体的蒸气压

根据道尔顿定律，混合液体的蒸气压等于各组分蒸气分压之和。根据拉乌尔定律，在一定温度下，当液体与蒸气处于平衡状态时，混合液体上方各组分的蒸气分压等于此纯组分在该温度下的蒸气压乘以其在混合液体中的摩尔分数。

综上所述，混合液体的蒸气压由式（1-17）计算：

$$p = \Sigma p_i = \Sigma x_i p'_i \qquad (1-17)$$

式中　p——混合液体的蒸气压（MPa）；

p_i——混合液体中任一组分的蒸气分压（MPa）；

x_i——混合液体中该组分的摩尔分数；

p'_i——该纯组分在同温度下的蒸气压（MPa）。

如果容器中为丙烷和正丁烷所组成的液化石油气，当温度一定时，其蒸气压取决于丙烷和正丁烷含量的比例（图1-6）。

在被使用的液化石油气容器中，总是先蒸发出较多的丙烷。而剩余液体中丙烷的含量逐渐减少，温度虽然不变，但容器中的蒸气压却会逐渐下降。

图1-7所示是随着丙烷和正丁烷混合物的消耗，温度为15℃时容器中不同剩余

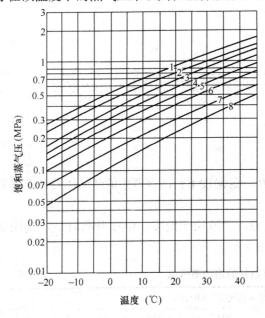

图1-6　丙烷和正丁烷混合物的饱和蒸气压

1—100%C₃；2—80%C₃、20%C₄；3—60%C₃、40%C₄；4—50%C₃、50%C₄；5—40%C₃、60%C₄；6—20%C₃、80%C₄；7—10%C₃、90%C₄；8—100%C₄

量气相组成和液相组成的变化情况。

（三）相平衡常数

如前所述，当混合液体与其蒸气处于平衡状态时，各组分的蒸气压为：

$$p_i = x_i p'_i$$

根据道尔顿分压定律，各组分的蒸气分压为：

$$p_i = y_i p$$

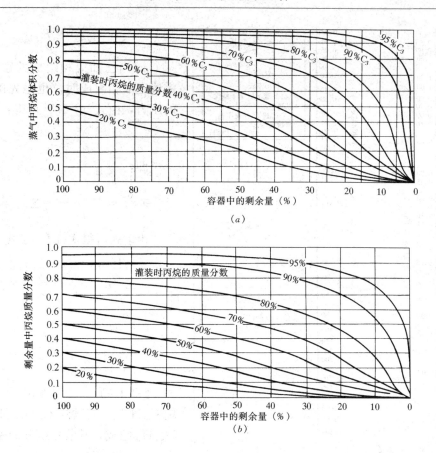

图 1-7　丙烷、正丁烷混合物在不同剩余量时气相和液相组成的变化

(a) 气相组成的变化；(b) 液相组成的变化

由以上两式得到式（1-18）：

$$\frac{p'_i}{p} = \frac{y_i}{x_i} = k_i \tag{1-18}$$

式中　k_i——相平衡常数；

$\quad\quad\quad y_i$——混合气体中任一组分的摩尔分数。

相平衡常数表示在一定温度下，一定组成的气液平衡系统中，任一组分在该温度下的饱和蒸气压 p'_i，与混合液体蒸气压 p 的比值是一个常数 k_i。并且，在一定温度和压力下，气液两相达到平衡状态时，气相中任一组分的摩尔分数 y_i 与其液相中的摩尔分数 x_i 的比值，同样是一个常数 k_i。

工程上，常利用相平衡常数 k_i 计算液化石油气的气相组成或液相组成。k 值可由图 1-8 查得。使用该图时，先连接温度和碳氢化合物两点之间的直线，并向右延长与基线相交。然后把此交点与反映系统中蒸气压的点相连，由此连接线与相平衡常数线的交点，即可求得 k 值。

液化石油气气相和液相组成之间还可按下列公式换算：

1. 当已知液相组成的摩尔分数，需确定气相组成时，先按式（1-17）计算系统的压力 p，然后按式（1-19）确定气相各组分的摩尔分数，即

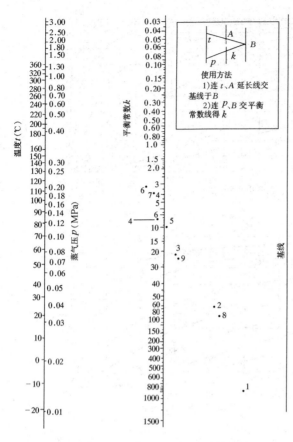

图 1-8　一些碳氢化合物的相平衡常数计算图
1—甲烷；2—乙烷；3—丙烷；4—正丁烷；5—异丁烷；
6—正戊烷；7—异戊烷；8—乙烯；9—丙烯

$$y_i = \frac{x_i p_i'}{p} \qquad (1\text{-}19)$$

2. 当已知气相组成的摩尔分数，需确定液相组成时，也是先确定系统的压力，由式（1-18）可得：

$$\frac{y_i}{p_i'} = \frac{x_i}{p}$$

即：

$$\sum \frac{y_i}{p_i'} = \sum \frac{x_i}{p} = \frac{1}{p} \sum x_i = \frac{1}{p}$$

由上式可得式（1-20）和式（1-21）：

$$p = \frac{1}{\sum \dfrac{y_i}{p_i'}} = \frac{1}{\dfrac{y_1}{p_1'} + \dfrac{y_2}{p_2'} + \cdots + \dfrac{y_n}{p_n'}}$$
$$(1\text{-}20)$$

$$x_i = \frac{y_i p}{p_i'} \qquad (1\text{-}21)$$

（四）计算例题

【例 1-6】　已知液化石油气由丙烷 C_3H_8、正丁烷 nC_4H_{10} 和异丁烷 iC_4H_{10} 组成，其液相组分的摩尔分数为：$x_{C_3H_8}=0.7$，$x_{nC_4H_{10}}=0.2$，$x_{iC_4H_{10}}=0.1$，求温度为 20℃ 时系统的压力及气相摩尔分数。

【解】

运用表 1-5 和式（1-17），可以得到 20℃ 时系统的压力为：

$$\begin{aligned}
p &= \sum x_i p_i' \\
&= 0.7 \times 0.846 + 0.2 \times 0.2348 + 0.1 \times 0.3115 \\
&= 0.67 \text{MPa}
\end{aligned}$$

达到平衡状态时气相各组分的摩尔分数按式（1-19）计算：

$$y_{C_3H_8} = \frac{x_{C_3H_8} p_{C_3H_8}'}{p} = \frac{0.7 \times 0.846}{0.67} = 0.88$$

$$y_{nC_4H_{10}} = \frac{0.2 \times 0.2348}{0.67} = 0.07$$

$$y_{iC_4H_{10}} = \frac{0.1 \times 0.3115}{0.67} = 0.05$$

$$\sum y_i = 0.88 + 0.07 + 0.05 = 1.0$$

下面利用相平衡常数 k_i 进行计算。系统压力为 0.67MPa、温度为 20℃ 时，查图 1-8 得丙烷、正丁烷和异丁烷的相平衡常数为 $k_{C_3H_8}=1.26$，$k_{nC_4H_{10}}=0.34$，$k_{iC_4H_{10}}=0.5$。20℃ 时的气相各组分的摩尔分数按式（1-18）计算：

$$y_{C_3H_8} = k_{C_3H_8} x_{C_3H_8} = 1.26 \times 0.7 = 0.882$$

$$y_{nC_4H_{10}} = 0.34 \times 0.2 = 0.068$$

$$y_{iC_4H_{10}} = 0.5 \times 0.1 = 0.050$$

$$\sum y_i = 0.882 + 0.068 + 0.050 = 1.0$$

【例 1-7】　已知液化石油气气相组成的摩尔分数为 $y_{C_3H_8} = 0.9$，$y_{nC_4H_{10}} = 0.1$，求 $t = 30℃$ 时的平衡液相组成。

【解】

系统的压力 p 按式（1-20）计算：

$$p = \frac{1}{\sum \dfrac{y_i}{p'_i}} = \frac{1}{\dfrac{0.9}{1.093} + \dfrac{0.1}{0.3202}} = 0.8805 \text{MPa}$$

平衡液相各组分的摩尔分数按式（1-21）计算：

$$x_{C_3H_8} = \frac{y_{C_3H_8} p}{p'_{C_3H_8}} = \frac{0.9 \times 0.8805}{1.093} = 0.725$$

$$x_{nC_4H_{10}} = \frac{0.1 \times 0.8805}{0.3202} = 0.275$$

$$\sum x_i = 0.725 + 0.275 = 1.0$$

五、沸点和露点

（一）沸点

通常所说的沸点是指 101.325kPa 压力下液体沸腾时的温度。一些低级烃的沸点列于表 1-6。

一些低级烃的沸点　　　　　　　　　　　　　表 1-6

气体名称	甲烷	乙烷	丙烷	正丁烷	异丁烷	正戊烷	异戊烷	新戊烷	乙烯	丙烯
101.325kPa 时的沸点（℃）	-162.6	-88.5	-42.1	-0.5	-10.2	36.2	27.85	9.5	-103.7	-47

由表 1-6 可知，液体丙烷在 101.325kPa 压力下，-42.1℃时就处于沸腾状态，而液体正丁烷在 101.325kPa 压力下，-0.5℃时才处于沸腾状态。冬季如果液化石油气容器设置在 0℃以下的地方，应该使用低沸点的丙烷、丙烯含量高的液化石油气。因为丙烷、丙烯在寒冷地区或寒冷季节也可以气化。

（二）露点

饱和蒸气经冷却或加压，立即处于过饱和状态，当遇到接触面或凝结核便液化成露，这时的温度称为露点。

对于气态碳氢化合物，与表 1-5 所列的饱和蒸气压相应的温度也就是露点。例如，丙烷在 0.349MPa 压力时露点为 -10℃，而在 0.846MPa 压力时露点为 +20℃。单一的气态碳氢化合物在某一蒸气压时的露点也就是其液体在同一压力时的沸点。

1. 碳氢化合物混合气体的露点　碳氢化合物混合气体的露点与混合气体的组成及其

总压力有关。

在混合物中，由于各组分在气相或液相中的摩尔分数之和都等于 1，所以在气液平衡时必须满足下列关系：

$$\Sigma y_i = \Sigma k_i x_i = 1 \tag{1-22}$$

$$\Sigma x_i = \Sigma \frac{y_i}{k_i} = 1 \tag{1-23}$$

当已知气体混合物的组成时，可按式（1-22）或式（1-23），通过计算的方法来确定在某一定压力下混合气体的露点。具体计算步骤为，先假设一个露点温度，根据假设的露点和给定的压力，由图 1-8 查出各组分在相应温度、压力下的相平衡常数 k_i，并计算出平衡液相组成的摩尔分数 x_i。当 $\Sigma x_i = 1$ 时，则原假设的露点温度正确。如果 $\Sigma x_i \neq 1$，必须再假设一个露点温度进行计算，直到满足 $\Sigma x_i = 1$ 为止。

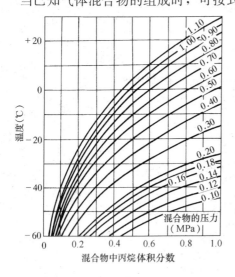

图 1-9 丙烷-空气混合物的露点

2. 液化石油气掺混空气前后露点的比较

在实际的液化石油气供应中，有时采用含有空气的非爆炸性混合气体。由于碳氢化合物蒸气分压力降低，液化石油气与空气混合后的露点也相应降低。

丙烷、正丁烷和异丁烷与空气混合物的露点，分别示于图 1-9～图 1-11 中。

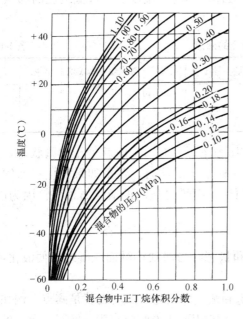

图 1-10 正丁烷-空气混合物的露点

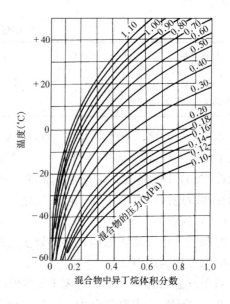

图 1-11 异丁烷-空气混合物的露点

由图可见，露点随混合气体的压力及各组分的体积分数而变化，混合气体的压力增大，露点升高。

当用管道输送气体碳氢化合物时，必须保持其温度在露点以上，以防凝结，阻碍输气。

（三）计算例题

【例1-8】　已知容器中液化石油气液相原始组成的摩尔分数以及随着它的消耗液相组成的变化（如下表所列），求蒸气压变化的情况。

【解】　运用表1-5和图1-7（b），可以得到20℃和−15℃时各种液相组成的蒸气压。例如，当液相原始组成的摩尔分数丙烷为0.3、正丁烷为0.7时，则温度为20℃时的蒸气压为：

$$p = \sum x_i p'_i = 0.3 \times 0.846 + 0.7 \times 0.2348 = 0.418 \text{MPa}$$

依次计算，并将结果列于下表：

灌装量100%				剩余量50%				剩余量30%			
液相原始摩尔分数		压力（MPa）		液相摩尔分数		压力（MPa）		液相摩尔分数		压力（MPa）	
丙烷	正丁烷	20℃	−15℃	丙烷	正丁烷	20℃	−15℃	丙烷	正丁烷	20℃	−15℃
0.3	0.7	0.418	0.129	0.12	0.88	0.308	0.086	0.05	0.95	0.265	0.07
0.5	0.5	0.540	0.176	0.29	0.71	0.412	0.127	0.17	0.83	0.339	0.098
0.7	0.3	0.663	0.224	0.55	0.45	0.571	0.188	0.43	0.57	0.498	0.160

由上表可知，丙烷组分因具有较高的蒸气压而蒸发得较快，随着液化石油气的消耗，容器内的液体中高沸点组分正丁烷的比例在增加，所以温度虽然不变，容器中的蒸气压却逐渐下降。在−15℃时，原来由0.5（摩尔分数）丙烷和0.5（摩尔分数）正丁烷所组成的液化石油气，当剩余量为30%时，正丁烷的含量上升为0.83（摩尔分数），蒸气压由0.176MPa降至0.098MPa，已不可能蒸发。

【例1-9】　已知液化石油气气相组成的体积分数为 $y_{C_3H_8} = 0.025$，$y_{nC_4H_{10}} = 0.071$，$y_{iC_4H_{10}} = 0.904$，求当压力为0.914MPa时的露点。

【解】　假定露点温度为55℃，根据露点和压力，由图1-8查得各组分的相平衡常数 k_i 为 $k_{C_3H_8} = 1.82$，$k_{nC_4H_{10}} = 0.65$，$k_{iC_4H_{10}} = 0.88$。由式（1-23）得：

$$\sum \frac{y_i}{k_i} = \frac{0.025}{1.82} + \frac{0.071}{0.65} + \frac{0.904}{0.88} = 1.1502$$

再假设露点为65℃，由图1-8查得 $k_{C_3H_8} = 2.20$，$k_{nC_4H_{10}} = 0.83$，$k_{iC_4H_{10}} = 1.10$。由式（1-23）得：

$$\sum \frac{y_i}{k_i} = \frac{0.025}{2.20} + \frac{0.071}{0.83} + \frac{0.904}{1.10} = 0.9187$$

用内插法求得 $\sum \dfrac{y_i}{k_i} = 1$（0.914MPa）时的露点为61.5℃。

【例1-10】　已知液化石油气-空气混合气体中，各组分的体积分数为空气0.7，丙烷0.15，异丁烷0.15。求冬季低温−30℃下不致达到露点的压力。

【解】　由图1-11可知，含异丁烷0.15，露点为−30℃的压力为0.35MPa，所以其最高压力可定为 0.35MPa。由图 1-9 可知，在 0.35MPa 压力下，含丙烷 0.15 的混合气体露点为 −56℃，远低于 −30℃，因此在压力低于 0.35MPa 条件下，丙烷和异丁烷均不会冷凝。

六、液化石油气的汽化潜热

气化潜热就是单位质量（1kg）的液体变成与其处于平衡状态的蒸气所吸收的热量。某些碳氢化合物在 101.325kPa 压力下，沸点时的汽化潜热列于表 1-7。

部分碳氢化合物的沸点及沸点时的汽化潜热　　　　　　表 1-7

名称	甲烷	乙烷	丙烷	正丁烷	异丁烷	乙烯	丙烯	丁烯 −1	顺丁烯 −2	反丁烯 −2	异丁烯	正戊烷
沸点（℃）（101.325kPa）	−162.6	−88.5	−42.1	−0.5	−10.2	−103.7	−47.0	−6.26	3.72	0.88	−6.9	36.2
汽化潜热（kJ/kg）	510.8	485.7	422.9	383.5	366.3	481.5	439.6	391.0	416.2	405.7	394.4	355.9

混合液体的汽化潜热按式（1-24）计算：

$$r = g_1 r_1 + g_2 r_2 + \cdots + g_n r_n \tag{1-24}$$

式中　　　　　r——混合液体的汽化潜热（kJ/kg）；

　　　g_1、$g_2 \cdots g_n$——混合液体各组分的质量分数；

　　　r_1、$r_2 \cdots r_n$——相应各组分的汽化潜热(kJ/kg)。

汽化潜热因汽化时的压力和温度而异，汽化潜热与温度的关系用式（1-25）表示：

$$r_1 = r_2 \left(\frac{t_c - t_1}{t_c - t_2} \right)^{0.38} \tag{1-25}$$

式中　　r_1——温度为 t_1 时的汽化潜热（kJ/kg）；

　　　　r_2——温度为 t_2 时的汽化潜热（kJ/kg）；

　　　　t_c——临界温度（℃）。

液态丙烷、丁烷的汽化潜热与温度的关系列于表 1-8。

液态丙烷、丁烷的汽化潜热与温度的关系　　　　　　表 1-8

温度（℃）	−20	−15	−10	−5	0	5	10	15	20	25	30	35	40	45	50	55	60
汽化潜热(kJ/kg) 丙烷	399.8	396.1	387.7	383.9	379.7	368.9	364.3	355.5	345.4	339.1	329.1	320.3	309.8	301.4	284.7	270.0	262.1
丁烷	400.2	397.3	392.7	388.5	384.3	380.2	376.0	370.6	366.8	362.2	358.4	355.0	346.7	341.2	333.3	328.2	321.5

由表 1-8 可知，温度升高，汽化潜热减小，到达临界温度时，汽化潜热等于零。

七、体积膨胀

（一）体积膨胀系数

液态碳氢化合物的体积膨胀系数很大，比水约大 16 倍。向容器灌装时必须考虑因温度变化引起的体积增大，留出必需的气相容积空间。

一些液态碳氢化合物的体积膨胀系数列于表 1-9。

一些液态碳氢化合物的体积膨胀系数 表 1-9

液体名称	15℃时的体积膨胀系数	下列温度范围内的体积膨胀系数平均值	
		$-20\sim+10$℃	$+10\sim+40$℃
丙烷	0.00306	0.00290	0.00372
丙烯	0.00294	0.00280	0.00368
丁烷	0.00212	0.00209	0.00220
丁烯	0.00203	0.00194	0.00210
水	0.00019		

（二）液态碳氢化合物的体积膨胀

液态碳氢化合物的体积膨胀可根据体积膨胀系数按式（1-26）、式（1-27）计算：

对于单一液体：

$$V_2 = V_1 [1 + \beta (t_2 - t_1)] \tag{1-26}$$

式中　V_1——温度为 t_1 时的液体体积；

　　　V_2——温度为 t_2 时的液体体积；

　　　β—— t_1 至 t_2 温度范围内液体的体积膨胀系数平均值。

对于混合液体：

$$V'_2 = V'_1 v_{l,1} [1 + \beta_1 (t_2 - t_1)] + V'_1 v_{l,2} [1 + \beta_2 (t_2 - t_1)] + \cdots \\ + V'_1 v_{l,n} [1 + \beta_n (t_2 - t_1)] \tag{1-27}$$

式中　　V'_1、V'_2——温度为 t_1、t_2 时混合液体的体积；

　　$v_{l,1}$、$v_{l,2}\cdots v_{l,n}$——温度为 t_1 时混合液体各组分的体积分数；

　　β_1、$\beta_2\cdots\beta_n$——各组分由 t_1 至 t_2 温度范围内的体积膨胀系数平均值。

（三）计算例题

【例 1-11】　已知液态液化石油气的体积分数为 $v_{l,C_3H_8}=0.6$，$v_{l,C_4H_{10}}=0.4$。温度为 10℃时液态液化石油气的密度为 $\rho=0.5448$kg/L。将 15kg 上述混合液体灌装到容积为 35.3L 的气瓶中。如果温度上升至 40℃时，求该混合液体膨胀后的体积。

【解】　温度为 10℃时液态液化石油气的体积：

$$V'_1 = \frac{G}{\rho} = \frac{15}{0.5448} = 27.53L$$

由表 1-9 查得在 $+10\sim+40$℃温度范围内液态丙烷和丁烷的体积膨胀系数平均值分别为 0.00372 和 0.00220。按式（1-27），温度升高至 40℃时该混合液体膨胀后的体积为：

$$V'_2 = V'_1 v_{l,C_3H_8} [1 + \beta_{C_3H_8}(t_2 - t_1)] + V'_1 v_{l,C_4H_{10}} [1 + \beta_{C_4H_{10}}(t_2 - t_1)]$$
$$= 27.53 \times 0.60 \times [1 + 0.00372 \times (40 - 10)] + 27.53 \times 0.40$$
$$\times [1 + 0.0022 \times (40 - 10)]$$
$$= 30.10L$$

八、爆炸极限

可燃气体和空气的混合物遇明火而引起爆炸时的可燃气体浓度范围称为爆炸极限。在这种混合物中，当可燃气体的含量减少到不能形成爆炸混合物时的含量，称为可燃气体的爆炸下限。而当可燃气体含量增加到不能形成爆炸混合物时的含量，称为爆炸上限。某些可燃气体的爆炸极限列于表 1-2、表 1-3。

（一）只含有可燃组分的混合气体的爆炸极限

只含有可燃组分的混合气体爆炸极限按式（1-28）（Le Chatelier 法则）计算：

$$L = \frac{1}{\dfrac{y_1}{L_1} + \dfrac{y_2}{L_2} + \cdots + \dfrac{y_n}{L_n}} \tag{1-28}$$

式中　　　L——混合气体的爆炸下（上）限（体积%）；

L_1、$L_2 \cdots L_n$——混合气体中各可燃组分的爆炸下（上）限（体积%）；

y_1、$y_2 \cdots y_n$——混合气体中各可燃组分的体积分数。

（二）含有惰性组分的混合气体爆炸极限

当混合气体中含有惰性组分时，可将某一惰性组分与某一可燃组分组合起来视为混合气体中的一种组分，其体积分数为二者之和，爆炸极限可由图 1-12、图 1-13 查得。

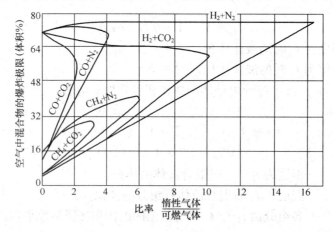

图 1-12　用氮或二氧化碳和氢、一氧化碳、甲烷混合时的爆炸极限

按式（1-29）计算这种燃气的爆炸极限：

$$L = \frac{1}{\dfrac{y_1'}{L_1'} + \dfrac{y_2'}{L_2'} + \cdots + \dfrac{y_n'}{L_n'} + \dfrac{y_1}{L_1} + \dfrac{y_2}{L_2} + \cdots + \dfrac{y_n}{L_n}} \tag{1-29}$$

式中　　　L——含有惰性组分的燃气爆炸极限（体积%）；

y_1'、$y_2' \cdots y_n'$——由某一可燃组分与某一惰性组分组成的混合组分在混合气体中的体积分数；

L_1'、$L_2' \cdots L_n'$——由某一可燃组分与某一惰性组分组成的混合组分在该混合比时的爆炸极限（体积%）；

y_1、$y_2 \cdots y_n$——未与惰性组分组合的可燃组分在混合气体中的体积分数；

L_1、$L_2 \cdots L_n$——未与惰性组分组合的可燃组分的爆炸极限（体积%）。

随着惰性组分含量的增加，混合气体的爆炸极限范围将缩小。

对于含有惰性组分的混合气体，可以不采用上述组合法计算爆炸极限，而采用公式修正法。其修正公式见式（1-30）：

$$L = L^c \frac{100 \left(1 + \dfrac{y_N}{1 - y_N}\right)}{100 + L^c \dfrac{y_N}{1 - y_N}} \tag{1-30}$$

式中 L——含有惰性组分的燃气爆炸极限（体积%）；

L^c——该燃气的可燃基（扣除了惰性组分含量后，重新调整计算出的各可燃组分体积分数）爆炸极限（体积%）；

y_N——含有惰性组分的燃气中，惰性组分的体积分数。

（三）含有氧气的混合气体爆炸极限

当混合气体中含有氧时，可以认为混入了空气。因此，应先扣除氧含量以及按空气的氧氮比例求得的氮含量，并重新调整混合气体中各组分的体积分数，得到该混合气体的无空气基组成，再按式（1-29）计算该混合气体的无空气基爆炸极限。

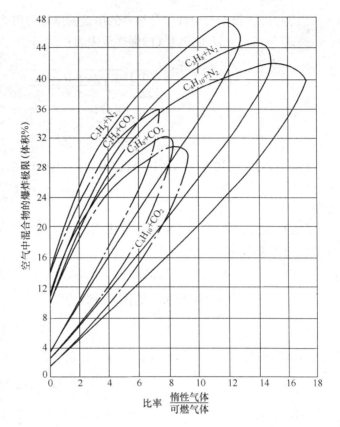

图 1-13 用氮或二氧化碳和乙烯、丙烷、丁烷混合时的爆炸极限

对于这种含有氧气（可折算出相应的空气）的混合气体，也可以将它视为一个整体，则相应有其在空气中的爆炸上（下）限数值。我们将其称为该混合气体的整体爆炸极限，其表达式为式（1-31）：

$$L^T = \frac{L^{na}}{1 - y_{air}} \qquad (1-31)$$

式中 L^T——包含有空气的混合气体的整体爆炸极限（体积%）；

L^{na}——该混合气体的无空气基爆炸极限（体积%）；

y_{air}——空气在该混合气体中的体积分数。

（四）计算例题

【例 1-12】 试求发生炉煤气的爆炸极限，其体积分数为：$y_{H_2} = 0.124$，$y_{CO_2} = 0.062$，$y_{CH_4} = 0.007$，$y_{CO} = 0.273$，$y_{N_2} = 0.534$。

【解】 将组分中的惰性组分按照图 1-12 与可燃气体进行组合：

$$y_{H_2} + y_{CO_2} = 0.124 + 0.062 = 0.186，\frac{惰性气体}{可燃气体} = \frac{0.062}{0.124} = 0.5$$

$$y_{CO} + y_{N_2} = 0.273 + 0.534 = 0.807，\frac{惰性气体}{可燃气体} = \frac{0.534}{0.273} = 1.96$$

由图 1-12 查得各混合组分在上述混合比时的爆炸极限相应为 6.0%～70.0% 和 40.0%～73.5%。

由表 1-2 查得未与惰性组分组合的甲烷的爆炸极限为 $5.0\%\sim15\%$。

按式（1-29），发生炉煤气的爆炸极限为：

$$L_l = \frac{1}{\dfrac{0.186}{0.060} + \dfrac{0.807}{0.400} + \dfrac{0.007}{0.050}} \approx 19\%$$

$$L_h = \frac{1}{\dfrac{0.186}{0.700} + \dfrac{0.807}{0.735} + \dfrac{0.007}{0.150}} \approx 71\%$$

【例 1-13】 已知燃气的体积分数为：$y_{CO_2} = 0.0570$，$y_{C_mH_n} = 0.0530$（可按 C_3H_6 计算），$y_{O_2} = 0.0170$，$y_{CO} = 0.0840$，$y_{H_2} = 0.2093$，$y_{CH_4} = 0.1827$，$y_{N_2} = 0.3970$。求该燃气的爆炸极限。

【解】 根据空气中 O_2/N_2 气体的比例，扣除相当于 $0.0170\ O_2$ 所需的 N_2 含量后，则燃气中所余 N_2 的有效成分为：

$$0.3970 - 0.0170 \times \frac{79}{21} = 0.3330$$

不包括空气的其余组分所占的体积分数为：

$$1 - 0.0170 \times \frac{79}{21} - 0.0170 = 0.9190$$

重新调整混合气体的体积分数，得到其余各组分无空气基的体积分数为：

$$y_{CO_2}^{na} = \frac{0.0570}{0.9190} = 0.0620$$

依次可得：$y_{C_mH_n}^{na} = 0.0577$，$y_{CO}^{na} = 0.0914$，$y_{H_2}^{na} = 0.2277$，$y_{CH_4}^{na} = 0.1988$，$y_{N_2}^{na} = 0.3624$。

然后按上例的方法进行计算：

$$y_{CO}^{na} + y_{CO_2}^{na} = 0.0914 + 0.0620 = 0.1534,\ \frac{\text{惰性气体}}{\text{可燃气体}} = \frac{0.0620}{0.0914} = 0.678$$

$$y_{H_2}^{na} + y_{N_2}^{na} = 0.2277 + 0.3624 = 0.5901,\ \frac{\text{惰性气体}}{\text{可燃气体}} = \frac{0.3624}{0.2277} = 1.591$$

由图 1-12 查得各混合组分在上述混合比时的爆炸极限相应为 $11.0\%\sim75.0\%$ 和 $22.0\%\sim68.0\%$。

由表 1-2 查得未组合的甲烷爆炸极限为 $5.0\%\sim15\%$，未组合的丙烯爆炸极限为 $2.0\%\sim11.7\%$。

按式（1-29），原燃气的无空气基爆炸极限为：

$$L_l^{na} = \frac{1}{\dfrac{0.1534}{0.220} + \dfrac{0.5901}{0.110} + \dfrac{0.1988}{0.050} + \dfrac{0.0577}{0.020}} \approx 7.74\%$$

$$L_h^{na} = \frac{1}{\dfrac{0.1534}{0.680} + \dfrac{0.5901}{0.750} + \dfrac{0.1988}{0.150} + \dfrac{0.0577}{0.117}} \approx 35.32\%$$

该混合燃气中折算空气的体积分数为 $y_{air} = 1 - 0.9190 = 0.0810$，按式（1-31），其整体爆炸极限相应为：

$$L_l^T = \frac{0.0774}{1 - 0.0810} = 8.42\%$$

$$L_h^T = \frac{0.3532}{1 - 0.0810} = 38.43\%$$

九、水合物

（一）水合物及其生成条件

如果烃类气体中的水分超过一定含量，在一定温度压力条件下，水能与液态或气态的 C_1、C_2、C_3 和 C_4 生成结晶水合物 $C_mH_n \cdot xH_2O$（对于甲烷，$x=6\sim7$；对于乙烷，$x=6$；对于丙烷及异丁烷，$x=17$）。水合物在聚集状态下是白色或带铁锈色的疏松结晶体，一般水合物类似于冰或致密的雪，若在输气管道中生成，会缩小管路的流通截面积，造成管路、阀件和设备的堵塞。另一方面，在地球的深海和永久冻土层下存在着大量的甲烷水合物，而水合物是不稳定的结合物，在低压或高温的条件下易分解为烃类气体和水，因此，自然界中存在的甲烷水合物具有潜在的开发价值，应该列入能源资源。

在含湿烃类气体中形成水合物的主要条件是压力和温度。

图 1-14 为某些烃类气体水合物的压力-温度平衡相图。图中折线是形成水合物的界限线，折线左边是水合物存在的区域，右边是水合物不存在的区域。C 点是水合物的临界分解点，只有含湿烃类气体的温度小于 C 点的温度才有可能形成水合物。超临界气体甲烷的水合物没有临界分解温度，曾经以为其临界温度是 21.5℃，但经研究表明当压力在 33～76MPa 条件下，温度为 28.8℃ 时甲烷水合物仍然存在，而在 390MPa 高压下甲烷水合物形成温度可提升至 47℃。其他烃类气体的临界分解温度如下，乙烷 14.5℃、丙烷 5.5℃、异丁烷 2.5℃、正丁烷 1℃。现举例说明，若丙烷液体在 0℃、0.48MPa 下气化，由图可知，此条件有可能生成水合物。如果把丙烷气体经过调压器使其压力降低到 0.13MPa 时，即使含有较多水分，生成水合物的可能性也不大。

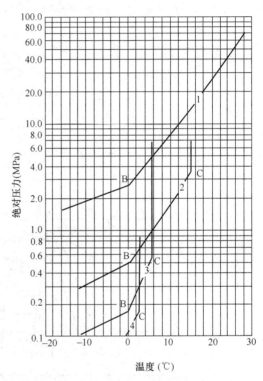

图 1-14 某些烃类气体水合物的
压力-温度平衡相图
1—甲烷；2—乙烷；3—丙烷；4—异丁烷

由图 1-14 可知，在同样温度下较重的烃类形成水合物所需的压力也较低。

在含湿烃类气体中形成水合物的次要条件是：含有杂质、高速、紊流、脉动（例如由活塞式压缩机引起的）和急剧转弯等因素。

如果烃类气体被水蒸气饱和，输气管道的工作温度等于含湿烃类气体的露点，则水合物就可以形成，因为气体混合物中水蒸气分压远超过水合物的蒸气压。但如果降低气体混合物中的水分含量使得水蒸气分压低于水合物的蒸气压，则水合物也就不会形成了。

用高压管道输送的天然气含有足够水分时，会遇到生成水合物的问题，此外，丙烷在容器内急速蒸发时也会形成水合物。

（二）水合物的防止

为防止形成水合物或分解已形成的水合物有如下两种方法：

1. 降低压力、升高温度或加入可以使水合物分解的反应剂（防冻剂）。

最常用作分解水合物结晶的反应剂是甲醇（木精），其分子式为 CH_3OH。此外，还用甘醇（乙二醇）CH_3CH_2OH、二甘醇、三甘醇、四甘醇作为反应剂。

醇类之所以能用来分解或预防水合物的产生，是因为它与水蒸气可以形成溶液，醇类吸收了气体中的水蒸气，使水蒸气变为凝析水，因而使气体的露点降低很多，而醇类水溶液的冰点比水的冰点低得多，也就降低了形成水合物的临界点。在使用醇类的工艺中，一般设有排水装置，将输气管道中的醇类水溶液排出。

2. 对含湿烃类气体脱水，使其中水分含量降低到不致形成水合物的程度。为此要使露点降低到大约低于输气管道工作温度 $5 \sim 7℃$，这样就使得在输气管道的最低温度下，气体的相对湿度接近于 60%。

十、烃类气体的状态图

（一）状态图的使用方法

在进行气态或液态碳氢化合物的热力学计算时，一般需要使用饱和蒸气压 p、密度 ρ、温度 T、比焓 h 及比熵 s 等状态参数。为了使用上的方便，将这些参数值绘制成曲线图，一般称之为状态图。

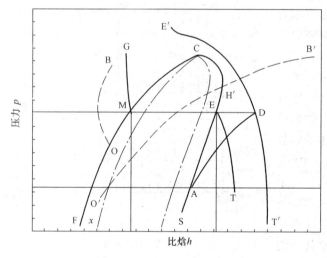

图 1-15　状态图的示意图

只要知道上述五个参数中的任意两个，即可在状态图上确定其状态点，相应查出该状态下的其他参数值。

状态图如图 1-15 所示。图中 C 点为临界状态点、CF 线为饱和液体线，CS 线为饱和蒸气线。整个状态图分三个区域：CF 线的左侧为液相区，CS 线的右侧为气相区，CF 线与 CS 线之间为气液共存区。水平线为等压线 p(MPa)，垂直线为等比焓线 h(kJ/kg)，液相区的 OB 线表示液体的密度 ρ_l(kg/m³)，曲线 O′H′B′ 表示气体（蒸气）的密度 ρ_v(kg/m³)，折线 TEMG 表示低于临界温度时的等温线，曲线 T′E′ 表示温度高于临界温度时的等温线。曲线 AD 为等熵线。由临界状态点 C 引出的 Cx 线为蒸气的等干度线。

所谓干度，是指单位质量的饱和液体和饱和蒸气中所含饱和蒸气的质量，常用符号 x 表示。

$$x = \frac{饱和蒸气质量}{饱和液体质量＋饱和蒸气质量}$$

式中　x——干度（kg/kg）。

显然，饱和液体线 CF 上各点的干度 $x=0$，饱和蒸气线 CS 上各点的干度 $x=1$。甲烷、乙烷、丙烷和正丁烷的状态图如图 1-16～图 1-19 所示。

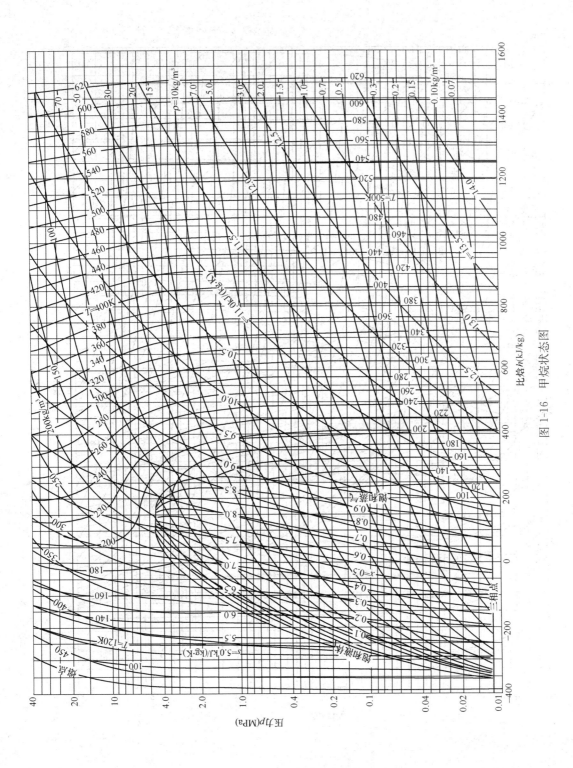

图 1-16　甲烷状态图

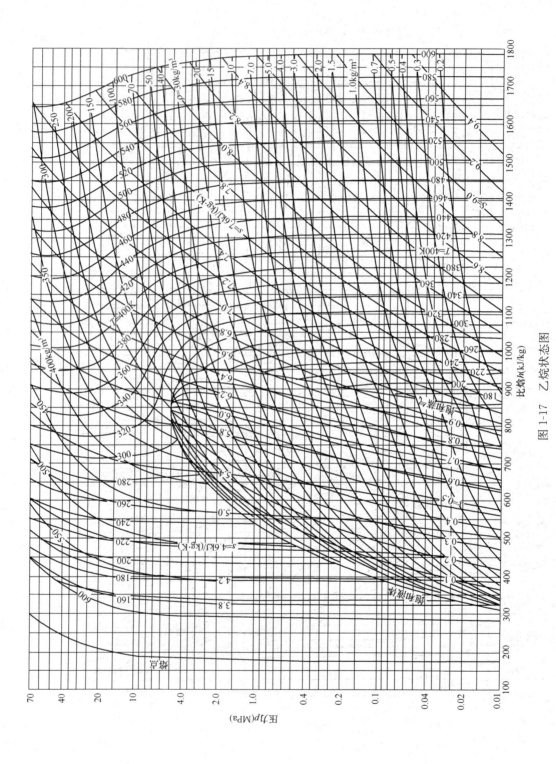

图 1-17　乙烷状态图

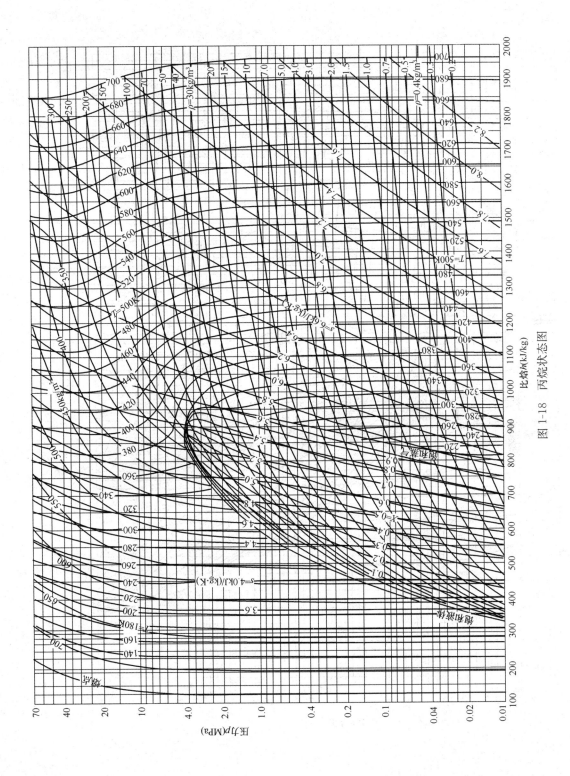

图 1-18 丙烷状态图

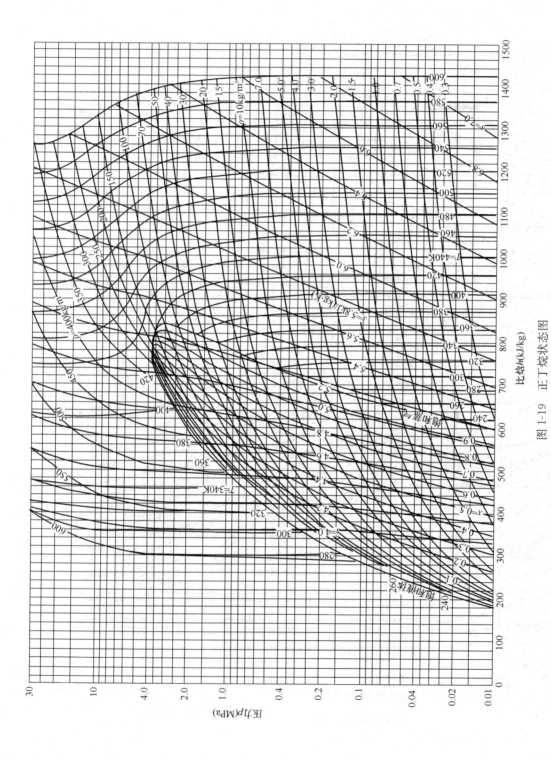

图 1-19　正丁烷状态图

（二）状态图的应用例题

【例 1-14】 求温度为 15℃时，容器中液态丙烷自然蒸发时的饱和蒸气压。

【解】 在图 1-18 丙烷状态图上，找到 15℃的等温线与饱和蒸气线的交点，过该点引等压线（平行于横坐标）至纵坐标，即可得饱和蒸气压 $p = 0.74$MPa。

【例 1-15】 求温度为 15℃时，容器中液相和气相丙烷的比容和密度。

【解】 在图 1-18 丙烷状态图上，找到 15℃的等温线与饱和液体线、饱和蒸气线的交点，由两交点查得液相丙烷和气相丙烷的密度分别为：

$$\rho_l = 508 \text{kg/m}^3$$

$$\rho_v = 15.5 \text{kg/m}^3$$

相应的比容为

$$\upsilon_l = \frac{1}{508} = 0.00197 \text{m}^3/\text{kg}$$

$$\upsilon_v = \frac{1}{15.5} = 0.0645 \text{m}^3/\text{kg}$$

【例 1-16】 求温度为 15℃时，容器中液态丙烷的气化潜热。

【解】 在图 1-18 丙烷状态图上，找到 15℃的等温线与饱和液体线、饱和蒸气线的交点，交点所对应的横坐标轴上的数值即为饱和液体的比焓 $h_l = 560$kJ/kg 及饱和蒸气的比焓 $h_v = 914$kJ/kg，饱和蒸气与饱和液体的比焓差即为气化潜热：

$$r = h_v - h_l = 914 - 560 = 354 \text{kJ/kg}$$

【例 1-17】 求温度为 20℃的丙烷饱和蒸气，经绝热膨胀至 0.1MPa 时的温度及 1kg 蒸气中凝结为液态丙烷的数量。

【解】 饱和蒸气的绝热膨胀过程是沿等熵线进行，在图 1-18 丙烷状态图上可以找到 20℃的等温线与饱和蒸气线的交点，过此交点的等熵线与绝对压力 $p = 0.1$MPa 的等压线相交得绝热膨胀后丙烷的温度为 -42℃。经过该点的等干度线为 $x=0.95$，绝热膨胀后，1kg 蒸气中凝结为液态丙烷的数量为 0.05kg，即占原蒸气量的 5%。

1kg 蒸气中凝结为液态丙烷的数量还可用计算的方法求得：由图 1-18 丙烷状态图上查得绝热膨胀至 0.1MPa 后的比焓 $h_l = 827$kJ/kg，绝对压力 $p = 0.1$MPa 的等压线与饱和蒸气线交点的比焓 $h_v = 849$kJ/kg，h_v 与 h_l 的差值应该等于凝结为液态丙烷的蒸气所放出的凝结热，设凝结为液态丙烷的数量为 ykg/kg 蒸气，1kg 蒸气的凝结热与气化潜热相等，绝对压力 $p = 0.1$MPa 的气化潜热由表 1-7 中得 423kJ/kg，故：

$$h_v - h_l = y \cdot r$$

所以

$$y = \frac{849 - 827}{423} = 0.05 \text{kg/kg 蒸气}$$

即 1kg 蒸气中凝结成液态丙烷的数量为 0.05kg。

【例 1-18】 液体丙烷经过节流，绝对压力由 0.8MPa 降至 0.1MPa，求节流后的温度及蒸气生成量。

【解】 液体节流前后焓值不变。在图 1-18 丙烷状态图上可以找到绝对压力 $p = 0.8$MPa 的等温线与饱和液体线的交点，过此交点的等焓线与 $p = 0.1$MPa 的等压线相交，得节流后的丙烷温度为 -42℃，经过该点的等干度线为 $x = 0.33$kg/kg，即 1kg 液态丙烷节流后产生 0.33kg 蒸气。

【例 1-19】　容器内丙烷液体温度为 18℃，其蒸气通过调压器后降压至 0.2MPa，求通过调压器后的气体温度。

【解】　由图 1-18 丙烷状态图上可以查得 18℃时丙烷液体的饱和蒸气压为 0.8MPa，过等压线与饱和蒸气线的交点作等焓线，使其与绝对压力 $p = 0.2MPa$ 的等压线相交，得调压器后气体温度约为 2℃（即过该交点的等温线）。

【例 1-20】　若将压力为 0.5MPa、温度为 -161.5℃ 的液态甲烷完全气化为压力 0.1MPa、温度 20℃ 的气态甲烷，求气化单位质量的液态甲烷所需热量。

【解】　在图 1-16 甲烷状态图上，找到 0.5MPa、-161.5℃ 的点所对应的比焓 $h_1 = -285kJ/kg$，找到 0.1MPa、20℃ 的点所对应的比焓 $h_v = 618kJ/kg$，气化单位质量的液态甲烷所需热量：

$$q = h_v - h_1 = 618 - (-285) = 903kJ/kg$$

第三节　城镇燃气的质量要求

城镇燃气在进入输配管网和供给用户前，都应满足热值相对稳定、毒性小和杂质少等基本要求，并且达到一定的质量指标，这对于保障城镇燃气系统和用户用气的安全、减少管道腐蚀与堵塞以及降低对环境的污染等都具有重要的意义。

一、人工煤气与天然气中的主要杂质及质量要求

（一）人工煤气与天然气中的主要杂质

1. 焦油与尘

焦油、尘的主要危害是影响燃气的正常输送与使用。天然气中的尘是因管道腐蚀而产生的氧化铁尘粒，输送天然气过程中由于尘粒所引起的故障，多发生在远离气源的用户端。人工煤气中通常含有焦油和尘，当含量较高时，所引起的故障多发生在煤气厂内部或离煤气厂不远的厂外管道内。

2. 萘

人工煤气特别是干馏煤气中含萘较多。人工煤气在管道输送过程中温度逐渐下降。当煤气中的含萘量大于煤气温度相应的饱和含萘量时，过饱和部分的气态萘以结晶状态析出，沉积于管内而使管道流通截面减小，甚至堵塞，造成供气中断。萘的堵塞又因焦油和尘的存在而加剧。

3. 硫化物

燃气中的硫化物分为无机硫和有机硫。无机硫指硫化氢（H_2S），有机硫有二硫化碳（CS_2）、硫化羰（COS）、硫醇（CH_3SH，C_2H_5SH）、硫醚（CH_3SCH_3）等。燃气中的硫化物有 90%～95% 为无机硫。

硫化氢及其氧化物二氧化硫都具有强烈的刺鼻气味，对眼黏膜和呼吸道有损害作用。空气中硫化氢浓度大于 910mg/m³（约 0.06% 体积分数）时，人呼吸一小时，就会严重中毒。当空气中含有浓度大于 0.05%（体积分数）二氧化硫时，短时间呼吸生命就有危险。

硫化氢又是一种活性腐蚀剂。在高压、高温以及在燃气中含有水分时，腐蚀作用会加剧。燃气中的二氧化碳及氧也是腐蚀剂，当它们与硫化氢同时存在，对管道和设备更为有害。燃气输配系统中硫化氢的腐蚀可分为两种，一种是硫化氢和氧在干燥的钢管内壁发生缓慢的腐蚀作用；另一种是在管内壁上形成一层水膜，即使硫化氢含量不大，金属的腐蚀速度也很快，而硫化氢和氧的浓度越高，腐蚀越加剧。硫化氢的燃烧产物二氧化硫（SO_2）也具有腐蚀性。

有机硫对燃气用具的腐蚀有两种情况，一种是燃气在燃具内部与高温金属表面接触后，有机硫分解生成硫化氢造成腐蚀；另一种是燃气燃烧后生成二氧化硫和三氧化硫造成腐蚀。前者常发生在点火器、火孔等高温部位，由于腐蚀物的堵塞引起点火不良等故障。后者因二氧化硫溶于燃烧产物中的水分，并在设备低温部位的金属表面上冷凝下来而发生腐蚀。

4. 氨

高温干馏煤气中含有氨气。氨能腐蚀燃气管道、设备及燃气用具。燃烧时产生 NO、NO_2 等有害气体，影响人体健康，并污染环境。然而氨能对硫化物产生的酸类物质起中和作用，所以城镇燃气输配系统中含有微量的氨，对保护金属又是有利的。

5. 一氧化碳

一氧化碳是无色、无味、有剧毒的气体，通常在人工煤气中含有一氧化碳。如果空气中一氧化碳的浓度达到 0.1%（体积分数）时，人呼吸一小时，会引起头痛和呕吐，含量达 0.5%（体积分数）时，人呼吸约 20～30min，就会危及生命。

6. 氧化氮

燃烧产物中的氧化氮对人体有害，空气中氧化氮的浓度达到 0.01%（体积分数）时，短时间呼吸后，支气管将受刺激，长时间呼吸会危及生命。

燃气中的一氧化氮与氧生成二氧化氮，后者与燃气中的二烯烃、特别是丁二烯及环戊二烯等具有共轭双键的烃类反应，再经聚合形成气态胶质，因此也称为 NO 胶质，易沉积于流速及流向变化的地方，或附着于输气设备及燃具，引起各种故障。从燃气厂输出的燃气中即使只含有 0.114 g/m^3 的 NO 胶质，在管道末端也会出现胶质的沉积现象。如果每立方米燃气中胶质达数十毫克时，将会沉积在压缩机的叶轮和中间冷却器的管壁上，使压送能力急剧降低，而且经很短时间就需要拆卸清除。如胶质附着在调压器内，会使调压器动作失灵，造成不良的后果。

7. 水

水和水蒸气与燃气中的烃类气体会生成固态水合物，造成管道、设备及仪表等的堵塞。液态水会加剧硫化氢和二氧化碳等酸性气体对金属管道及设备的腐蚀，特别是水蒸气在管道和管件内表面冷凝时形成水膜，造成的腐蚀更为严重。

（二）对人工煤气与天然气的质量要求

人工煤气的质量技术指标应符合国家现行标准《人工煤气》（GB/T 13612）的规定。

管输天然气的质量技术指标应符合国家现行标准《天然气》（GB 17820）中一类气或二类气的规定。

压缩天然气加气站进站天然气的质量应符合前述管输天然气质量标准的二类气质量标准，增压后进入储气装置及出站的压缩天然气质量，必须符合现行国家标准《车用压缩天然气》（GB 18047）的规定。

二、液化石油气中的主要杂质及质量要求

（一）液化石油气中的主要杂质

1. 硫分

液化石油气中如含有硫化氢和有机硫化物，会造成运输、储存和气化设备的腐蚀。硫化氢的燃烧产物 SO_2，也是强腐蚀性气体。

2. 水分

水和水蒸气与液态或气态的 C_2、C_3 和 C_4 会生成结晶水合物。若在液化石油气容器底部形成水合物，会使容器与吹扫管、排液管及液位计的接口管堵塞。液化石油气中的水蒸气也能加剧 O_2、H_2S 和 SO_2 对管道、阀件及燃气用具的腐蚀。

由于水分具有上述危害，通常要求液化石油气中不含水分。

3. 二烯烃

从炼油厂获得的液化石油气中，可能含有二烯烃，它会聚合成分子量高达 4×10^5 的橡胶状固体聚合物。在气体中，当温度大于 $60 \sim 75{}^{\circ}C$ 时即开始强烈的聚合。在液态碳氢化合物中，丁二烯的强烈聚合反应在 $40 \sim 60{}^{\circ}C$ 时就开始了。

当气化含有二烯烃的液化石油气时，在气化装置的加热面上，可能生成固体聚合物，使气化装置在很短时间内就不能正常工作。

4. 乙烷和乙烯

由于乙烷和乙烯的饱和蒸气压总是高于丙烷和丙烯的饱和蒸气压，而液化石油气的容器多是按纯丙烷设计的，液化石油气中乙烷和乙烯含量应予以限制。

5. 残液

C_5 和 C_5 以上的组分沸点较高，在常温下不能气化而留存在容器内，故称为残液。残液量多会增加用户更换气瓶的次数，增加运输量，因而对其含量应加以限制。

（二）对液化石油气的质量要求

民用及工业用液化石油气质量技术指标应符合国家现行标准《油气田液化石油气》（GB 9052.1）或《液化石油气》（GB 11174）的规定。

液化石油气作为车用燃料使用时，应严格控制烯烃与二烯烃含量，防止聚合现象的发生。车用液化石油气应满足现行国家标准《车用液化石油气》（GB 19159）的相关规定。

三、城镇燃气的加臭

城镇燃气是易燃易爆的气体，其中人工煤气因含有一氧化碳而具有毒性。燃气管道及设备在施工和维护过程中如果存在质量问题或使用不当，容易漏气，有引起爆炸、着火和人身中毒的危险。

城镇燃气应具有可以察觉的臭味，燃气中加臭剂的最小量应符合下列规定：无毒燃气泄漏到空气中，达到爆炸下限的 20% 时，应能察觉；有毒燃气泄漏到空气中，达到对人体允许的有害浓度时，应能察觉；对于以一氧化碳为有毒成分的燃气，空气中一氧化碳含量达到 0.02%（体积分数）时，应能察觉。

第二章　城镇燃气需用量及供需平衡

第一节　城镇燃气需用量

在进行城镇燃气输配系统设计时，首先要确定燃气的需用量，即年用气量。年用气量是确定气源、管网和设备燃气通过能力的依据。年用气量主要取决于用户的类型、数量及用气量指标。

一、供气对象及供气原则

（一）供气对象

按照用户的特点，城镇燃气供气对象一般分为下列几个方面：

1. 居民用户

居民用户是指以燃气为燃料进行炊事和制备热水的家庭燃气用户。居民用户是城镇供气的基本对象，也是必须保证连续稳定供气的用户。

2. 商业用户

商业用户是指用于商业或公共建筑制备热水或炊事的燃气用户。商业用户包括餐饮业、幼儿园、医院、宾馆酒店、洗浴、洗衣房、超市、机关、学校和科研机构等，对于学校和科研机构，燃气还用于实验室。

3. 工业用户

工业用户是以燃气为燃料从事工业生产的用户。工业用户用气主要用于各种生产工艺。

4. 采暖、制冷用户

采暖、制冷用户是指以燃气为燃料进行采暖、制冷的用户。

5. 燃气汽车及船舶用户

以燃气作为汽车、船舶动力燃料的用户。

6. 燃气电站及分布式能源用户

以燃气作为燃料的电站或分布式冷热电联产用户。

（二）供气原则

燃气是一种优质的燃料，应力求经济合理地充分发挥其使用效能。供气原则是一项与很多重大设计原则有关联的复杂问题，不仅涉及国家的能源政策，而且与当地的具体情况密切相关。在天然气的利用方面，应综合考虑资源分配、社会效益、环保效益和经济效益等各方面因素。我国根据不同用户的用气特点，将天然气的利用分为优先类、允许类、限制类和禁止类，优先发展居民用户、商业用户、汽车用户和分布式冷热电联产用户的用气。

1. 居民用气供气原则

（1）应优先满足城镇居民炊事和生活用热水及商业用户的用气；

（2）采暖与空调对于改善北方冬季的室内环境及缓解南方夏季用电高峰有着重要作用，在天然气气量充足的前提下应积极发展。

2. 工业用气供气原则

（1）优先供应在工艺上使用燃气后，可使产品产量及质量有很大提高的工业企业；

（2）使用燃气后能显著减轻大气污染的工业企业；

（3）作为缓冲用户的工业企业。

3. 城镇交通用气供气原则

汽车以燃气为燃料，可以有效改善城镇中因汽车尾气排放导致的大气污染。另外，由于目前存在的汽油与燃气之间的差价，发展燃气汽车也可以减少交通成本。因此，燃气汽车用户应优先发展。

4. 工业与民用供气的比例

工业和民用用气的比例受城镇发展、资源分配、环境保护和市场经济等诸多因素影响。一般应优先发展民用用气，同时发展工业用气，两者要兼顾。这样有利于平衡燃气使用的不均匀性、减少储气容积、减小高峰负荷、有利于节假日的调度平衡等。另外，从提高能源效率、改善大气环境和发展低碳经济方面考虑，天然气占城镇能源的比例将大幅提高，从而带动工业用气的发展。发达国家工业用气比例普遍达到70%左右，民用用气占30%左右。

二、城镇燃气需用量的计算

（一）居民及商业用户用气量指标

用气量指标又称为用气定额。

影响居民生活用气量指标的因素很多，如住宅内用气设备的设置情况、公共生活服务网的发展程度、居民的生活水平和生活习惯、居民每户平均人口数、地区的气象条件、燃气价格及住宅内有无集中供暖设备和热水供应设备等。

城镇居民生活水平和生活习惯是影响居民用气量指标的重要因素。住宅内用气设备齐全、地区的平均气温低，则居民生活用气量指标较高。但是，随着公共生活服务网的发展、家用炊事电器的使用以及燃具的改进，居民生活用气量又会下降。我国地域辽阔，南北城镇、东西地区的生活习惯及饮食习惯差异较大，南方城镇居民生活用气量指标相对偏高。

燃气价格以及气电价格比是影响用气量指标变化的一个重要因素。一般情况下，燃气价格高的城镇居民用气量低，燃气价格低的城镇居民用气量高。

上述各种因素对居民生活用气量指标的影响无法精确确定。对于已有燃气设施的城镇，应对各类典型用户的用气量进行调查和统计，通过综合分析确定用气量指标，作为进一步发展的设计依据；对于新建燃气供应系统的城镇，可以根据当地的气候条件和生活习惯等具体情况，并参照相似城镇的用气量指标确定。

影响商业用户用气量指标的重要因素是用气设备的性能、热效率、加工食品的方式和地区的气候条件等。

（二）城镇燃气年用气量计算

在进行城镇燃气年用气量计算时，应分别计算各类用户的年用气量，各类用户年用气量之和即为该城镇的年用气量。

1. 居民生活年用气量

在计算居民生活年用气量时，需要确定用气人数。居民用气人数取决于城镇居民人口数及气化率。气化率是指城镇居民使用燃气的人口数占城镇总人口的百分数。

根据居民生活用气量指标、居民人口数和气化率即可按式（2-1）计算出居民生活年用气量：

$$Q_a = \frac{Nkq}{H_l}$$ (2-1)

式中　Q_a——居民生活年用气量（Nm^3/a）；

　　　N——居民人口数（人）；

　　　k——气化率（%）；

　　　q——居民生活用气量指标（$kJ/（人·a）$）；

　　　H_l——燃气低热值（kJ/Nm^3）。

2. 商业用户年用气量

在计算商业用户年用气量时，首先要确定各类商业用户的用气量指标、居民数及各类用户用气人数占总人口的比例。对于商业用户，用气人口数取决于城镇居民人口数和商业用户设施标准。列入这种标准的有：1000 名居民中入托儿所、幼儿园的人数，为 1000 名居民设置的医院、旅馆床位数等。

商业用户年用气量可按公式（2-2）计算：

$$Q_a = \frac{MNq}{H_l}$$ (2-2)

式中　Q_a——商业用户年用气量（Nm^3/a）；

　　　N——居民人口数（人）；

　　　M——各类用气人数占总人口的比例数；

　　　q——各类商业用户用气量指标（$kJ/（人·a）$）；

　　　H_l——燃气低热值（kJ/Nm^3）。

3. 工业企业年用气量

工业企业年用气量与生产规模、班制和工艺特点有关，通常由计算确定。计算方法有以下两种：

（1）工业企业年用气量可利用各种工业产品的用气定额及其年产量来计算。工业产品的用气定额，可根据有关设计资料或参照已用气企业的产品用气定额选取。

（2）在缺乏产品用气定额资料的情况下，通常是将该工业企业其他燃料的年用量，折算成用气量，折算公式见式（2-3）：

$$Q_a = \frac{1000 G_a H'_l \eta'}{H_l \eta}$$ (2-3)

式中　Q_a——年用气量（Nm^3/a）；

　　　G_a——其他燃料年用量（t/a）；

　　　H'_l——其他燃料的低热值（kJ/kg）；

　　　H_l——燃气低热值（kJ/Nm^3）；

　　　η'——其他燃料燃烧设备热效率；

　　　η——燃气燃烧设备热效率。

4. 建筑物采暖年用气量

建筑物采暖用气量与建筑面积、耗热指标和供暖期长短有关，可按式（2-4）计算：

$$Q_a = \frac{Fq_t n}{H_l \eta}$$ (2-4)

式中　Q_a——年用气量（Nm^3/a）；

F——使用燃气供暖的建筑面积（m^2）；

q_f——民用建筑物的热指标($kJ/(m^2 \cdot h)$)；

η——供暖系统的热效率；

H_l——燃气低热值（kJ/Nm^3）；

n——供暖最大负荷利用小时数（h/a）。

由于各地供暖计算温度不同，各地区的热指标 q_f 是不同的，可由有关手册查得。

供暖最大负荷利用小时数可按式（2-5）计算：

$$n = n_1 \frac{t_1 - t_2}{t_1 - t_3} \tag{2-5}$$

式中　n——供暖最大负荷利用小时数（h/a）；

n_1——供暖小时数（h/a）；

t_1——供暖室内计算温度（℃）；

t_2——供暖期室外平均气温（℃）；

t_3——供暖室外计算温度（℃）。

5. 燃气汽车、船舶年用气量

燃气汽车、船舶用气量应根据当地燃气汽车、船舶的种类、型号和使用量的统计数据分析或计算后确定。

6. 燃气电站及分布式能源用气量

电站及分布式能源用户的用气量，应根据其发电量及设备效率统计分析及计算后确定。

7. 未预见量

城镇年用气量中还应计入未预见量，它包括管网的燃气漏损量和发展过程中未预见的供气量。一般未预见量按总用量的 5% 计算。

第二节　燃气需用工况

城镇各类用户的用气情况是不均匀的，是随月、日、时而变化的，这是城镇燃气供应的一个特点。

用气不均匀性可以分为三种，即月不均匀性（或季节不均匀性）、日不均匀性和时不均匀性。

城镇燃气需用工况与各类用户的需用工况及这些用户在总用气量中所占的比例有关。

各类用户的用气不均匀性取决于很多因素，如气候条件、居民生活水平及生活习惯，机关的作息制度和工业企业的工作班次，建筑物和车间内设置用气设备的情况等，这些因素对不均匀性的影响，从理论上是推算不出来的，只有经过大量地积累资料，并加以科学的整理，才能取得需用工况的可靠数据。

一、月用气工况

影响居民生活及商业用户用气月不均匀性的主要因素是气候条件。气温降低则用气量增大，因为冬季水温低，故用气量较多；又因为在冬季，人们习惯吃热食，制备食品需用的燃气量增多，需用的热水也较多。反之，在夏季用气量将会降低。

商业用户用气的月不均匀规律及影响因素，与各类用户的性质有关，但与居民生活用气的不均匀情况基本相似。

工业企业用气的月不均匀规律主要取决于生产工艺的性质。连续生产的大工业企业以及工业炉用气比较均匀。夏季由于室外气温及水温较高，这类用户的用气量也会适当降低。

建筑物供暖用户的用气工况与城镇所在地区的气候有关。计算时需要知道该地区月平均气温和供暖期的资料。供暖月用气量占年供暖用气量百分数可按式（2-6）计算：

$$q_m = \frac{(t_1 - t'_2)n'100}{\sum(t_1 - t_2)n} \tag{2-6}$$

式中　　q_m——该供暖月用气量占年供暖用气量百分数（%）；

　　　　t_1——供暖室内计算温度（℃）；

　　　　t'_2——该月平均气温（℃）；

　　　　n'——该月供暖天数（d）；

　　　　t_2——供暖期各月平均气温（℃）；

　　　　n——供暖期各月供暖天数（d）。

根据各类用户的年用气量及需用工况，可编制年用气图表。依照此图表制订常年用户及缓冲用户的供气计划和所需的调峰设施，还可预先制订在用气量低的季节维修燃气管道及设备的计划。

一年中各月的用气不均匀情况用"月不均匀系数"表示。根据字面上的意义，应该是各月的用气量与全年平均月用气量的比值，但这并不确切，因为每个月的天数是在28～31d的范围内变化的。因此月不均匀系数 K_m 值可按式（2-7）计算：

$$K_m = \frac{该月平均日用气量}{全年平均日用气量} \tag{2-7}$$

12个月中平均日用气量最大的月，即月不均匀系数值最大的月，称为计算月。并将月最大不均匀系数 K_m^{max} 称为月高峰系数。

二、日用气工况

一个月或一周中日用气的波动主要由居民生活习惯、工业企业的工作和休息制度及室外气温变化等因素决定。

居民生活习惯对于各周（除了包含节日的一些周）的影响几乎是一样的。工业企业的工作和休息制度，也比较有规律。室外气温变化没有一定的规律性，一般来说，一周中气温低的日子，用气量就大。

居民生活和商业用户用气工况主要取决于居民生活习惯。平日和节假日用气的规律各不相同。

根据实测的资料，我国一些城市在一周中从星期一至星期五用气量变化较少，而星期六、星期日用气量有所增长。节日前和节假日用气量较大。

工业企业用气的日不均匀系数在平日波动较小，而在轮休日及节假日波动较大。

供暖期间，供暖用气的日不均匀系数变化不大。

用日不均匀系数表示一个月（或一周）中日用气量的变化情况，日不均匀系数 K_d 可按式（2-8）计算：

$$K_d = \frac{\text{该月中某日用气量}}{\text{该月平均日用气量}} \qquad (2-8)$$

该月中日最大不均匀系数 K_d^{max} 称为该月的日高峰系数。

三、小时用气工况

城镇燃气管网系统的管径及设备，均按计算月小时最大流量计算。只有掌握了可靠的小时用气波动的数据，才能确定小时最大流量。一日之中小时用气工况的变化图对燃气管网的运行，以及计算平衡时不均匀性所需的储气容积都很重要。

城镇中各类用户的小时用气工况均不相同，居民生活和商业用户的用气不均匀性最为显著。对于供暖用户，若为连续供暖，则小时用气波动小，一般晚间稍高；若为间歇供暖，波动较大。

居民用户小时用气工况与居民生活习惯、住宅的气化数量以及居民职业类别等因素有关。每日有早、午、晚三个用气高峰，早高峰最低。由于生活习惯和工作休息制度不同等情况，有的城镇晚高峰低于午高峰，另一些城镇则晚高峰会高于午高峰。

星期六、星期日小时用气的波动与一周中其他各日又不相同，一般仅有午、晚两个高峰。

我国某城镇居民生活和商业用户及工业企业小时用气的波动情况见表 2-1。

小时用气量占日用气量的百分数（％） 表 2-1

时间（时）	居民生活和商业用户	工业企业	时间（时）	居民生活和商业用户	工业企业	时间（时）	居民生活和商业用户	工业企业
6～7	4.87	4.88	14～15	2.27	5.53	22～23	1.27	2.39
7～8	5.20	4.81	15～16	4.05	5.24	23～24	0.98	2.75
8～9	5.17	5.46	16～17	7.10	5.45	24～1	1.35	1.97
9～10	6.55	4.82	17～18	9.59	5.55	1～2	1.30	2.68
10～11	11.27	3.87	18～19	6.10	4.87	2～3	1.65	2.23
11～12	10.42	4.85	19～20	3.42	4.48	3～4	0.99	2.96
12～13	4.09	3.03	20～21	2.13	4.34	4～5	1.63	3.22
13～14	2.77	5.27	21～22	1.48	4.84	5～6	4.35	2.51

通常用小时不均匀系数表示一日中小时用气量的变化情况，小时不均匀系数 K_h 可按式（2-9）计算：

$$K_h = \frac{\text{该日某小时用气量}}{\text{该日平均小时用气量}} \qquad (2-9)$$

该日小时不均匀系数的最大值 K_h^{max} 称为该日的小时高峰系数。

以表 2-1 为例，居民生活和商业用户小时最大用气量发生在 10～11 时，则小时最大不均匀系数，即小时高峰系数为：

$$K_h^{max} = \frac{11.27 \times 24}{100} = 2.7$$

工业企业小时最大用气量发生在 17～18 时，则其小时高峰系数为：

$$K_h^{max} = \frac{5.55 \times 24}{100} = 1.33$$

第三节　燃气输配系统的小时计算流量

城镇燃气输配系统的管径及设备通过能力不能直接用燃气的年用量来确定，而应按燃气计算月的小时最大流量进行计算。小时计算流量的确定，关系到燃气输配系统的经济性和可靠性。小时计算流量定得偏高，将会增加输配系统的金属用量和基建投资，定得偏低，又会影响用户的正常用气。

确定燃气小时计算流量的方法有两种：不均匀系数法和同时工作系数法。这两种方法各有其特点和使用范围。

一、城镇燃气分配管道的计算流量

城镇燃气分配管道的计算流量是按计算月的高峰小时最大用气量计算的，计算公式如式（2-10）所示：

$$Q_h = \frac{Q_a}{365 \times 24} K_m^{max} K_d^{max} K_h^{max} \tag{2-10}$$

式中　　Q_h——燃气小时计算流量（Nm^3/h）；

　　　　Q_a——年用气量（Nm^3/a）；

　　K_m^{max}——月高峰系数；

　　K_d^{max}——日高峰系数；

　　K_h^{max}——小时高峰系数。

用气高峰系数应根据城镇用气量的实际统计资料确定。居民生活和商业用户用气的高峰系数，应根据该城镇各类用户燃气用量的变化情况，编制成月、日及小时用气负荷资料，经分析研究确定。工业企业生产用气的不均匀性，可按各用户燃气用量的变化叠加后确定。

居民生活和商业用户用气的高峰系数，当缺乏用气量的实际统计资料时，结合当地具体情况，可按下列范围选用：

$$K_m^{max} = 1.1 \sim 1.3$$
$$K_d^{max} = 1.05 \sim 1.2$$
$$K_h^{max} = 2.2 \sim 3.2$$

因此，$K_m^{max} K_d^{max} K_h^{max} = 2.54 \sim 4.99$。

供应用户数多时，小时高峰系数取偏小的数值。对于个别的独立居民点，当总户数少于 1500 户时，作为特殊情况，小时高峰系数甚至可以选取 3.3～4.0。供暖用气不均匀性可根据当地气象资料及供暖用气工况确定。

工业企业和燃气汽车用户的燃气小时计算流量，宜按每个独立用户生产的特点和燃气用量的变化情况，编制成月、日和小时用气负荷资料确定。

此外，居民生活及商业用户小时最大流量也可采用供气量最大利用小时数来计算。假设把全年 8760h（24h×365d）所使用的燃气总量，按一年中最大小时用量连续大量使用所能延续的小时数称为供气量最大利用小时数。

城镇燃气分配管道的最大小时流量用供气量最大利用小时数计算时，计算公式如式（2-11）所示：

$$Q_h = \frac{Q_a}{n} \tag{2-11}$$

式中　Q_h——燃气管道计算小时流量（Nm^3/h）；

　　　Q_a——年用气量（Nm^3/a）；

　　　n——供气量最大利用小时数（h/a）。

由式（2-10）与式（2-11）可得供气量最大利用小时数与不均匀系数间的关系为式（2-12）：

$$n = \frac{365 \times 24}{K_m^{max} K_d^{max} K_h^{max}} \tag{2-12}$$

可见，不均匀系数越大，则供气量最大利用小时数越小。居民及商业用户供气量最大利用小时数因城镇人口多少而异，城镇人口数越多，用气越均匀，则最大利用小时数越大。目前我国尚无 n 值的统计数据，表 2-2 中的数据仅供参考。

供气量最大利用小时数 n 表 2-2

名　称	气化人口数（万人）													
	0.1	0.2	0.3	0.5	1	2	3	4	5	10	30	50	75	≥100
n（h/a）	1800	2000	2050	2100	2200	2300	2400	2500	2600	2800	3000	3300	3500	3700

供暖负荷最大利用小时数已如前述按式（2-5）计算。

大型工业用户可根据企业特点选用负荷最大利用小时数，一班制工业企业 $n = 2000 \sim 3000$；两班制工业企业 $n = 3500 \sim 4000$；三班制工业企业 $n = 6000 \sim 6500$。

二、室内和庭院燃气管道的计算流量

由于居民住宅使用燃气的数量和使用时间变化较大，故室内和庭院燃气管道的计算流量一般按燃气用具的额定耗气量和同时工作系数 K_0 来确定。

用同时工作系数法求管道计算流量如式（2-13）所示：

$$Q_h = K_t \sum K_0 Q_n N \tag{2-13}$$

式中　Q_h——庭院及室内燃气管道的计算流量（Nm^3/h）；

　　　K_t——不同类型用户的同时工作系数，当缺乏资料时，可取 $K_t = 1$；

　　　K_0——相同燃具或相同组合燃具的同时工作系数；

　　　Q_n——相同燃具或相同组合燃具的单台额定流量（Nm^3/h）；

　　　N——相同燃具或相同组合燃具数。

同时工作系数 K_0 反映燃气用具集中使用的程度，它与用户的生活规律、燃气用具的种类及数量等因素密切相关。

燃气双眼灶同时工作系数列于表 2-3。表中所列的同时工作系数适用于每一用户仅安装一台燃气双眼灶的情况，当每一用户安装两台燃气单眼灶时，也可参照表 2-3 进行计算。

居民生活用的燃气双眼灶同时工作系数 表2-3

相同燃具数 N	1	2	3	4	5	6	7	8	9	10	15	20	25
同时工作系数 K_0	1.00	1.00	0.85	0.75	0.68	0.64	0.60	0.58	0.55	0.54	0.48	0.45	0.43
相同燃具数 N	30	40	50	60	70	80	100	200	300	400	500	600	1000
同时工作系数 K_0	0.40	0.39	0.38	0.37	0.36	0.35	0.34	0.31	0.30	0.29	0.28	0.26	0.25

表2-3的同时工作系数表明，所有燃气双眼灶不可能在同一时间内使用，所以实际上燃气小时计算流量不会是所有燃气双眼灶额定流量的总和。用户数越多，同时工作系数也越小。该系数还因燃具类型而异。

当每一用户除安装一台燃气双眼灶外，还安装有燃气热水器时，可参考表2-4选取同时工作系数。

居民生活用双眼灶和热水器同时工作系数 K_0 表2-4

设 备 类 型	相同燃具数 N								
	1	2	3	4	5	6	7	8	9
双眼灶和热水器	1.00	0.56	0.44	0.38	0.35	0.31	0.29	0.27	0.26
设 备 类 型	相同燃具数 N								
	10	15	20	25	30	40	50	60	70
双眼灶和热水器	0.25	0.22	0.21	0.20	0.19	0.18	0.178	0.176	0.174
设 备 类 型	相同燃具数 N								
	80	90	100	200	300	400	500	700	1000	2000
双眼灶和热水器	0.172	0.171	0.17	0.16	0.15	0.14	0.138	0.134	0.13	0.12

注：表中"双眼灶和热水器"是指一户居民装设一台燃气双眼灶和一台燃气热水器的同时工作系数。

由表2-4可见，同时工作系数与用户数及燃气设备类型有关。在一个住户中，安装有一台燃气双眼灶和一台燃气热水器时，同时工作系数取为1；当两个及以上住户分别安装有一台燃气双眼灶和一台燃气热水器时，所有燃气用具同时工作的可能性较小，故同时工作系数取小于1的值。同表2-3所示规律相同，用户数越多，同时工作系数也越小。

第四节　燃气输配系统的供需平衡

城镇燃气的需用工况是不均匀的，随月、日、时而变化，但一般燃气气源的供应量是均匀的，不可能完全随需用工况而变化。为了解决均匀供气与不均匀用气之间的矛盾，不间断地向用户供应燃气，保证各类燃气用户有足够流量和正常压力的燃气，必须采取合适的方法使燃气输配系统实现供需平衡。

一、供需平衡方法

在调节燃气供需平衡时，应根据我国政策、实际实施的可能性及经济性考虑，通常是由上游供气方解决季节性供需平衡，下游用气城镇解决日供需平衡，现分别叙述如下：

（一）季节性供需平衡方法

1. 地下储气 地下储气库储气量大，造价和运行费用省，可用来平衡季节不均匀用气。但不应该用来平衡日不均匀用气及小时不均匀用气，地下储气库频繁地储气和采气会使储气库的投资和运行费用增加，经济可行性差。

2. 液态储存 天然气的主要成分甲烷在常压下、−162℃时即可液化。将液化天然气储存在绝热良好的低温储罐或洞穴储气库中，在用气高峰时气化后供出。液化天然气气化方便，负荷调节范围广，适于调节各种不均匀用气。但对于季节调峰量大的城镇和地区，液态存储没有建地下储气库经济，因此多用在不具备建设地下储气库地质条件的地区。

目前国内外建设的液化天然气场站有"卫星站"和"调峰全能站"，站内设有储存和再气化装置。"卫星站"构造简单、可拆可装、还可用汽车拖载，可作为中小城镇调峰用气的手段，也可作为设备大修或事故处理过程中保证安全供气的措施。"调峰全能站"的容量比"卫星站"大，可作为天然气管道尚未到达的小城镇的燃气气源。

（二）日供需平衡方法

1. 管道储气 高压燃气管束储气及长输干管末端储气，是平衡日不均匀用气和小时不均匀用气的有效办法。高压管束储气是将一组或几组钢管埋在地下，对管内燃气加压，利用燃气的可压缩性进行储气。以高压的天然气作为气源，充分利用天然气的压力能，采用长输干管储气或城镇外环高压管道储气是最经济的一种方法，也是国内外最常用的一种方法。

2. 储气罐储气 储气罐只能用来平衡日不均匀用气及小时不均匀用气。储气罐储气与其他储气方式相比，投资及运营费用都较大。

此外，用调整大型工业企业用户厂休日和作息时间的方法，平衡部分日不均匀用气。

当以压缩天然气、液化天然气作为城镇主气源时，可不必另外考虑日和小时的调峰手段，而通过改变开启压缩天然气阀门或液化天然气气化装置数量的方式实现供需平衡。

二、储气容积的计算

当城镇设置储气设施时，需要计算储气设施的储气容积，现举例计算如下：

【例 2-1】 计算月最大日用气量为 2.8×10^6 m³/d，气源在一日内连续均匀供气。每小时用气量与日用气量的百分数如表 2-5 所示，试确定所需的储气容积。

每小时用气量占日用气量的百分数 表 2-5

时间（时）	0~1	1~2	2~3	3~4	4~5	5~6	6~7	7~8	8~9	9~10	10~11	11~12
%	1.90	1.51	1.40	2.05	1.58	2.91	4.12	5.08	5.18	5.21	6.32	6.42
时间（时）	12~13	13~14	14~15	15~16	16~17	17~18	18~19	19~20	20~21	21~22	22~23	23~24
%	4.90	4.81	4.75	4.75	5.82	7.60	6.16	4.57	4.48	3.25	2.77	2.46

【解】 将所有的计算结果列于表 2-6。

储气容积计算表　　　　　　表 2-6

时间 （时）	燃气供应量 的累计值 （%）	用气量（%）		燃气的 储存量 （%）	时间 （时）	燃气供应量 的累计值 （%）	用气量（%）		燃气的 储存量 （%）
		该小时内	累计值				该小时内	累计值	
1	2	3	4	5	1	2	3	4	5
0～1	4.17	1.90	1.90	2.27	12～13	54.17	4.90	48.58	5.59
1～2	8.34	1.51	3.41	4.93	13～14	58.34	4.81	53.39	4.95
2～3	12.50	1.40	4.81	7.69	14～15	62.50	4.75	58.14	4.36
3～4	16.67	2.05	6.86	9.81	15～16	66.67	4.75	62.89	3.78
4～5	20.84	1.58	8.44	12.40	16～17	70.84	5.82	68.71	2.13
5～6	25.00	2.91	11.35	13.65	17～18	75.00	7.60	76.31	−1.31
6～7	29.17	4.12	15.47	13.70	18～19	79.17	6.16	82.47	−3.30
7～8	33.34	5.08	20.55	12.79	19～20	83.34	4.57	87.04	−3.70
8～9	37.50	5.18	25.73	11.77	20～21	87.50	4.48	91.52	−4.02
9～10	41.67	5.21	30.94	10.73	21～22	91.67	3.25	94.77	−3.10
10～11	45.84	6.32	37.26	8.58	22～23	95.84	2.77	97.54	−1.70
11～12	50.00	6.42	43.68	6.32	23～24	100.00	2.46	100.00	0

设每日气源供气量为 100，每小时平均供气量为 $\frac{100}{24}=4.17$。

表 2-6 中的第 2 项为从计算开始时算起的燃气供应量累积值；第 4 项为从计算开始算起的用气量累积值；第 2 项与第 4 项数值之差，即为该小时末燃气的储存量（储气设施中应有的气量）。在第 5 项中找出最大和最小的数值，这两个数值的绝对值相加为：

$$13.70\% + 4.02\% = 17.72\%$$

所需储气容积占日用气量的 17.72%，即 $2.8 \times 10^6 \times 0.1772 \approx 496000 \mathrm{m}^3$

在图 2-1 上绘制了一天中各小时的用气量曲线和储气设施中的储气量曲线。

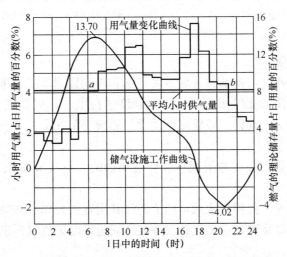

图 2-1　用气量变化曲线和储气设施工作曲线

a、b—用气量与供气量相等的瞬间

第三章　燃气的长距离输送系统

第一节　长距离输气系统的构成

从气田开采的大量纯天然气通常由输气管线送至远离气田的城镇和工业区。产量巨大的油田气或人工煤气也可以通过长距离管线送至较远的用气地区。

天然气的长距离输气系统一般由矿场集输系统、天然气处理厂、输气干线起点站、输气干线设施和燃气分输站等组成。

图3-1为天然气长距离输气系统的示意图。根据气源种类、压力、气质及输送距离等的不同，长距离输气系统的场站设置会有所差异。

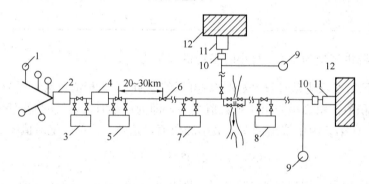

图3-1　长距离输气系统示意图

1—井口装置；2—集气站；3—矿场压气站；4—天然气处理厂；5—输气干线起点站；6—阀门；

7—中间压气站；8—终点压气站；9—储气设施；10—燃气分输站；

11—燃气门站；12—城镇或工业区

一、矿场集输系统

矿场集输系统包括气田内部的井场、集气站和集输管网等工艺单元。

在井场，为了保证天然气按给定的工艺制度进行生产，根据气田集输工艺的不同要求，采用不同的井场工艺流程。井场工艺流程一般分为单井集气井场流程和多井集气井场流程。

单井集气井场流程，在气井附近直接设置单独的天然气节流减压、初次分离和计量设备。

多井集气井场流程，将两口或两口以上的气井用管线分别从井口连接到集气站，在每口气井只设置采气井口装置，在集气站对各气井输送来的天然气再进行节流减压、初次分离和计量。

气田中各气井、集气站与天然气处理厂之间是通过管网连接的，按其连接的几何形式可以分为：放射状集气管网、树枝状集气管网、环状集气管网以及组合型集气管网。

放射状集气管网如图 3-2 所示，放射状集气管网适宜于若干口气井相对集中的一些井组的集气，每组井大多采用多井集气井场流程，各井到集气站的连接管线呈放射状。

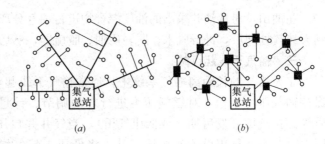

图 3-2　放射状集气管网
(a) 单井集气；(b) 多井集气

树枝状集气管网如图 3-3 所示，集气管网呈树枝状，线形的集气干线贯穿气田的主要产气区，将位于干线两侧各井采出的天然气集入干线输至集气总站。该流程适宜于狭长形状的气田，特别适合单井集气井场流程。

环状集气管网如图 3-4 所示，是将集气干线布置成环形，沿干线设置各单井或多井集气站的进气点，环口处设置集气总站。其特点是便于调度气量，环状集气干线局部发生事故也不影响整个集输管网的正常生产，且在总压降相同和总输气量相等的情况下，与其他管网系统相比，环状集气管网的管道直径较小，因而总的金属耗量相应也较少。

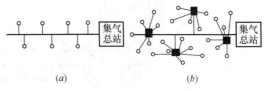

图 3-3　树枝状集气管网
(a) 单井集气；(b) 多井集气

对于面积较大和井数较多的气田，为了方便管理，可以采用上述两种或三种管网流程的组合形式，即组合型集气管网。具体组合情况应根据气田的气井分布状况、地貌和天然气处理厂的位置确定。

二、天然气处理厂

对于含有硫化氢等杂质和凝析油的天然气，在井场或集气站初次分离后，还需进入天然气处理厂脱除硫化氢、二氧化碳、凝析油和水，使气体达到管道输气和商品天然气的质量标准。

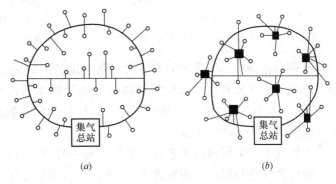

图 3-4　环状集气管网
(a) 单井集气；(b) 多井集气

在矿场天然气集气管网中，单井集气井场流程由气井开采的天然气在井场装置中经过节流，在分离器中清除凝析油、游离水及机械杂质等，计量后由集气干线直接或经过集气总站输送到天然气处理厂或输气干线。多井集气井场流程中凝析油、游离水和机械杂质等的清除，以及天然气的计量在集气站进行，然后由连接各集气站的集气干线，经过集气总站输送到天然气处理厂或输气干线。

对于成组型集气管网，预处理和计量后的天然气则由一个或几个气田集气总站输送到天然气处理厂或输气干线。

在油田，对从油井采出的油气混合物进行油气分离，分离出的石油伴生气加压后输送到天然气处理厂，进行脱水、脱轻质油、脱硫等，然后送入输气干线。

三、输气干线起点站

在天然气的长距离输气系统中，通常输气干线起点站是调压计量站，其主要任务是保持输气压力平稳，对燃气压力进行自动调节、计量以及除去燃气中的液滴和机械杂质等。在气田开发后期（或低压气田），当气井井口压力不能满足生产和输送所要求的压力时，需在气田设置矿场压气站，将低压天然气增压，然后再输送到天然气处理厂或输气干线。

目前天然气输气干线起点站采用的流程如图3-5所示。

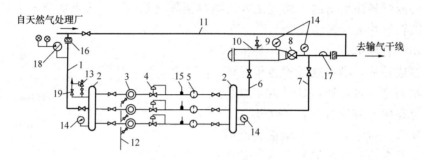

图3-5 输气干线起点站流程示意图

1—燃气进气管；2—汇气管；3—分离器；4—调压器；5—孔板流量计；6—清管旁通管；

7—燃气输出管；8—球阀；9—放空管；10—清管器发送筒；11—越站旁通管；

12—分离器排污管；13—安全阀；14—压力表；15—温度计；16—绝缘法兰；

17—清管器通过指示器；18—带声光信号的电接点式压力表；19—放空阀

流程中在两个汇气管之间有三组设备（设备组数应根据具体要求确定），其中一组备用。来自天然气处理厂的天然气，由燃气进气管1进入进气汇气管后，分别进入分离器3，清除气体中的游离水及固体杂质，经调压器4和孔板流量计5进入出气汇气管，再沿燃气输出管7进入输气干线。

当输气干线采用清管工艺时，为便于集中管理，清管器发送筒设置在输气干线起点站内。进行管线清扫时，利用装置10完成清管器的发送作业。

当进气压力超过操作压力时，安全阀13自动泄压，电接点式压力表18报警。在汇气管上装有压力表14，观测进气和输气压力。清管器发送筒上的压力表，用于清管作业时观测压力变化。

站内某一组设备如发生故障或定期检修时，可切换操作另一组备用设备。只有当场站发生故障不能进行切换操作或进行扩建需要动用明火时，才可将燃气进气管1和燃气输出管线7的阀门关闭，燃气暂时经由站外旁通管11送入输气干线进行越站输送。检修时，由分离器排污管12和放空阀19将站内设备及管道中的剩余燃气排放，然后才可以进行检修作业。

四、输气干线设施

在长距离输气干线上，根据需要设置中间压气站、终点压气站、清管器收发装置、通信与遥控设施、阴极保护站、阀室及维修站等设施。

输气干线的中间压气站数量和出口压力，与输气管道的管径和加压成本密切相关，需要通过技术经济计算确定，并由此确定两个中间压气站间的合理距离。在中间压气站设置电动或以燃气为动力的压缩机组。压缩机可采用往复式或离心式，许多情况下采用燃气轮机驱动的大流量、大功率离心式压缩机。中间压气站内必须设置备用压缩机组。中间压气站的建（构）筑物包括加压车间、发电站或变电所、压缩机组和动力机组的供水及其冷却系统、除尘器和脱水器、润滑油系统、锅炉房及其他附属建筑物。

长距离输气干线沿途最好设置地下储气库等储气设施，利于解决燃气的季节调峰问题。

输气干线末端压力需根据储气设施的种类以及城镇管网的压力要求确定。如设地下储气库，应根据储气库构造及储气量的需求，将气体净化、加压后注入地下储气库。

五、燃气分输站

燃气分输站是指在输气管道沿线，为将燃气分输至城镇燃气门站而设置的场站。一般具有分离、调压、计量和清管等功能。

第二节　输气干线及线路选择

一、输气干管的管材及壁厚确定

长距离输气管线均采用钢管，连接方法为焊接。目前我国输气管道常用的材质多为10号、20号优质碳素钢和16Mn、09Mn2V等低合金钢，也可采用普通碳素钢制成的钢管。钢管分为无缝钢管和焊缝钢管。焊缝钢管又分为螺旋卷焊钢管和直缝卷焊钢管。

当管道的设计压力已知时，直管段管壁的厚度按式（3-1）计算。

$$\delta = \frac{pD}{2\sigma_S F \varphi K_t} + C \tag{3-1}$$

式中　δ——管道的计算壁厚（mm）；

　　　p——管道的设计压力（MPa）；

　　　D——管道的外径（mm）；

　　　σ_S——管材的最低屈服强度（MPa）；

　　　F——强度设计系数，视管道的工作条件按表3-1和表3-2取值；

　　　φ——管道的焊缝系数，无缝钢管取1.00，双面埋弧焊钢管取0.85，单面埋弧焊钢管取0.80；

　　　K_t——管道强度的温度减弱系数，当气体温度在120℃以下时，取值1.0；

　　　C——腐蚀裕量，根据所输介质腐蚀性的大小取值（mm），净化气取0，微腐蚀气体取1mm，中等腐蚀气体取2mm，强腐蚀气体取3mm。

输气管道通过的地区应按沿线居民户数和（或）建筑物的密集程度，划分为四个地区等级，并依据地区等级进行相应的管道设计。

地区等级的划分规定：沿管道中心线两侧各200m范围内，划分成长度约为2km，并能包括最大聚居户数的若干地段，按划定地段内的户数划分为四个等级。

一级地区：户数在15户或以下的区段；

二级地区：户数在15户以上，100户以下的区段；

三级地区：户数在 100 户或以上的区段，包括市郊居住区、商业区、工业区、发展区以及不够四级地区条件的人口稠密区；

四级地区：四层及四层以上楼房普遍集中、交通频繁、地下设施多的区段。

根据《输气管道工程设计规范》（GB 50251）的相关规定，输气管道的强度设计系数应符合表 3-1 的规定。穿越铁路、公路和人群聚集场所的管道以及输气站内管道的强度设计系数应符合表 3-2 的规定。

输气管道的强度设计系数 F 表 3-1

地区等级	一	二	三	四
强度设计系数	0.72	0.6	0.5	0.4

穿越铁路、公路和人群聚集场所的管道以及输气站内管道的强度设计系数 F 表 3-2

管 道 或 管 段	地区等级			
	一	二	三	四
有套管穿越Ⅲ、Ⅳ级公路的管道	0.72	0.6	0.5	0.4
无套管穿越Ⅲ、Ⅳ级公路的管道	0.6	0.5	0.5	0.4
有套管穿越Ⅰ、Ⅱ级公路、高速公路、铁路的管道	0.6	0.6	0.5	0.4
输气站内管道及其上、下游各 200m 管段，截断阀室管道及其上、下游各 50m 管段（其距离从输气站和阀室边界线起算）	0.5	0.5	0.5	0.4
人群聚集场所的管道	0.5	0.5	0.5	0.4

二、线路选择原则

线路的选择首先应遵循与设计有关的管道地带类别和安全防火规范，满足最小安全防火距离。常用的最小安全防火距离见表 3-3。

埋地输气管线至建（构）筑物的防火间距（m） 表 3-3

建（构）筑物安全防火级别 \ 建（构）筑物类别	管道公称压力（MPa） / 管道公称直径（mm） <1.6			1.6～4.0			>4.0		
	小于 200	200～400	大于 400	小于 200	200～400	大于 400	小于 200	200～400	大于 400
Ⅰ 特殊的建筑物和构筑物，特殊防护地带（如大型地下建筑），军事设施、易燃、易爆仓库（如油库、炸药库等），飞机场、火车站	应与有关单位协商确定，并大于 200m								
Ⅱ 城镇社会公共建筑物（如学校、医院等），30 户以上的居民建筑、工矿企业、汽车站、港口、码头、重要水工建筑、重要物资仓库（如大型粮仓、重要器材仓库等）、铁路干线、铁路专用线的钢结构桥梁、微波站等	50	100	150	75	150	175	100	175	200

续表

建(构)筑物安全防火类别	管道公称压力（MPa）			1.6			1.6～4.0			>4.0		
	管道公称直径（mm）			小于200	200～400	大于400	小于200	200～400	大于400	小于200	200～400	大于400
	建（构）筑物类别											
Ⅲ	与管道平行的≥110kV架空电力线路、铁路专用线			50	75	100	75	100	100	100		
Ⅳ	与管道平行的35kV架空电力线路、一级通信线路			10	15	20	15	20	25	25		
Ⅴ	与管道平行的10kV架空电力线路、二级通信线路			8			10			15		
Ⅵ	与管道平行的外企业的埋地电力电缆，通信电缆和其他埋地管道			5								

此外，还应遵循以下原则：

线路力求顺直，转折角不应小于120°，尽可能通过开阔地区和地势平坦地区。

线路避免穿越矿藏区、风景名胜区和需要灌溉的种植区。

选择有利地形，宜避开不良工程地质地段，尽可能避免穿越大型河流和大面积湖泊水网区、沼泽区、沟壑、盐碱区、坍塌地段和水淹地段等。

线路应尽量靠近现有公路，避免新修公路，少占用良田好地，方便施工和维修管理。

线路应尽量靠近含气构造和储气构造以及工业区和城镇，利于把燃气送入输气干线进行储气，缩短输气支线，并方便用户。

输气干线中间压气站、燃气分输站至建（构）筑物的距离应遵守有关规定。

输气管道通过天然或人工障碍物时，应视具体情况敷设单线或复线。平行的燃气管道之间的距离，穿越重要铁路和公路时应不小于30 m，通过水域障碍时为30～50m。

输气管道穿越铁路或公路时，其管线中心线与铁路或公路中心线交角一般不得小于60°。

输气管道与埋地电力电缆交叉时，其垂直净距不应小于0.5m，与其他管线的交叉垂直净距不应小于0.3m。

在管道中心线两侧各5m（共10m宽）划定为"输气管道防护地带"，防护地带内的土地严禁种植深根植物，严禁修建任何建筑物或构筑物，严禁进行采石、取土和建筑安装工作。

水下穿越的输气管道，其防护地带应加宽至管道中心线两侧各150m（共300m）。在该区域内严禁设置码头或进行抛锚、加深等工作。

为方便管道的维修，输气管道上应设置截断阀，以便在发生事故和抢修时及时切断气源。阀门间距依管道所处地区不同而异，截断阀最大间距应符合下列规定：以一级地区为主的管道不宜大于32km；以二级地区为主的管道不大于24km；以三级地区为主的管道不大于16km；以四级地区为主的管道不大于8km。

截断阀位置应选择在交通方便、地形开阔、地势较高的地方，上述规定的阀门间距也可以稍作调整，使阀门的安装位置更容易接近，便于施工和管理。

阀室分为地上式和半地下式两种。地上式阀室具有通风良好、操作检修方便和室内无积水等优点；半地下阀室则有工艺管线简单的优点，但应防止地下水渗入。也可将阀门直接埋地敷设，地面上的操作装置及仪表等必须用围护结构保护。

截断阀可采用自动或手动，进行清管工艺的管道应选用全通径阀门，可以通过清管器和检测仪器。

由输气干管引出的每个支管上也要设置截断阀。当穿越河流或铁路干线时需在两侧设置截断阀。为排空两个截断阀之间管段中的气体，在该管段的上下游均需设置放散管。放散管的管径一般为主管直径的 1/4～1/2。放散管口应选在阀室的下风口，并离开阀室和附近建筑物至少 40m。放散管的高度应比附近建（构）筑物高出 2m 以上，且总高度不应小于 10m。放散管口不允许加装弯头，最好切成 45°的斜口，以减小噪声。

直接埋地敷设的高压球阀可焊接在输气管道上，不采用法兰连接以防漏气。管道上设有便于阀门开启的压力平衡管，使阀门两侧压力逐渐平衡。在平衡管两侧应装设压力表。

在输送未经脱水净化处理天然气的管道上，为排除管道中的水分，在管道的最低点应设置凝水缸。

输气管线穿越铁路或重要公路时，需设保护套管。套管可采用钢管或钢筋混凝土管，钢套管需防腐绝缘。套管内径至少比输气管外径大 200mm。套管两端与输气管道之间应采用填料密封。

穿越铁路时必须在套管一端装设放散管。穿越一般公路时，套管可不设放散管。

第四章 城镇燃气管网系统

第一节 城镇燃气门站

一、城镇燃气门站

由长距离输气干线供给城镇的燃气,一般经分输站通过分输管道送到燃气门站。燃气门站设于城镇燃气管道的起点,是城镇或工业区分配管网的气源站,在燃气门站内燃气经过滤除尘、调压、计量和加臭后送入城镇或工业区的管网。长距离输气干线的清管器接收装置一般也设在燃气门站内,如果燃气门站前的燃气分输站设有清管器接收装置,燃气门站就不再设置。

若长距离输气干线来气压力不能满足城镇燃气门站的压力要求,还需要在燃气门站设置加压设施。通常在燃气门站之后在城镇外围建设环形或半环形燃气管道,进行高压储气,用于解决城镇燃气的日调峰问题。由环形高压管道通过若干个高-中压调压站向城镇管网供应燃气。若不具备建设环形高压燃气管道的条件,则需设置储气罐站。储气罐站可单独设置,亦可与城镇燃气门站合并设置。

图 4-1 所示为燃气门站一级调压流程。来自干线的天然气经过滤、调压、计量和加臭后进入城镇燃气管网。流程中有四套除尘装置、三套调压装置,其中任意一套可作为备用。当全站需要停气检修或发生事故时,经由越站旁通管 16 向管网临时供气。

根据进口燃气压力的大小和高压储气压力以及城镇管网或工业用户所需压力的要求,在门站进行一级调压或二级调压,出站燃气管道可为一种压力级,也可有两种不同的压力级。

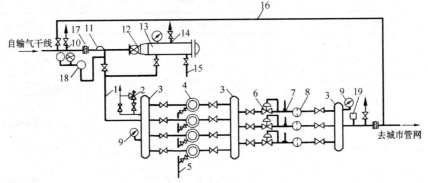

图 4-1 燃气门站一级调压流程示意图

1—进气管;2—安全阀;3—汇气管;4—过滤器;5—过滤器排污管;6—调压器;7—温度计;8—孔板流量计;
9—压力表;10—干线放空管;11—清管器通过指示器;12—球阀;13—清管器接收筒;14—放空管;
15—排污管;16—越站旁通管;17—绝缘法兰;18—电接点式压力表;19—加臭装置

燃气门站的站址选择,应遵守城镇总体规划,符合安全防火距离的规定,并应考虑地形、地质条件和场站对当地环境的影响,以及附近企业对场站的影响。所选站址应交通方便，水电来源充足。在安全防火允许的范围内，场站应尽可能靠近城镇居民点，并位于城镇和居民区全年最小频率风向的上风侧。作为门站的站址，应有足够的面积，并为扩建留有必要的余地。站址选择一般应对几个方案进行比较后确定。

二、燃气的加臭

为了便于发现燃气泄漏，保证燃气输送和使用安全，常在无味的燃气中注入加臭剂。

对加臭剂的要求：气味要强烈、独特、有刺激性，还应持久且不易被其他气味所掩盖；加臭剂及其燃烧产物对人体无害；不腐蚀管线及设备；沸点不高且易于挥发，在运行条件下有足够的蒸气压；其蒸气不溶于水和凝析液，不与燃气组分发生反应，不易被土壤吸收；价廉而不稀缺。

经常使用的加臭剂有四氢噻吩（THT）、乙硫醇（EM）和三丁基硫醇（TBM）等。此外，还有专门配制的或从含硫石油的馏分中得到的混合加臭剂，其中除含有硫醇外，还包括硫醚、二甲硫、二乙基硫化物和二硫化物等。

乙硫醇与金属氧化物反应生成硫醇盐类，导致加臭剂在管道中有失效现象。因此，在燃气加臭的初期阶段，通常需要提高加臭剂的单位用量。

由于人们对气味的敏感程度随气温的升高而增大，故应按季节变化改变加臭剂的用量，一般最冷与最热季节的用量比为 2∶1。

四氢噻吩（C_4H_8S）是一种有机合成制剂，是无色或微黄色透明液体。四氢噻吩具有强烈的臭味，对皮肤有弱刺激性，且具有典型的麻醉作用。在化学稳定性方面，乙硫醇平均衰减率为 42%，四氢噻吩平均衰减率为 18%。在加臭效果相同的条件下，按理论估算，四氢噻吩对管网的腐蚀量仅为乙硫醇的 1/6。在燃烧后产物的毒性方面，当加臭剂加入量相同的条件下，按理论估算，四氢噻吩加臭剂产生的 SO_2 量为乙硫醇的 7/10。四氢噻吩作为加臭剂优于乙硫醇，因此目前四氢噻吩得到了广泛的应用。表 4-1 是欧洲天然气加臭标准。

欧洲天然气加臭标准

表 4-1

国家	加臭剂名称	加臭剂浓度（mg/m³）	浓度检查
比利时	THT（四氢噻吩） 硫醇	18～20	（气味测量） 气体色层法
法国	THT（四氢噻吩）	20～25	气体色层法
德国	THT（四氢噻吩） 硫醇	≥7.5 ≥4	气体色层法 细管反应法
英国	BE（DES、TBM 和 EM 混合剂）	16	气味测量 （气体色层法）
意大利	THT（四氢噻吩）	在爆炸下限的 1/5 下气味级 2 级	气味测量 （气体色层法）
荷兰	THT（四氢噻吩）	18	气味测量 （气体色层法）

注：BE 加臭剂的组成：二乙基硫醚（DES）质量分数为 72%±4%，三丁基硫醇（TBM）质量分数为 22%±2%，乙硫醇（EM）质量分数为 6%±2%。

由于加臭剂通常含有硫化物，有一定的腐蚀性，添加量要适当。

通过短期内增加燃气中加臭剂含量还可以帮助查找地下管道的漏气点。

加臭剂应在城镇燃气门站内进行添加。

燃气的加臭通常采用滴入式、吸收式和活塞泵注入式等装置进行。滴入式加臭装置是将液体加臭剂以单独的液滴或细液流的状态加入燃气管道中，液体加臭剂蒸发并与燃气混合。由于液滴或细液流的蒸发表面很小，因此所采用的加臭剂应具有较大的蒸气压。吸收式加臭装置，则是使部分燃气进入加臭器，在其中燃气被蒸发的加臭剂饱和，这部分被加臭剂饱和的燃气再进入主管道，与未加臭的燃气混合。

图 4-2 为滴入式加臭装置的简图。加臭剂的储槽 1 通常用不锈钢制成，其容量为一天的加臭剂用量。从观察管 5 观察每分钟流入的加臭剂滴数，液滴数由针形阀 6 调节，这种装置在燃气流量不大（200～20000m³/h）时使用，主要优点是构造简单，缺点是加臭剂的流量难以准确控制，特别是在燃气流量发生变化时。因而，采用计算机控制的加臭装置更能满足加臭的要求。

为了适应燃气流量的变化，对燃气进行精确加臭，可以采用单片机控制的注入式加臭装置，如图 4-3 所示。

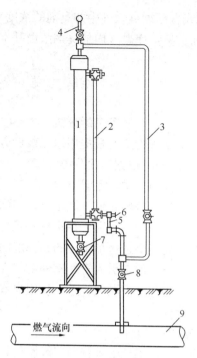

图 4-2 滴入式加臭装置

1—加臭剂储槽；2—液位计；3—压力平衡管；4—加臭剂充装管；5—观察管；6—针形阀；7—排出口阀门；8—滴入管阀门；9—燃气管道

加臭剂从储罐 1 由燃气加臭泵 7 送入加臭管线 10，由加臭剂注入喷嘴，将加臭剂注入燃气管道中与燃气混合。燃气加臭装置的控制器根据从管道中获取输送燃气的流量

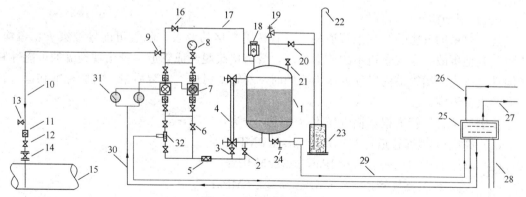

图 4-3 注入式加臭装置

1—加臭剂储罐；2—出料阀；3—标定阀；4—标定液位计；5—过滤器；6—旁通阀；7—燃气加臭泵；8—压力表；9—加臭阀；10—加臭管线；11—逆止阀；12—加臭剂注入喷嘴；13—清洗检查阀；14—加臭点法兰球阀；15—燃气管道；16—回流阀；17—回流管；18—真空阀；19—安全放散阀；20—排空阀；21—加臭剂充装管；22—排空管；23—吸收器；24—排污口；25—燃气加臭装置控制器；26—输入燃气流量信号；27—数据输出；28—供电电源；29—信号反馈电缆；30—控制电缆；31—防爆开关；32—输出监视仪

（或者已加臭燃气中加臭剂的浓度）信号控制燃气加臭泵的输出量，从而调整加臭设备的加臭量，使燃气内加臭剂浓度基本保持恒定。

第二节　城镇燃气管网系统及其选择

一、燃气管道的分类

燃气管道可根据用途、敷设方式和输气压力分类。

（一）根据用途分类

1. 城镇燃气管道

（1）输气管道　城镇燃气门站至城镇配气管道之间的管道。

（2）配气管道　在供气地区将燃气分配给居民用户、商业用户和工业企业用户的管道。配气管道包括街区的和庭院的分配管道。

（3）用户引入管　室外配气支管与用户室内燃气进口管总阀门之间的管道。

（4）室内燃气管道　从用户室内燃气进口管总阀门到用户各燃具或用气设备之间的燃气管道。

2. 工业企业燃气管道

（1）工厂引入管和厂区燃气管道　将燃气从城镇燃气管道引入工厂，分配到各用气车间的管道。

（2）车间燃气管道　从车间的管道引入口将燃气送到车间内各个用气设备（如窑炉）的管道。车间燃气管道包括干管和支管。

（3）炉前燃气管道　从支管将燃气分送给炉上各个燃烧设备的管道。

（二）根据敷设方式分类

1. 地下燃气管道　一般在城镇中常采用地下敷设的管道。

2. 架空燃气管道　在管道越过障碍时，或在工厂区为了管理维修方便，采用架空敷设的管道。

（三）根据输气压力分类

燃气管道的气密性与其他管道相比，有特别严格的要求，漏气可能导致火灾、爆炸、中毒或其他事故。燃气管道中的压力越高，管道接头脱开或管道本身出现裂缝的可能性和危险性也越大。当管道内燃气的压力不同时，对管道材质、安装质量、检验标准和运行管理的要求也不同。

我国城镇燃气管道根据输气压力（表压）分为：

（1）高压 A 燃气管道：$2.5MPa < p \leqslant 4.0MPa$；

（2）高压 B 燃气管道：$1.6MPa < p \leqslant 2.5MPa$；

（3）次高压 A 燃气管道：$0.8MPa < p \leqslant 1.6MPa$；

（4）次高压 B 燃气管道：$0.4MPa < p \leqslant 0.8MPa$；

（5）中压 A 燃气管道：$0.2MPa < p \leqslant 0.4MPa$；

（6）中压 B 燃气管道：$0.01MPa \leqslant p \leqslant 0.2MPa$；

（7）低压燃气管道：$p < 0.01MPa$。

居民用户和小型商业用户一般直接由低压管道供气。采用低压燃气管道输送天然气时，压力不大于 3.5kPa；输送气态液化石油气时，压力不大于 5kPa；输送人工煤气时，压力不大于 2kPa。

中压管道必须通过区域调压站或用户专用调压站才能给城镇燃气管网中的低压管道供气，或给工厂企业、大型商业用户以及锅炉房供气。当只采用中压一级燃气管网系统时，调压箱应设在各居民用气小区或商业用户处。

一般由次高压或高压燃气管道构成大城市输配管网系统的外环网。高压燃气管道是给大城市供气的主动脉。同时，高压燃气管道也可作为储气设施，平衡城镇燃气供应的日不均匀性。高压燃气必须通过调压站才能送入中压管道或工艺需要高压燃气的大型工厂企业。

城镇燃气管网系统中各级压力的干管，特别是压力较高的管道，应连成环网，初建时也可以是半环形或枝状管道，但应逐步构成环网。

城镇、工厂区和居民点可由长距离输气管线供气，个别距离城镇燃气管道较远的大型用户，经论证确系经济合理和安全可靠时，可自设调压站与长输管线连接。除了一些允许设专用调压器的、与长输管线相连接的管道检查站用气外，单个的居民用户不得与长输管线连接。

随着科学技术的发展，管道和燃气专用设备的质量不断提高，在提高施工管理质量和运行管理水平的基础上，在规范和标准的允许范围内，新建城镇燃气管网系统或改建既有系统时，燃气管道可采用较高的运行压力，降低成本提高效益。

二、城镇燃气管网系统及其选择

（一）城镇燃气输配系统的构成

现代化的城镇燃气输配系统是复杂的综合设施，通常由燃气门站、燃气管网、储气设施、调压设施、管理设施和监控系统等构成。

输配系统应保证不间断地可靠地给用户供气，在运行管理方面应是安全的，在维修检测方面应是简便的。还应考虑在检修或发生故障时，可关断某些管段而不致影响全系统的运行。

在输配系统中，宜采用标准化和系列化的站室、构筑物和设备。采用的系统方案应具有最大的经济效益，并能分阶段地建造和投入运行。

（二）城镇燃气管网系统的压力级制

城镇燃气输配系统的主要部分是燃气管网，根据所采用的管网压力级制可分为以下几种形式：

1. 一级系统：仅用一种压力级制的管网分配和供给燃气的系统，通常为低压或中压管道系统。一级系统一般适用于小城镇的供气，当供气范围较大时，输送单位体积燃气的管材用量将急剧增加。

2. 二级系统：用两种压力级制的管网分配和供给燃气的系统。设计压力一般为中压 B-低压或中压 A-低压等。

3. 三级系统：用三种压力级制的管网分配和供给燃气的系统。设计压力一般为高压-中压-低压或次高压-中压-低压等。

4. 多级系统：用三种以上压力级制的管网分配和供给燃气的系统。

燃气输配系统中各种压力级制的管道之间应通过调压装置连接。

（三）采用不同压力级制的必要性

城镇燃气输配系统中管网采用不同压力级制的原因如下：

1. 管网采用不同压力级制的经济性较好。当大部分燃气由较高压力的管道输送时，管道的管径可以选得小一些，管道单位长度的压力损失允许大一些，可以节省管材。如果将大量的燃气从城镇的某一区域输送到另一区域，采用较高的输气压力比较经济合理。对城镇里的大型工业企业用户，也可敷设压力较高的专用输气管线。

2. 各类用户需要的燃气压力不同。例如，居民用户和小型商业用户需要低压燃气，而大型工业企业则需要中压或以上压力的燃气。

3. 消防安全要求。在未改建的老城区，建筑物比较密集，街道和人行道都比较狭窄，不宜敷设较高压力的管道。此外，由于人口密度较大，从安全运行和方便管理的角度看，也不宜敷设高压或次高压管道，只能敷设中压或低压管道。另外，大城市燃气输配系统的建造、扩建和改建过程历时较长，所以老城区原有燃气管道的设计压力，大都比近期建造管道的压力低。

（四）燃气管网系统的选择

无论是旧有城市，还是新建城镇，在选择燃气输配管网系统时，应考虑的主要因素有：

1. 气源情况：燃气的种类和性质、供气量和供气压力、气源的发展或更换气源的规划。

2. 城镇规模、远景规划情况、街区和道路的现状与规划、建筑特点、人口密度及居民用户的分布情况。

3. 原有的城镇燃气供应设施情况。

4. 储气设施的类型。

5. 城镇地理地形条件，敷设燃气管道时遇到天然和人工障碍物（如河流、湖泊、铁路等）的情况。

6. 城镇地下管线和地下建（构）筑物的现状和改建、扩建规划。

设计城镇燃气管网系统时，应全面综合考虑上述诸因素，从而提出数个方案进行技术经济比较，选用经济合理的最佳方案。方案比较必须在技术指标和工作可靠性相同的基础上进行。

三、城镇燃气管网系统举例

下面简要地分析城镇燃气管网二级系统、三级系统和多级系统的例子。

（一）中压 A-低压二级管网系统

甲城市以天然气为气源，采用长输管线末端储气，如图 4-4 所示。来自长输管线的天然气从东西两个方向经燃气门站送入甲城市。中压 A 管道连成环网，通过区域调压站向低压管网供气，通过专用调压站向工业企业供气。低压管网根据地理条件分成三个不连通的区域管网。

低压干管上一般不设阀门，检修或排除故障时可用橡胶球堵塞管道。在高压、次高压及中压燃气干管上，应设置分段阀门，在各支管的起点处也应设置阀门，在调压站的进出管、过河燃气管道的两端以及与铁路或公路干线相交的燃气管道两端均应设置阀门。阀门应设置在非常必要的地方，以便在检修、处理故障或进行改建扩建时，可关断个别管段而

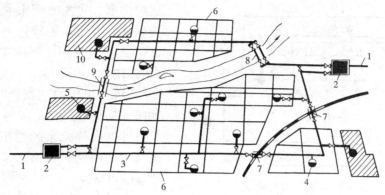

图 4-4　中压 A-低压二级管网系统

1—来自长输管线；2—城镇燃气门站；3—中压 A 管网；4—区域调压站；5—工业企业专用调压站；
6—低压管网；7—穿越铁路的套管敷设管道；8—穿越河底的过河管道；
9—沿桥敷设的过河管道；10—工业企业

避免出现大片用户停气的状况。当然，每增加一个阀门，既增加了投资，也增加了漏气的可能性。

居民用户和小型商业用户由低压管网供气。根据居民区规划和人口密度等特点，一般情况是低压管道沿大街小巷敷设，组成较密集的环网；另一种情况则是低压管道敷设在街区内，只将主干管连成环网。

第一种情况适用于老城区，因为那里建筑物鳞次栉比，又分成许多小区，故低压管道敷设在每条街道上、胡同里，互相交叉可连成较密的环网，从低压管道上连接用户引入管。

第二种情况适用于新建城区，那里居民住宅区的楼房布置整齐，楼房之间保留了必要的间距。在这样的条件下，低压管道可以敷设在街区内，这些楼房可由枝状管道供气，只将主要街道的低压干管成环，提高供气的可靠性和保持供气压力的稳定性。

低压管网只将主干管连成环网是比较合理的，而次要一些的管道可以是枝状管。为了使压力留有余量，保证环网工作可靠，主环各管段宜取相近的管径。不同压力等级的管网应通过几个调压站来连接，以保证在个别调压站关断时仍能正常供气。这样的管网方案，既保证了必要的可靠性，同时也比较经济。近年来，城镇燃气输配系统中低压燃气管道不再连成统一的、有许多环的大型环网，而是分成一些互不相通的区域管网。因为从供气安全可靠的角度看，一个大中型城镇的低压管网连成大片环网的必要性不大，再者低压大片环网穿越较多的河流、湖泊、铁路和公路干线并不合理。

以上是用户直接与低压管网相连的情况。如果居民用户和小型商业用户均设置了单独的调压箱，可直接由中压管道供气。

给低压管网供气的区域调压站的数量，亦即各调压站的作用半径，应通过技术经济计算确定。调压站宜布置在供气区的中心，并应靠近管道的交汇点。调压站一般应设在地上单独的建筑物或调压柜内。特殊情况下，也可设在地下但应便于地上维修。目前已有地下敷设却可以在地上维修的调压器。

（二）三级管网系统

乙城市原为中压 B-低压二级燃气管网系统，气源是煤制气。为了适应乙城市燃气发

59

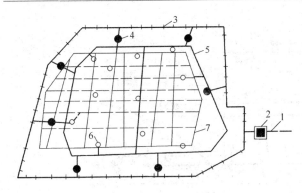

图 4-5　三级管网系统

1—来自长输管线；2—城镇燃气门站；3—次高压 A 环网；
4—次高压-中压 B 调压站；5—中压 B 环网；6—中低
压调压站；7—低压管网

展的需要，气源改为来自长输管线的天然气，为此在乙城市外围修建了次高压 A 燃气环网，形成了由次高压 A（1.6MPa）、中压 B（0.2MPa）和低压（3.5kPa）组成的三级燃气管网系统，如图 4-5 所示。次高压 A 燃气环网的管道可以代替原来的低压储气罐进行更高压力的储气，提高了乙城市燃气供应的可靠性。

由于增设了次高压-中压 B 调压站，使原中压 B 管网的供气点增加，提高了中压 B 管网的输气能力，可以适应乙城市燃气负荷增加的需要。

（三）多级管网系统

丙城市气源是天然气，原为南北两个方向长输管线供气，原有燃气供应系统为次高压 A-中压 A-中压 B-低压四级系统。由于丙城市的发展和规模的扩大，燃气需求量急剧增加，因此，从城市东侧引入高压 A 天然气，并建有地下储气库，形成了由高压 A、次高压 A、中压 A、中压 B 和低压燃气管网（图中低压管网和给低压管网供气的区域调压站未画出）组成的五级系统，如图 4-6 所示。地下储气库可用来平衡用户用气的季节不均匀性，用高压 A 和次高压 A 管道储气平衡日用气的不均匀性。该系统大大增加了对丙城市的供气能力，满足了城市用气需要。气源来自多个方向，主要管道均连成环网，从运行管理方面看，该系统既安全又灵活，保证了供气的可靠性。

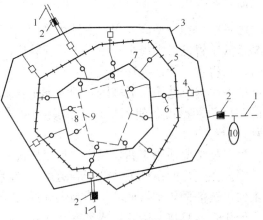

图 4-6　多级管网系统

1—来自长输管线；2—城镇燃气门站；3—高压 A 环网；
4—高-高压调压站；5—次高压 A 环网；6—次高-中压 A
调压站；7—中压 A 环网；8—中-中压调压站；9—中压 B
环网；10—地下储气库

第三节　城镇燃气管道的布线

城镇燃气管道的布线，是指在原则上选定了城镇燃气管网系统后，进一步确定各燃气管段的具体位置。

一、城镇燃气管道的布线依据

地下燃气管道宜沿城镇道路、人行便道敷设，或敷设在绿化带内。不同压力的燃气管道在布线时，必须考虑下列基本情况：

（1）管道中燃气的压力；

（2）街道及地下其他管道的密集程度与布置情况；

（3）街道交通量和路面结构情况，以及运输干线的分布情况；

（4）所输送燃气的含湿量，必要的管道坡度，街道地形变化情况；

（5）与管道相连接的用户数量及用气情况；

（6）管道布线所遇到的障碍物情况；

（7）土壤性质、腐蚀性能和冰冻线深度；

（8）管道在施工、运行和万一发生故障时，对交通和人民生活的影响。

在布线时，需确定燃气管道沿城镇街道的平面与纵断面位置。

由于输配系统各级管网的输气压力不同，其设施和防火安全的要求也不同，而且各自的功能也有所区别，应按各自的特点进行布线。

二、高压燃气管道的布线

高压管道的主要功能是输气，并通过调压站向压力较低的各环网配气。一般按以下原则布线：

1. 城镇燃气管道通过的地区，应按沿线建筑物的密集程度划分为四个管道地区等级，并依据管道地区等级进行相应的管道设计。不同等级地区地下燃气管道与建筑物之间的水平和垂直净距，应符合现行国家标准《城镇燃气设计规范》（GB 50028）的相关规定。

2. 高压燃气管道宜采用埋地方式敷设，当个别地段需要采用架空敷设时，必须采取安全防护措施。

3. 高压燃气管道不应通过军事设施、易燃易爆仓库、国家重点文物保护单位的安全保护区、飞机场、火车站、海（河）港码头等。当受条件限制管道必须通过上述区域时，必须采取安全防护措施。

三、次高压、中压及低压燃气管道的布线

1. 地下燃气管道不得从建（构）筑物的下面穿越，并尽可能避免在高级路面下敷设。为了保证在施工和检修时互不影响，也为了避免由于漏出的燃气影响相邻管道的正常运行，甚至逸入建筑物内，地下燃气管道与建（构）筑物以及其他各种管道之间应保持必要的水平和垂直净距，并应与道路轴线或建筑物的前沿平行，符合现行国家标准《城镇燃气设计规范》（GB 50028）的相关规定。

2. 低压燃气管道的输气压力低，沿程压力降的允许值也较低，因而低压管网的每环边长一般宜控制在300～600m之间。

低压燃气管道直接与用户相连，而用户数量随着城镇建设发展在逐步增加，故低压管道除以环状管网为主体布置外，也允许存在枝状管道。

3. 有条件时低压燃气管道宜尽可能布置在街区内兼作庭院管道，以节省投资。

4. 地下燃气管道埋设的最小覆土厚度应满足下列要求：

埋设在机动车道下时，不得小于0.9m；

埋设在非机动车道下时，不得小于0.6m；

埋设在机动车不可能到达的地方时，不得小于0.3m。

5. 输送湿燃气的管道，应埋设在土壤冰冻线以下，燃气管道坡向凝水缸的坡度不宜小于0.003。布线时，最好能使管道的坡度和地形相适应。在管道的最低点应设凝水缸。

6. 在一般情况下，燃气管道不得穿过其他管（沟），如因特殊情况需穿过其他大断面的排水管（沟）、热力管沟、隧道及其他各种用途沟槽等，应征得有关方面同意，同时燃气管道外面必须安装套管，如图 4-7 所示。套管两端应采用柔性的防腐、防水材料密封。套管伸出建构筑物外壁的距离应符合现行国家标准《城镇燃气设计规范》（GB 50028）中的相关规定。

7. 燃气管道穿越铁路、高速公路、电车轨道或城镇主要干道时宜与上述道路垂直敷设。穿越铁路或高速公路的燃气管道外面应加装套管。穿越铁路的燃气管道的套管宜采用钢管或钢筋混凝土管，套管内径应比燃气管道外径大 100mm 以上，套管两端与燃气管道的间隙应密封，套管顶部距铁路轨道底部不应小于 1.2m，当燃气支管穿越铁路时，应在燃气流向的上游设置阀门，如环形干管穿越铁路时，需在铁路两侧均设置阀门，并应符合铁路管理部门的要求。套管端部距路堤坡脚外的距离不应小于 2m。燃气管道穿越铁路如图 4-8 所示。

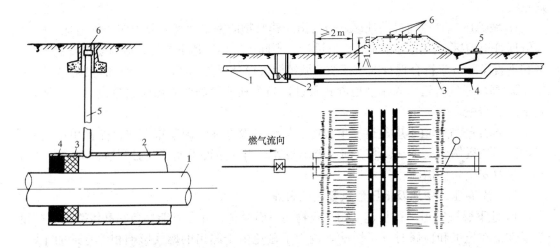

图 4-7　燃气管道外面安装套管的示意图
1—燃气管道；2—套管；3—油麻填料；
4—沥青密封层；5—检漏管；6—防护罩

图 4-8　燃气管道穿越铁路示意图
1—燃气管道；2—阀门；3—套管；4—密封层；
5—检漏管；6—铁路轨道

　　燃气管道穿越电车轨道或城镇主要干道时宜敷设在套管或管沟内，套管或管沟两端应密封，在重要地段的套管或管沟端部宜安装检漏管。检漏管上端伸入防护罩内，由管口取气样检查套管中的燃气含量，判明有无漏气及漏气的程度。套管或管沟端部距电车轨道不应小于 2m，距道路边缘不应小于 1m。穿过城镇非主要干道，并位于地下水位以上的燃气管道，可敷设在过街沟里，如图 4-9 所示。

8. 燃气管道通过河流时，可以采用河底穿越或管桥跨越的形式。当条件允许时，可以利用道路桥梁跨越河流。穿越或跨越重要河流的管道，在河流两岸均应设置阀门。

　　燃气管道采用穿越河底的敷设方式时，宜采用钢管，并应尽可能从直线河段、河床两岸有缓坡而又未受冲刷、河滩宽度最小的地方穿越，与水流方向垂直。燃气管道从水下穿越时，一般宜用双管敷设，如图 4-10 所示，每条管道的通过能力是设计流量的 75%。对于可由另一侧保证供气的环形管网，或以枝状管道供气的工业企业在过河管检修期间，可用其他燃料代替的情况下，允许采用单管敷设。对于不通航河流或不受河流冲刷的情况，双管允许敷设在同一沟槽内，双管的水平净距不应小于0.5m。当双管分别敷设时，平行管道的间距，应根据水文地质条件和水下挖沟施工的条件确定，按规定不得小于30～40m。燃气管道至河床的覆土厚度应根据水流冲刷条件及规划河床确定。对于不通航河流不应小于0.5m，通航河流不应小于1m，另外还应考虑疏浚和投锚深度。水下燃气管道的稳管重块，应根据计算确定。一般采用钢筋混凝土重块，也允许用铸铁重块。水下燃气管道的每个焊口均应进行物理方法检查，规定采用特加强绝缘层。在加装稳管重块之前，

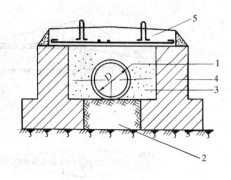

图 4-9　燃气管道的单管过街沟示意图
1—燃气管道；2—原土夯实；3—填砂；
4—砖墙沟壁；5—盖板

应在管道加装稳管重块位置周围绑扎 20mm×60mm 的木条，保护管道绝缘层不受损坏。敷设在河流底的输送湿燃气的管道，应有不小于 0.003 的坡度，坡向河岸一侧，并在最低点处设凝水缸。

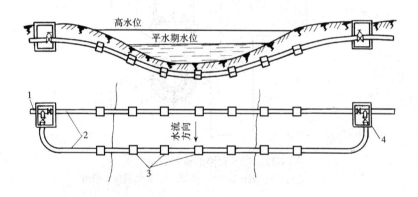

图 4-10　燃气管道穿越河流
1—燃气管道；2—过河管；3—稳管重块；4—阀门井

当燃气管道采用随桥梁敷设或管桥跨越河流时，必须采取安全防护措施。跨越可采用桁架式、拱式、悬索式及栈桥式，最好采用单跨结构。架空敷设时，管道支架应采用不燃材料制成，并能保证在任何可能的荷载情况下，管道稳定且不被破坏。燃气管道应做较高级别的防腐保护，并应设置必要的补偿和减振措施。燃气管道悬索式跨越铁道如图 4-11 所示。

输气压力不大于 0.4MPa 的燃气管道，在得到有关部门同意时，也可利用已建的道路桥梁敷设。敷设于桥梁上的燃气管道应采用加厚的无缝钢管或焊接钢管，尽量减少焊缝，并对焊缝进行 100% 无损探伤。燃气管道与随桥敷设的其他管道之间的间距应符合支架敷管的相关规定。燃气管道沿桥敷设如图 4-12 所示。

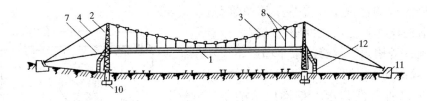

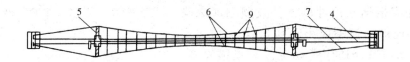

图 4-11 燃气管道悬索式跨越铁道

1—燃气管道；2—桥柱；3—钢索；4—牵索；5—平面桁架；6—抗风索；7—抗风
牵索；8—吊杆；9—抗风连杆；10—桥支座；11—地锚基础；12—工作梯

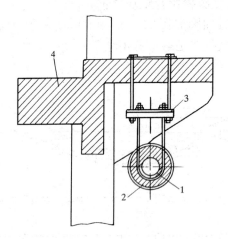

图 4-12 燃气管道沿桥敷设示意图

1—燃气管道；2—隔热层；3—吊卡；4—钢筋混凝土桥面

第四节 工业企业燃气管网系统

一、工业企业燃气管网系统的构成

连接于城镇燃气管网的工业企业燃气输配系统，通常由工厂引入管和厂区燃气管道、车间燃气管道、工厂总调压站或车间调压装置、用气计量装置、安全控制装置和炉前管道等构成。炉前燃气管道与燃烧设备和控制装置的关系极为密切，通常把它们视为一个整体。

燃气由城镇分配管道通过引入管引入工厂，引入管上设总阀门。按规定，总阀门应设在厂界外易于接近和便于察看的地方，尽可能靠近城镇燃气分配管道，与建筑红线或建筑物外墙的距离不应小于 2m。

每个工业企业通常只有一个引入管，厂区采用枝状管道，对不允许停气的大型工厂企业，可以采用有几个引入管的厂区环状管网。有些工厂在供气系统的引入管处设总调压站，如有用气计量装置，则与调压站设在一起，经降压和稳压后由调压站送入厂区燃气管道。

工业企业用户一般由城镇中压 A 或中压 B 燃气管网供气，用气量小（50～150Nm³/h）且用气压力为低压的用户可以由低压管网供气，应根据具体情况选择最佳的供气方案。大型企业可敷设专用管线与城镇燃气门站或长输管线连接。常用的系统有两种：一级系统和二级系统。

（一）一级系统

图 4-13 所示是直接与城镇低压燃气管网相连接的系统，这种系统只适合于小型工业企业用户，因为较大用户的用气工况变化会影响连接在同一管网上的居民用户的用气工况。图 4-14 所示是与城镇中压或高压燃气管网相连接的工业企业的一级管网系统，适用于大型的工业用户。工厂引入管处设有总调压站，调压站出口的压力由用气设备燃烧器所需的压力和厂区及车间管道的压力降确定，可以是低压，也可以是中压。这样的系统中，所有的厂

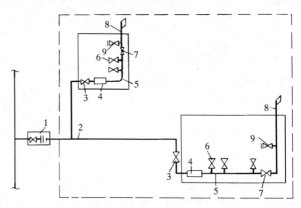

图 4-13　工业企业低压一级管网系统

1—工厂引入管总阀门及补偿器；2—厂区燃气管道；3—车间引入管总阀门；4—燃气计量装置；5—车间燃气管道；6—燃烧设备前的总阀门；7—放散管阀门；8—放散管；9—吹扫取样短管

区管道和车间燃气管道压力级制相同。总调压站内还有全厂用气计量装置。全厂所有车间和建筑物的用气量由总计量装置计量，如需分别计量各车间和各燃烧设备的用气量，则应在车间分设燃气计量装置。该系统的特点是个别车间的燃烧设备或窑炉停止生产或调节负荷时，可能会影响厂内其他车间燃烧器前的压力。为了保证所需要的水力稳定性，在确定该系统计算压力降时，应经过周密考虑。

当车间分布较紧凑、用气设备类型相同、管道较短、同时燃烧器前燃气压力稳定性要求不严格时，采用这种系统比较合适。

（二）二级系统

工业企业的二级系统如图 4-15 和图 4-16 所示。图 4-15 所示系统通过工厂总调压站与城镇中压或高压燃气管道相连接，调压站将燃气压力降到所需的中压，使用中压燃气的车间直接与厂区燃气管道相连。另一部分车间的燃烧器使用低压燃气，需单独设置车间调压装置。总用气计量装置设在总调压站内。

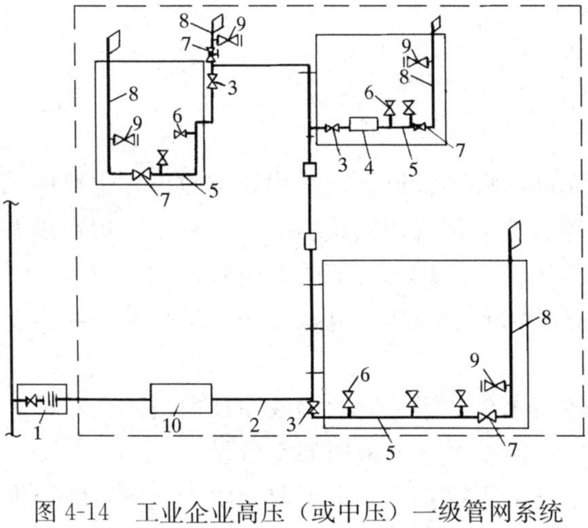

图 4-14　工业企业高压（或中压）一级管网系统

1—工厂引入管总阀门及补偿器；2—厂区燃气管道；3—车间引入管总阀门；4—燃气计量装置；5—车间燃气管道；6—燃烧设备前的总阀门；7—放散管阀门；8—放散管；9—吹扫取样短管；10—总调压站和计量室

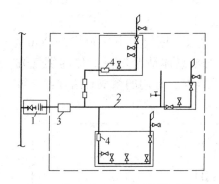

图 4-15 工业企业两级管网系统

1—工厂引入管总阀门及补偿器；2—厂区燃气管道；3—总调压站和计量室；4—车间调压装置

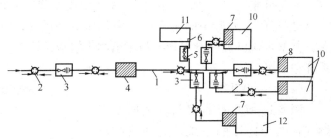

图 4-16 车间分别调压的二级管网系统

1—厂区燃气管道；2—凝水缸；3—阀门井；4—计量室；5—小型阀门井；6—箱式调压装置；7—中-中压调压装置；8—中-低压调压装置；9—支管；10—车间；11—食堂；12—锅炉房

图 4-16 所示系统的厂区管道直接与城镇中压 A 管道相连接，不设总调压站，引入各车间的燃气管道分别通过本车间的调压装置，将压力调到该车间的燃烧器所需的压力。用气量在全厂和各车间分别计量，当进入厂区的燃气含湿量较高时，应设凝水缸。

这种系统与图 4-15 所示系统的主要区别在于，供给各车间的燃气由车间自设的调压装置进行调压，并使压力保持稳定，因而厂区管道的流量变化对车间燃气管道压力变化的影响在一定范围内可忽略。

二、工业企业燃气管网系统的选择与布线

（一）燃气管网系统的选择应考虑下列主要因素

1. 城镇燃气分配管网与引入管连接处的燃气压力。

2. 各用气车间燃烧器前所需的额定压力。

3. 用气车间在厂区分布的位置。

4. 车间的用气规模。

5. 与其他管道的关系及管理维修条件。

（二）厂区燃气管道的布线原则

燃气从引入管通过厂区管道送到用气车间。厂区管道可以采用地下敷设，也可以采用架空敷设。敷设方式取决于车间的分布位置、地下管道和构筑物的密集程度、拟敷设架空管道的构筑物的特点等因素。与埋地敷设相比，厂区燃气管道的架空敷设优点较多，例如没有埋地敷设管道的腐蚀问题、漏气容易察觉和便于消除、危险性小、运行管理和检查维修比较方便等。

架空管道可采用支架敷设，也可沿栈桥、永久性建筑物的墙或屋顶敷设。在不影响交通的情况下，还可沿地面低支架敷设，通常厂区燃气管道采用架空敷设。

通常在管道上每隔一段距离，设置固定支架固定管道。为了避免由于气候温度变化在管道上产生的应力对管道造成损坏，在相邻的两固定支架之间，应设置一个补偿器。这样可以把管道划分为若干个区段，各区段管道的胀缩量由本段管道上的补偿器进行补偿。设置固定支架的地方，管道与支架之间不能产生相对位移，如果固定支架之间的距离很长，其间还应设置活动支架，仅作为管道的支撑点，并不约束管道的胀缩。

厂区燃气管道的末端应设放散管。通常吹扫厂区管道时不允许使用车间的放散管，以避免粉尘和悬浮物聚积在车间管道的某些部位，但对某些小型工业企业而言，由于厂区管道较短，故吹扫也可以利用车间的放散管进行放散。

厂区架空燃气管道应尽可能地简单而明显，便于施工安装、操作管理和日常维修。

厂区管道一般采用钢管。架空管道不允许穿越爆炸危险品生产车间、爆炸品和可燃材料仓库、配电间和变电所、通风间、易使管道腐蚀的房间、通风道或烟道等场所。架空敷设的管道应避免被外界损伤，如接触有强烈腐蚀作用的酸、碱等化学药品，受到冲击或机械作用等。架空管道应间隔300m左右设接地装置。输送湿燃气的管道坡度不小于0.003，低点设凝水缸，两个凝水缸之间的距离一般不大于500m。管道的支架应采用不燃材料制成。当采用支架架空敷设时，管底至人行道路、厂区道路路面及厂区铁路轨道顶部分别保持2.2m、4.5m及5.5m的垂直净距。

低支架敷设时，管底至地面的垂直净距一般不小于0.4m。

燃气管道与给水、热力、压缩空气及氧气等管道共同敷设时，燃气管道与其他管道的水平净距不小于0.3m。当管径大于300mm时，水平净距应不小于管道直径。燃气管道与输送酸、碱等腐蚀物质的管道共架敷设时，燃气管道应放在这些管道的上层。

架空管道与其他建筑物平行时，应从方便施工和安全运行考虑，与公路边线及铁路轨道的最小净距分别为1.5m及3.0m，与架空输电线，根据不同电压应保持2.0～4.0m的水平净距。

给水、排水、供热及地下电缆等管道或管沟至架空燃气管道支架基础边缘的净距不小于1.0m。

与露天变电站围栅的净距不小于10.0m。

架空敷设的燃气管道与架空高压输电线交叉时，两者之间必须有保护隔网，燃气管道应接地，其净距随电压不同而异，应不小于3.0～4.0m。与一般通信电缆、照明电线或其他管道交叉时，垂直净距不小于0.15m。

三、车间燃气管网系统

（一）车间燃气管网系统的布线原则

进入车间的燃气管道应设车间总阀门。阀门一般设在室内，对重要车间还应在室外另设阀门。阀门应设在便于检查和维修的地点，在必要时能迅速关断车间燃气管道。车间总阀门的安装高度不应超过1.7m，总阀门应使用闸阀，大口径的闸阀宜采用明杆式。

车间燃气管道应架设在不低于2.0m的高度，并应不妨碍起重设备的运行。燃气管道不应敷设在可能被火焰和热烟气熏烤或易受酸、碱等化学药品侵蚀的地方。车间燃气管道一般敷设在房架上，或沿厂房的柱子和墙敷设。在无法架设的情况下，也可敷设在有良好通风条件的管沟内。车间输送湿燃气的管道应坡向厂区燃气管道，坡度不小于0.003。高、中压的车间燃气管道一般采用焊接，也可采用法兰连接。螺纹连接通常只适用于直径较小的低压管道。敷设燃气管道的车间高度，一般不应小于2.5m。

（二）车间燃气管网系统

车间燃气管网系统有枝状和环状两种，一般采用枝状，环网只用于特别重要的车间。

1. 枝状管网系统参见图4-13。在车间引入管设总阀门3，各车间分设用气计量装置

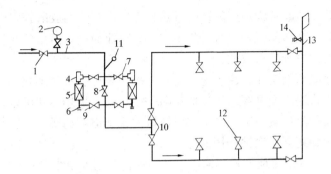

图 4-17　设有燃气计量装置的车间环网系统

1—车间入口的阀门；2—压力表；3—车间燃气管道；4—过滤器；
5—燃气计量表；6—带堵三通；7—计量表前的阀门；8—旁通阀；
9—计量表后的阀门；10—车间燃气分支管上的阀门；11—温度计；
12—用气设备前的总阀门；13—放散管；14—取样管

4，在用气设备的分支管上应设阀门 6，车间燃气管道的末端连接放散管 8，并设有阀门 7，带阀门和丝堵的短管 9 作为吹扫时的取样口。各用气设备前的总阀门与燃烧器阀门之间，也应设放散管及阀门。

2. 环状管网系统如图 4-17 所示。车间引入管上设有阀门 1 和压力表 2，通向用气设备的各分支管上设阀门 12，车间燃气管道的末端设放散管 13，并设阀门。

第五节　建筑燃气供应系统

一、建筑燃气供应系统的构成

建筑燃气供应系统的构成，随城镇燃气系统供气方式的不同而有所变化。当燃气低压进户时，采用如图 4-18 所示的系统，由用户引入管、立管、水平干管、用户支管、燃气计量表、用具连接管和燃气用具所组成。在一些城镇也有采用中压进户表前调压的系统。

用户引入管与城镇或庭院低压分配管道连接，在分支管处设阀门。输送湿燃气的引入管一般由地下引入室内，当采取防冻措施时也可由地上引入。在非采暖地区或采用管径不大于 75mm 的管道输送干燃气时，则可由地上直接引入室内。输送湿燃气的引入管应有不小于 0.005 的坡度，坡向城镇燃气分配管道。引入管穿过的承重墙、基础或管沟处，均应设置套管（图 4-19 所示为用户引入管的一种作法），并应考虑建筑沉降的影响，必要时应采取补偿措施。

引入管上既可连接一根燃气立管，也可以通过设置水平干管连接若干根立管。水平干管可沿楼梯间或辅助房间的墙壁敷设，坡向引入管，坡度应不小于 0.002。管道经过的楼梯间或辅助房间应有良好的自然通风。

燃气立管一般应敷设在厨房或走廊内。当由地下引入室内时，立管在第一层处应设置阀门。阀门一般设在室内，对重要用户还应在室外另设阀门。立管的直径一般不小于 25mm，立管穿过的各层楼板处应设置套管，套管高出地面至少 50mm，套管与燃气管道之间的间隙应用沥青和油麻填塞。

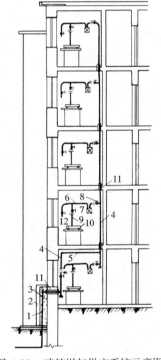

图 4-18　建筑燃气供应系统示意图

1—用户引入管；2—砖台；3—保温层；4—立管；5—水平干管；6—用户支管；7—燃气计量表；8—表前阀门；9—燃气灶具连接管；10—燃气灶；11—套管；12—燃气热水器接头

室内燃气管道应为明管敷设。当建筑物或工艺有特殊要求，需要采用暗管敷设时，应按规范要求采取必要的安全防护措施。为了满足安全、防腐和便于检修需要，室内燃气管道不得敷设在卧室、浴室、地下室、易燃易爆品仓库、配电间、通风机室、潮湿或有腐蚀性介质的房间内。当输送湿燃气的室内管道敷设在可能冻结的地方时，应采取防冻措施。

室内燃气管道的管材应采用输送低压流体的钢管、镀锌钢管及薄壁不锈钢管等。

二、高层建筑燃气供应系统

对于高层建筑的室内燃气管道系统还应考虑三个特殊的问题。

（一）补偿高层建筑的沉降。高层建筑物自重大，沉降量显著，易在引入管处造成破坏。可在引入管处安装伸缩补偿接头以消除建筑物沉降的影响。伸缩补偿接头有波纹管接头、套筒接头和软管接头等形式。图 4-20 为引入管处安装不锈钢波纹管补偿接头的示意图，建筑物沉降时由波纹管吸收变形，避免引入管及阀门被破坏。在伸缩补偿接头前安装的阀门，设在阀门井内，便于检修。

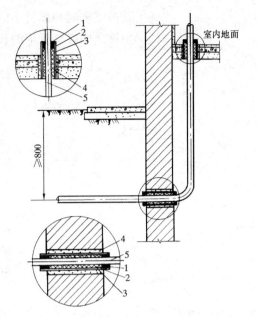

图 4-19　用户引入管示意图

1—沥青密封层；2—套管；3—油麻填料；

4—水泥砂浆；5—燃气管道

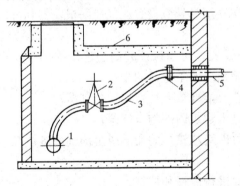

图 4-20　引入管处安装不锈钢波纹管接头的示意图

1—庭院管道；2—阀门；3—不锈钢波纹管；

4—法兰；5—穿墙管；6—阀门井

（二）克服因高程差引起的附加压头的影响。燃气与空气密度通常不相同，随着建筑物高度的增大，附加压头也增大，当高程差过大时，为了使建筑物上下各层的燃具都能在允许的压力波动范围内正常工作，可采取下列措施克服附加压头的影响：

1. 当引入管为低压管网系统时，高层建筑物（如十层以上）每户安装稳压器。

2. 当引入管前为中压管网系统时，可先经过中-低压调压箱调成低压。高层用户安装稳压器，调压箱内最好采用二级调压器（特别是超高层建筑更应如此），可以消除目前采用的用户调压器可能出现中压进户带来的不安全因素。

（三）补偿温差产生的变形。为了补偿由于温差产生的胀缩变形，需将管道两端固定，并在中间安装吸收变形的挠性管或波纹管补偿装置。管道的补偿量可按下式计算：

$$\Delta L = 0.012 L \Delta t \qquad (4-1)$$

式中　ΔL——燃气管道所需的补偿量（mm）；

0.012——燃气管道单位长度单位温差的补偿系数（mm/（m·℃））；

Δt ——燃气管道安装时与运行中的最大温差（℃）；

L ——两固定端之间燃气管道的长度（m）。

挠性管补偿装置和波纹管补偿装置如图 4-21 所示。

高层建筑燃气立管的管道长、自重大，需在立管底部设置支墩，目前已有高层建筑用不锈钢管代替镀锌钢管，不仅可以减轻立管的重量，便于施工，又可延长寿命，安全可靠。

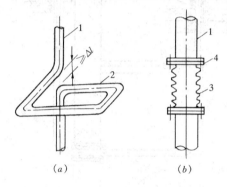

图 4-21　燃气立管的补偿装置
(a) 挠性管；(b) 波纹管
1—燃气立管；2—挠性管；3—波纹管；4—法兰

三、超高层建筑燃气供应系统的特殊处理

通常建筑的高度超过 60m 时，便称作超高层建筑。对这类建筑供应燃气时，除了使用在普通高层建筑上采用的措施以外，还应注意以下问题：

（一）为防止建筑沉降或地震以及大风产生的较大层间错位破坏室内管道，除了在立管上安装补偿装置以外，还应对水平管进行有效的固定，必要时在水平管的两固定点之间也应设置补偿装置。

（二）在超高层建筑中安装的燃气用具和调压装置，应采用粘接或夹具方式予以固定，防止地震时产生位移，导致连接管道脱落。

（三）为确保供气系统的安全可靠，超高层建筑的管道安装，在采用焊接方式连接的地方应进行 100% 的超声波探伤和 100% 的 X 射线检查，检查结果应达到 Ⅱ 级的要求。

（四）除在用户引入管上设置切断阀外，在建筑物的墙外还应设置燃气紧急切断阀，保证在发生事故等特殊情况时可以随时关断。燃气用具处应设置燃气泄漏报警器和可以联动的燃气自动切断装置。

（五）建筑总体安全报警与自动控制系统的设置，对于保证超高层建筑的燃气安全供应是必需的，在许多现代化建筑上已有采用，该系统的主要目的是：

（1）当燃气系统发生故障或泄漏时，根据需要能部分或全部地切断气源；

（2）当发生自然灾害时，系统能自动切断进入建筑内部的总气源；

（3）当建筑的安全保卫中心认为必要时，可以对建筑内的局部或全部气源进行控制或切断；

（4）可以对建筑内的燃气供应系统运行状况进行监视和控制。

第五章 燃气管道及其附属设备

第一节 管材及其连接方式

一、管材

用于输送燃气的管材种类很多，必须根据燃气的性质、系统压力及施工要求来选用，并满足机械强度、抗腐蚀、抗震及气密性等各项基本要求。

（一）钢管

常用的钢管有普通无缝钢管和焊接钢管，具有承载应力大、可塑性好、便于焊接的优点。与其他管材相比，壁厚较薄、节省金属用量，但耐腐蚀性较差，必须采取可靠的防腐措施。

普通无缝钢管用普通碳素钢、优质碳素钢、低合金钢轧制而成。按制造方法又分为热轧和冷轧（冷拔）无缝钢管。冷轧（冷拔）无缝钢管有外径 5～200mm 的各种规格。热轧管有外径 32～630mm 的各种规格。

小口径焊接钢管中用途最广的是低压流体输送用焊接钢管（原水、煤气输送钢管），它属于直焊缝钢管，常用管径为 6～150mm。按表面质量分为镀锌管（白铁管）和非镀锌管（黑铁管）两种。按壁厚分为普通管、加厚管和薄壁管三种。按管端有无连接螺纹分为螺纹管和不带螺纹管两种。带螺纹白铁管和黑铁管长度规格为 4～9m；不带螺纹的黑铁管长度规格为 4～12m。

大口径焊接钢管，有直缝卷焊管（DN200～DN1800）和螺旋焊接管（DN200～DN700），其管长 3.8～18m。材质以低碳钢（Q235）和低合金钢（16Mn）为主。国外敷设天然气管道已使用耐高压大口径管材，干管直径达 2m 以上。还大量采用高强度材质并敷有聚乙烯、氯化乙烯、尼龙-12 等防腐层的管道及管件。

在选用钢管时，当直径在 150mm 以下时，一般采用低压流体输送焊接钢管；大口径管道多采用螺旋焊接管。钢管壁厚应视埋设地点、土壤和交通荷载等加以选择，要求不小于 3.5mm，如在街道红线内则不小于 4.5mm。当管道穿越重要障碍物以及土壤腐蚀性甚强的地段，壁厚应不小于 8mm。户内管的壁厚不小于 2.75mm。

由于薄壁不锈钢管具有安全性高、耐腐蚀性强、使用寿命长和安装快捷等优点，在高层和超高层建筑中作为室内管正在推广，将会得到广泛的应用。

（二）聚乙烯管

在此，仅介绍燃气用埋地聚乙烯（PE）管。PE 管具有耐腐蚀、质轻、流体流动阻力小、使用寿命长、可盘卷、施工简便、费用低、抗拉强度较大等一系列优点。经济发达国家在天然气输配系统中使用 PE 管已有五十多年历史，我国大力发展天然气以来，已经广泛使用 PE 管。

燃气常用 PE 管材及管件可根据材料的长期静液压强度分为两类：PE80 和 PE100。PE80 可以是中密度聚乙烯（MDPE），也可以是高密度聚乙烯（HDPE），PE100 必定是高密度聚乙烯。PE100 管道相比 PE80 管道具有以下性能特点：（1）更加优良的耐压性能；（2）更薄的管壁；（3）更加经济。因此，PE100 有代替 PE80 的趋势。

PE 管道输送天然气、液化石油气和人工煤气时，其设计压力不应大于管道最大允许工作压力，最大允许工作压力应符合表 5-1 的规定。

PE 管道的最大允许工作压力（MPa）　　　　　　　　　　表 5-1

城镇燃气种类		PE80		PE100	
		SDR11	SDR17.6	SDR11	SDR17.6
天然气		0.50	0.30	0.70	0.40
液化石油气	混空气	0.40	0.20	0.50	0.30
	气态	0.20	0.10	0.30	0.20
人工煤气	干气	0.40	0.20	0.50	0.30
	其他	0.20	0.10	0.30	0.20

注：SDR 是指 PE 管道的公称直径与公称壁厚的比值。

由于 PE 管的刚性不如金属管，所以埋设施工时必须夯实沟槽底，基础要垫沙，才能保证管道坡度的要求和防止被坚硬物体损坏。

（三）铸铁管

铸铁管的抗腐蚀性能很强。用于燃气输配管道的铸铁管，一般采用铸模浇铸或离心浇铸方式制造出来。灰铸铁管的抗拉强度、抗弯曲、抗冲击能力和焊接性能均不如钢管好。随着球墨铸铁铸造技术的发展，铸铁管的机械性能大大增强了，从而提高了其安全性，降低了维护费用。球墨铸铁管在燃气输配系统中仍然在广泛地使用。

（四）其他管材

有时还使用有色金属管材，如铜管和铝管，由于其价格昂贵只在特殊场合下使用。引入管、室内埋墙管及灶前管已广泛使用不锈钢波纹管。

二、连接方法

（一）钢管的连接

钢管可以用螺纹、焊接和法兰进行连接。室内管道管径较小、压力较低，一般用螺纹连接。高层建筑有时也用焊接连接。室外输配管道以焊接连接为主。设备与管道的连接常用法兰连接。

室内管道广泛采用三通、弯头、变径接头、活接头、补心和丝堵等螺纹连接管件，施工安装十分简便。

为了防止管道螺纹连接时漏气，螺纹之间必须缠绕适量的填料。常用的填料有铅油加麻丝和聚四氟乙烯。对于输送天然气的管道，必须采用聚四氟乙烯作密封填料。

薄壁不锈钢管的连接方式较多，其中机械连接方式中的卡压连接用厌氧胶粘结密封较普遍。

焊接是管道连接的主要形式，可采用的方法很多，有气焊、手工电弧焊、手工氩弧焊、埋弧自动焊、埋弧半自动焊、接触焊和气压焊等。

大口径钢管一般采用电焊，电焊焊缝强度高，比较经济。管径小于 80mm、壁厚小于 4mm 的管道可用气焊焊接。焊接时，要求管道端面与轴线垂直，偏斜值最大不能超过

1.5mm。对焊管道时，必须在管端按管壁厚度做成适当的坡口形式。

燃气管道及其附属设备之间的连接，常用法兰连接。当公称压力为 0.25～2.5MPa、介质温度不超过 300℃时，一般采用平焊钢法兰。为了保证法兰连接的气密性，法兰密封面应垂直于管道中心线，成对法兰螺栓紧固时，不允许使用斜垫片或双层垫片，并避免螺栓拧得过紧而承受过大的不均匀应力。垫片的材质，可根据输送介质的性质来选择。当输送焦炉气时，用石棉橡胶垫片；输送液化石油气或天然气时，则用耐油橡胶垫片，以防止介质浸蚀垫片破坏管道的气密性。

（二）聚乙烯（PE）管的连接

随着塑料管的广泛应用，它的连接方法越来越简便和多样化。聚乙烯管道的连接通常采用热熔连接、电熔连接。

PE 管与金属管通常使用钢塑接头连接。

（三）铸铁管的连接

低压燃气铸铁管道的连接，广泛采用机械接口的形式。

第二节 燃气管道的附属设备

为了保证管网的安全运行，并考虑到检修、接线的需要，在管道的适当地点设置必要的附属设备。这些设备包括阀门、补偿器、凝水缸、放散管等。

一、阀门

阀门是用于启闭管道通路或调节管道介质流量的设备。因此要求阀体的机械强度高，转动部件灵活，密封部件严密耐用，对输送介质的抗腐蚀性强，同时零部件的通用性好。

燃气阀门必须进行定期检查和维修，以便掌握其腐蚀、堵塞、润滑、气密性等情况以及部件的损坏程度，避免不应有的事故发生。阀门的设置达到足以维持系统正常运行即可，尽量减少其设置数，以减少漏气点和额外的投资。

阀门的种类很多，燃气管道上常用的有球阀、闸阀、截止阀、蝶阀、旋塞及聚乙烯（PE）球阀等。

（一）球阀

球阀（图 5-1）体积小，完全开启时的流通断面与管径相等。这种阀门动作灵活，阻力损失小。需要通球清扫的管道必须用球阀，大规模场站也多采用球阀。

（二）闸阀

通过闸阀的流体是沿直线通过阀门的，所以阻力损失小，闸板升降所引起的振动也很小，但当燃气中存在杂质或异物并积存在阀座上时，关闭会受到阻碍，使阀门不能完全关闭。

闸阀分为单闸板闸阀和双闸板闸阀。由于闸板形状不同，又分为平行闸板闸阀和楔形闸板闸阀。此外还有阀杆随闸板升降和不升降的两种，分别称为明杆阀门和暗杆阀门（分别如图 5-2 及图 5-3 所示）。明杆阀门可以从阀杆的

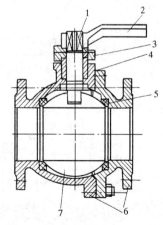

图 5-1 球阀

1—阀杆；2—手柄；3—填料压盖；
4—填料；5—密封圈；6—阀体；7—球

高度判断阀门的启闭状态，多用于站房内。

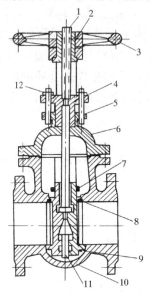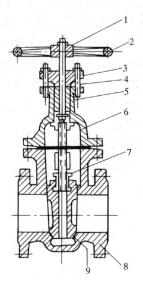

图 5-2 明杆平行式双闸板闸阀

1—阀杆；2—轴套；3—手轮；4—填料压盖；5—填料；6—上盖；7—卡环；8—密封圈；9—闸板；10—阀体；11—顶楔；12—螺栓螺母

图 5-3 暗杆楔形单闸板闸阀

1—阀杆；2—手轮；3—填料压盖；4—螺栓螺母；5—填料；6—上盖；7—轴套；8—阀体；9—闸板

（三）截止阀

截止阀（图 5-4）依靠阀瓣的升降以达到开闭和节流的目的。这类阀门使用方便，安全可靠，但阻力较大。该类阀门多用在液化石油气场站中。

（四）蝶阀

蝶阀（图 5-5）是阀瓣绕阀体内固定轴旋转关启的阀门，一般作管道及设备的开启或关闭用，有时也可以作为调节流量用。

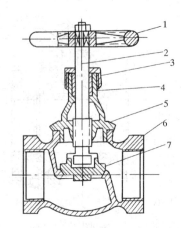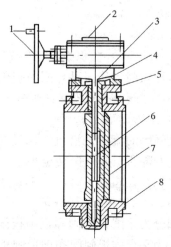

图 5-4 截止阀

1—手轮；2—阀杆；3—填料压盖；4—填料；5—上盖；6—阀体；7—阀瓣

图 5-5 垂直板式蝶阀

1—手轮；2—传动装置；3—阀杆；4—填料压盖；5—填料；6—转动阀瓣；7—密封面；8—阀体

（五）旋塞

旋塞是一种动作灵活的阀门，阀杆转 90°即可达到启闭的要求。杂质沉积造成的影响比闸阀小，所以广泛用于燃气管道上。常用的旋塞有两种：一种是利用阀芯尾部螺母的作用，使阀芯与阀体紧密接触，不致漏气，称无填料旋塞，这种旋塞只允许用于低压管道上，主要是室内管道；另一种称为填料旋塞，利用填料以堵塞旋塞阀体与阀芯之间的间隙而避免漏气，这种旋塞体积较大，但较安全可靠。两种旋塞分别如图 5-6 及图 5-7 所示。

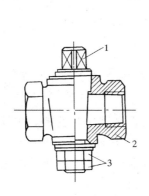

图 5-6　无填料旋塞
1—阀芯；2—阀体；
3—拉紧螺母

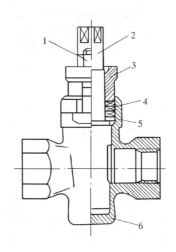

图 5-7　填料旋塞
1—螺栓螺母；2—阀芯；3—填料压盖；
4—填料；5—垫圈；6—阀体

（六）PE 球阀

根据材料等级，常用 PE 球阀可以分为 PE80 和 PE100 球阀；根据性能 PE 球阀可分为标准球阀、单放散球阀、双放散球阀。所有 PE 球阀均采用专用扳手开启和关闭。构成阀门壳体的各个部件之间均为热熔或电熔连接方式，因此整个阀门壳体的连接强度高、密封性好，PE 球阀与管道直接焊接形成不可拆卸整体，无漏点。标准阀无需建造阀门井，可直埋。放散型阀门只需建浅井。PE 球阀施工方便，开启、关闭力矩小，便于操作。PE 球阀寿命长，使用寿命不低于 50 年，工程造价低。

由于结构上的原因，闸阀、蝶阀只允许安装在水平管段上，而其他几类阀门则不受这一限制。但如果是有驱动装置的截止阀或球阀，则也必须安装在水平管段上。

二、补偿器

补偿器作为消除因管段胀缩对管道所产生的应力的设备，常用于架空管道和需要进行蒸汽吹扫的管道上。此外，补偿器安装在阀门的下侧（按气流方向），利用其伸缩性能，方便阀门的拆卸和检修。在埋地燃气管道上，多用钢制波形补偿器（图 5-8），其补偿量约为 10mm。为防止其中存水锈蚀，由套管的注入孔灌入石油沥青，安装时注入孔应在下方。补偿器的安装长度，应是螺杆不受力时的补偿器的实际长度，否则不但不能发挥其补偿作用，反使管道或管件受到不应有的应力。

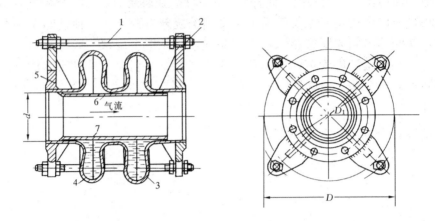

图 5-8　波形补偿器

1—螺杆；2—螺母；3—波节；4—石油沥青；5—法兰盘；6—套管；7—注入孔

另外，还使用一种橡胶-卡普隆补偿器（图 5-9）。它是带法兰的螺旋皱纹软管，软管是用卡普隆布作夹层的胶管，外层则用粗卡普隆绳加强。其补偿能力在拉伸时为 150mm，压缩时为 100mm。这种补偿器的优点是纵横方向均可变形，多用于通过山区、坑道和多地震区的中、低压燃气管道上。

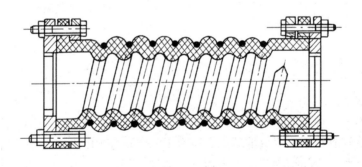

图 5-9　橡胶-卡普隆补偿器

三、凝水缸

为排除燃气管道中的冷凝水和石油伴生气管道中的轻质油，管道敷设时应有一定坡度，以便在低处设凝水缸，将汇集的水或油排出。凝水缸的间距，视水量和油量多少而定。

由于管道中燃气的压力不同，凝水缸有不能自喷和自喷两种。如管道内压力较低，水或油就要依靠手动唧筒等抽水设备来排出，如图 5-10 所示。安装在高、中压管道上的凝水缸如图 5-11 所示，由于管道内压力较高，积水（油）在排水管旋塞打开以后自行喷出。为防止剩余在排水管内的水在冬季冻结，另设有循环管，使排水管内水柱上、下压力平衡，水柱依靠重力回到下部的集水器中。为避免人工煤气中焦油及萘等杂质堵塞，排水管与循环管的直径应适当加大。在管道上布置的凝水缸还可对其运行状况进行观测,并可作为消除管道堵塞的手段。当以天然气作为气源时,鉴于管网输送的介质为干气,没有必要安装凝水缸。

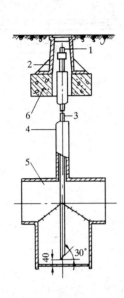

图 5-10　低压凝水缸

1—丝堵;2—防护罩;3—抽水管;
4—套管;5—集水器;6—底座

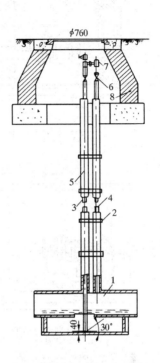

图 5-11　高、中压凝水缸

1—集水器;2—管卡;3—排水管;4—循环管;
5—套管;6—旋塞;7—丝堵;8—井圈

四、放散管

这是一种专门用来排放管道内部的空气或燃气的装置。在管道投入运行时利用放散管排出管内的空气,在管道或设备检修时,可利用放散管排放管内的燃气,防止在管道内形成爆炸性的混合气体。放散管设在阀门井中时,在环网中阀门的前后都应安装,而在单向供气的管道上则安装在阀门之前。

五、阀门井

为保证管网的安全与操作方便,地下燃气管道上的阀门一般设置在阀门井中。阀门井应坚固耐久,有良好的防水性能,并保证检修时有必要的空间。考虑到人员的安全,井筒不宜过深。阀门井的构造如图 5-12 所示。

对于直埋设置的阀门,不设阀门井。

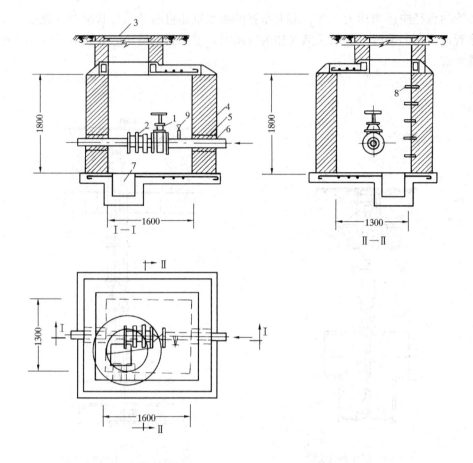

图 5-12　100mm 单管阀门井构造图

1—阀门；2—补偿器；3—井盖；4—防水层；5—浸沥青麻；6—沥青砂浆；

7—集水坑；8—爬梯；9—放散管

第三节　钢制燃气管道的防腐

一、钢制燃气管道腐蚀的原因

腐蚀是金属在周围介质的化学、电化学作用下遭受的一种破坏。金属腐蚀按其性质可分为化学腐蚀和电化学腐蚀，钢管在土壤中的腐蚀主要是电化学腐蚀。

（一）化学腐蚀

单纯由化学作用引起的腐蚀。金属直接和周围介质如氧、硫化氢、二氧化硫等接触发生化学作用，在金属表面上产生相应的化合物（如氧化物、硫化物等）。用金属材料构成的燃气管道上所出现的化学腐蚀，常常会发生在管道的内壁和外壁。在管道输送的流体中，通常含有少量的氧或硫化物、二氧化碳和水等，直接对管道的内壁造成腐蚀。架空敷设的管道外壁会在空气中被氧化腐蚀，即使管道被埋在土壤中，外壁仍然会处在有氧的环境中发生化学腐蚀。

化学腐蚀是全面的腐蚀，在化学腐蚀的作用下，管壁的厚度是均匀减薄的。

（二）电化学腐蚀

当金属和电解质接触时，由电化学作用引起的腐蚀。它与化学腐蚀不同，是由于形成了原电池而导致的。

金属燃气管道的电化学腐蚀，在管道的内壁和外壁都会产生。当燃气含有水分时，水在管道的内壁形成一层亲水膜，而燃气中所含的硫化氢、二氧化碳、氧等溶于水中便会成为电解质溶液，形成了原电池腐蚀的条件。但当燃气中的含水极少时，管道内壁的电化学腐蚀并不严重。

严重的电化学腐蚀发生在埋地钢管的外壁，这种腐蚀的原理如图 5-13 所示。由于管道本身各部分的金相组织结构不同，如晶格存在缺陷、含有杂质以及金属经冷热加工的变形而产生内部应力，特别是钢管表面粗糙度不同等原因，使金属各部分失去电子的能力有区别，易于失去电子的部分金属与不易于失去电子的部分金属存在电位差，而土壤在各处的物理化学性质也不相同，因此在管道的某些部位金属与土壤会构成腐蚀电池（原电池）。容

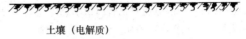
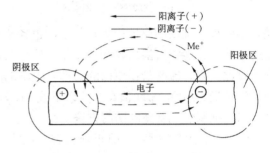

图 5-13　燃气管道在土壤中的电化学腐蚀原理

易失去电子的部分金属成为电池的阳极，不容易失去电子的部分金属成为电池的阴极，腐蚀电流沿管道从阴极流向阳极，然后从阳极流离管道，经土壤又回到阴极，形成回路。在作为电解质的土壤中发生离子的迁移，带正电的阳离子（如 H^+）趋向阴极，带负电的阴离子（如 OH^-）趋向阳极。阳极区的金属释放电子后成为带正电的金属离子转移到土壤中，与土壤中带负电的阴离子 OH^- 发生电化学反应，生成 $Fe(OH)_2$ 附着在金属表面，且会进一步被氧化成 $Fe(OH)_3$，所释放的电子沿管道从阳极移向阴极。阳极区的金属会不断失去电子被氧化腐蚀，因而钢管表面出现凹穴，直至穿孔。在阴极区，土壤中的阳离子得到电子发生还原反应，阴极区的金属因不参与反应而保持完好。这种腐蚀对城镇埋地钢管的运行安全及寿命构成的威胁最大。

土壤中埋地钢管受到电化学腐蚀的强弱程度，与土壤的腐蚀性即土壤的电阻率有关。土壤的电阻率可通过一定的方法测定出来，依照其值的大小可以划分土壤的腐蚀等级，用以判别土壤对钢管的腐蚀性，为采用合理的钢管防腐措施提供科学的数据参考。土壤腐蚀等级划分参见表 5-2。

土壤腐蚀等级划分参考表　　　　　　　　　　　　　　　表 5-2

土壤腐蚀等级		低	中	较 高	高	特 高
土壤 电阻率 （Ω·m）	美国（二级法）	>50	49.99～20	19.99～10	9.99～7	<7
	苏联（四级法）	>100	100～20	20～10	10～5	<5
24h 后试件失重（g）		0～1	1～2	2～3	3～6	>6

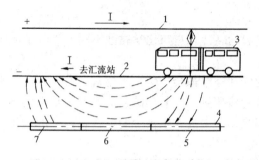

图 5-14 杂散电流对钢管腐蚀示意图

1—电线；2—钢轨；3—有轨电车；4—埋地钢管；

5—阴极区；6—过渡区；7—阳极区

（三）杂散电流对钢管的腐蚀

由于外界各种电气设备的漏电与接地，在土壤中形成杂散电流，其中对钢管危害最大的是直流电。泄漏直流电的设备有电气化铁路和有轨电车的钢轨、直流电焊机、整流器外壳接地和阴极保护站的接地阳极等。杂散电流对钢管的腐蚀如图 5-14 所示，在电流离开钢管流入土壤的部位，管壁会发生腐蚀。

（四）细菌作用引起的腐蚀

根据对微生物参与腐蚀过程的研究发现，不同种类细菌的腐蚀行为，其条件也各不相同。例如，在缺氧土壤中存在厌氧的硫酸盐还原菌，它能将可溶的硫酸盐转化为硫化氢，使土壤中氢离子浓度增加，加速了埋地钢管的腐蚀过程。硫酸盐还原菌的活动与土壤的酸碱度（pH 值）有关。pH 值在 4.5～9 时细菌生长最为适宜，pH 值在 3.5 以下或 11.0 以上时，细菌的活动完全受到抑制。

二、钢制燃气管道的防腐方法

（一）对于架空钢管，防止外壁腐蚀的方法，通常是在钢管的外壁涂上油漆覆盖层，由于内壁的腐蚀并不严重，一般不需作特殊的防腐处理。

（二）对于埋地管道，针对土壤腐蚀性的特点，可以从下述三个途径来防止腐蚀的发生和降低腐蚀的程度。

采用耐腐蚀的管材，如聚乙烯管、铸铁管等。

增加金属管道和土壤之间的过渡电阻，减小腐蚀电流，如采用防腐绝缘层使电阻增大，在局部地区采用地沟敷设或非金属套管敷设等方法。

采用电保护法，一般也与绝缘层防腐法相结合，以减小电流的消耗。

1. 绝缘层防腐法

管道的绝缘层一般应满足下列基本要求：

（1）与钢管的粘结性好，保持连续完整；

（2）电绝缘性能好，有足够的耐压强度和电阻率；

（3）具有良好的防水性和化学稳定性；

（4）能抗生物腐蚀，有足够的机械强度、韧性及塑性；

（5）材料来源充足，价格低廉，便于机械化施工。

目前国内外埋地钢管所采用的防腐绝缘层种类很多，有沥青绝缘层、聚乙烯包扎带、塑料薄膜涂层、酚醛泡沫树脂塑料绝缘层等。

沥青是埋地管道中应用最多和效果较好的防腐材料。煤焦油沥青具有抗细菌腐蚀的特点，但有毒性。沥青绝缘层由沥青、玻璃布和防腐专用的聚乙烯塑料布组成。采用沥青玻璃布薄涂多层结构，外包扎塑料布或玻璃布，其结构因绝缘等级而异。

塑料绝缘层在强度、弹性、受撞击、粘结力、化学稳定性、防水性和电绝缘性等方面，均优于沥青绝缘层。

聚乙烯包扎带和塑料绝缘层防腐正在得到广泛的应用。塑料绝缘层防腐是在金属外表面涂一层密封防腐胶粘剂后，再包覆一层高密度(因其为黄色，又称黄夹克)或低密度(因其为绿色，又称绿夹克)聚乙烯塑料层即可。其厚度均在 $1.3\pm(0.15\sim0.5)$mm 之间。

应根据土壤的腐蚀性能来选取防腐绝缘等级。除根据沿管线的工程地质资料（土壤电阻率）外，还要参照管道所通过的不同地段的具体情况综合考虑来确定防腐等级较为合理，如土壤腐蚀等级属于特高级或一些重要地段，则应采用特加强绝缘。

2. 电保护法

电保护法有强制电流阴极保护和牺牲阳极阴极保护。

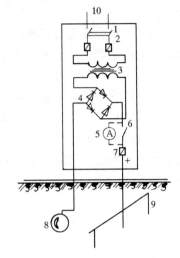

图 5-15　外加电流阴极保护原理
1—电源开关；2—保险丝；3—变压器；4—整流器；5—电流表；6—开关；7—保险丝；8—管道；9—辅助阳极；10—电源

（1）强制电流阴极保护法　利用外加的直流电源，通常是阴极保护站产生的直流电源，使金属管道对土壤造成负电位的保护方法，也称为外加电流阴极保护。其原理如图 5-15 所示。阴极保护站直流电源的正极与辅助阳极（常用的辅助阳极材料有废旧钢材、石墨和高硅铁等）连接，直流电源的负极与被保护的管道在通电点连接。外加电流从电源正极通过导线流向辅助阳极，它和通电点的连线与管道垂直，连线两端点的水平距离约为 $300\sim500$m。直流电由辅助阳极经土壤流入被保护的管道，再从管道经导线流回直流电源的负极。这样使整个管道成为阴极，而与辅助阳极构成腐蚀电池，辅助阳极的正离子进入土壤，不断受到腐蚀，作为阴极的金属管道则受到保护。

埋地金属管道达到阴极保护的最低电位值 E_2，亦称最小保护电位，指金属经阴极极化后所必须达到的绝对值最小的负电位，该值由土壤腐蚀性质等因素决定。在不知最小保护电位的情况下，可采用比自然电位负 $0.2\sim0.3$V（对钢铁）和负 0.15V（对铝）的参数确定，但最好通过试验确定。

当阴极保护通电点处金属管道的电位过大时，可使涂在管道上的沥青绝缘层剥落而引起严重后果，故通电点的最高电位 E_1 也必须控制在安全数值之内。这个数值称为最大保

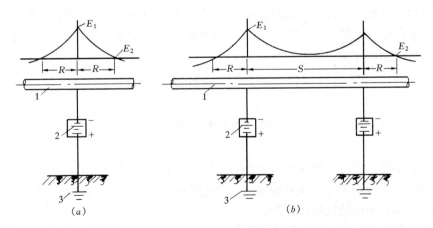

图 5-16　外加电流阴极保护站的保护范围
（a）一个阴极保护站的保护范围；（b）两个阴极保护站的保护范围
1—管道；2—阴极保护站；3—辅助阳极

护电位，通常由试验确定，但对于石油沥青防腐层取 1.25V 即可。

一个阴极保护站的保护半径 $R=15\sim20km$，两个保护站之间的保护距离 $S=40\sim60km$（图 5-16）。

保护电位和保护半径的确定，应根据现场经验、实验室测定和理论计算等方面综合考虑。

当被保护的管道与其他地下金属管道或构筑物邻近时，必须考虑阴极保护站的杂散电流对它们的影响。当这种影响超过现行标准时，就应考虑燃气管道与相邻地下金属管道或构筑物采用共同的电保护措施。

（2）牺牲阳极阴极保护法 采用比被保护金属电极电位较负的金属材料和被保护金属相连，以防止被保护金属遭受腐蚀，这种方法称为牺牲阳极阴极保护法。电极电位较负的金属与电位较正的被保护金属，与电解质（土壤）形成原电池，作为保护电源。电位较负的金属成为阳极，在输出电流过程中遭受破坏，故称为牺牲阳极，其工作原理如图5-17所示。

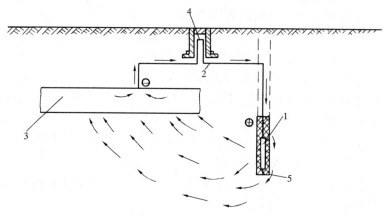

图 5-17 牺牲阳极阴极保护原理
1—牺牲阳极；2—导线；3—管道；4—检测柱；5—填料包

所谓标准电极电位，即浸在标准盐溶液（活度为1）中的金属的电位，与假定等于零的标准氢电极的电位之间的电位差，是一个相对值。一些金属可按其标准电极电位增长的顺序排列成电化学次序为：

K	Mg	Al	Zn	Fe	[H]	Cu	Au
−2.92	−2.38	−1.10	−0.76	−0.44	0	+0.34	+1.70

牺牲阳极又名保护器，通常是用电极电位比铁更负的金属，如镁、铝、锌及其合金作为阳极。

使用牺牲阳极保护时，被保护的金属管道应有良好的防腐绝缘层，此管道与其他不需保护的金属管道或构筑物之间没有通电性，即绝缘良好。当土壤电阻率太高和被保护管道穿过水域时，不宜采用牺牲阳极保护。

每种牺牲阳极都相应地有一种或几种最适宜的填料包，例如锌合金阳极，用硫酸钠、石膏粉和膨润土作填包料。填包料的电阻率较小，使保护器流出的电流较大，填包料使保护器受到均匀的腐蚀。牺牲阳极应埋设在土壤冰冻线以下。在土壤不致冻结的情况下，牺牲阳极和管道的距离在 0.3～7.0m 范围内，对保护电位影响不大。

（3）排流保护法　防止地下杂散电流腐蚀的方法，除增加回路电阻（即加防腐绝缘层）、强制电流阴极保护和牺牲阳极阴极保护外，还可用排流保护法。

用排流导线将管道的排流点与电气铁路的钢轨、回馈线或牵引变电站的阴极母线相连接，使管道上的杂散电流不经土壤而经过导线单向地流回电源的负极，从而保护管道不受腐蚀，这种方法称为排流保护法。排流保护有直接排流和极化排流两种。

直接排流就是管道连接到产生杂散电流的负极上。当回流的电位相当稳定，"管道—负极"的电位差大于"管道—大地"的电位差，并且管道上总是正电位时，直接排流设备才是有效的。

当回流点的电位不稳定，其数值和方向经常变化时，采用直接排流设备可能由于周期性交变破坏作用而使管道受到损害。在这种情况下就需要采用极化排流设备来防止腐蚀。

极化排流设备可防止发生反向电流，使电流只能向一个方向流动，极化排流保护与直接排流保护的区别，在于前者设有整流器，其保护原理如图 5-18 所示。

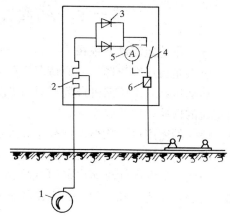

图 5-18　极化排流保护

1—管道；2—电阻；3—整流器；4—开关；
5—电流表；6—保险丝；7—钢轨

第六章　燃气管网的水力计算

第一节　管道内燃气流动的基本方程式

一、不稳定流动方程式

燃气是可压缩流体，一般情况下管道内燃气的流动是不稳定流。气田调节采气的工况，压送机站开动压缩机台数不同的工况以及用户用气量变化的工况，都决定了其具有不稳定流的性质，这些因素导致管道内燃气压力和流量的变化。随着管道内沿程压力的下降，燃气的密度也在减小，只有在低压管道中燃气密度的变化才可忽略不计。此外，在多数情况下，管道内燃气可认为是等温流动，其温度等于埋管周围土壤的温度。

因此，决定燃气流动状态的参数为：压力 p、密度 ρ 和流速 W，均沿管长随时间变化，它们是距离 x 和时间 τ 的函数，即

$$p = p(x, \tau)$$
$$\rho = \rho(x, \tau)$$
$$W = W(x, \tau)$$

为了求得 p、ρ 和 W，必须有三个方程式，即运动方程、连续性方程和状态方程。

（一）运动方程

运动方程的基础是牛顿第二定律，对于微小体积（或称微元体积）的流体可写为：微小体积流体动量的改变量等于作用于该流体上所有力的冲量之和，即

$$\mathrm{d}\vec{I} = \sum_i \vec{N_i}\mathrm{d}\tau \tag{6-1}$$

式中　$\vec{I}$——微小体积流体动量的向量（kg·m/s）；

$\vec{N_i}\mathrm{d}\tau$——作用力冲量的向量（kg·m/s）；

τ——时间（s）。

式（6-1）对在断面不变的管道中流动的燃气微小体积 $F\mathrm{d}x$ 是适用的，如图 6-1 所示。可以认为，在每个断面上压力、密度和流速是常数。在有必要更精确地计算动量时，则应考虑速度场的不均匀性系数，该系数主要与流体的流动工况有关。

燃气微小体积 $F\mathrm{d}x$ 的动量变化是由于在 $\mathrm{d}\tau$ 时间内过程的不稳定性所产生的，其动量的改变量可写为：

$$\frac{\partial\left[(\rho F\mathrm{d}x)W\right]}{\partial \tau}\mathrm{d}\tau = \frac{\partial(\rho W)}{\partial \tau}F\mathrm{d}x\mathrm{d}\tau$$

此外，在 $\mathrm{d}\tau$ 时间内微小体积由断面 I-I′位移至断面 II-II′，这一位移相应地有动量的改变量。

在断面 I-II 范围内流体动量的减值为：

$$(FW\mathrm{d}\tau)\rho W = \rho W^2 F\mathrm{d}\tau$$

计算 I'-II' 范围内流体动量的增值时必须考虑到，从断面 x 位移至 $(x+dx)$ 时密度与流速的变化，即密度将等于 $\left(\rho+\dfrac{\partial \rho}{\partial x}dx\right)$，而流速将等于 $\left(W+\dfrac{\partial W}{\partial x}dx\right)$，得：

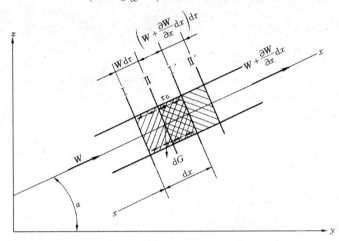

图 6-1 管道内作用在流体上的冲量图

$$\left[F\left(W+\frac{\partial W}{\partial x}dx\right)d\tau\right]\left(\rho+\frac{\partial \rho}{\partial x}dx\right)\left(W+\frac{\partial W}{\partial x}dx\right)$$

脱去括号并略去比 dx 高阶的项目，则得：

$$\rho W^2 F d\tau+\left(W^2\frac{\partial \rho}{\partial x}+2W\rho\frac{\partial W}{\partial x}\right)F dx d\tau$$

将上式改写成如下形式：

$$\rho W^2 F d\tau+\frac{\partial (\rho W^2)}{\partial x}F dx d\tau$$

由此可见，由于流体的流动和位移，断面上参数值发生变化，从而引起动量的改变，其变化量可由下式求得：

$$\rho W^2 F d\tau+\frac{\partial (\rho W^2)}{\partial x}F dx d\tau-\rho W^2 F d\tau=\frac{\partial (\rho W^2)}{\partial x}F dx d\tau$$

燃气微小体积 $F dx$ 总动量的改变量等于：

$$\frac{\partial (\rho W)}{\partial \tau}F dx d\tau+\frac{\partial (\rho W^2)}{\partial x}F dx d\tau \tag{6-2}$$

式（6-2）中第一项为惯性项，反映了流动的不稳定性，并具有定点的动量变化的特征。第二项只反映沿轨迹运动的燃气微小体积 $F dx$，从一组参数值 p、ρ 和 W 改变为另一组参数值时所得到的动量的改变量。燃气在运动时压力下降，密度减小，而流速增大。为了使气流加速而消耗的功，在运动方程中列为第二项，称为对流项。

再来分析作用在微小体积 $F dx$ 上所有力（压力、重力和摩擦力）的冲量之和。

沿气流运动方向作用于断面 x 上的压力等于 pF。在断面 $(x+dx)$ 上压力的方向与运动方向相反，并等于：

$$\left(p+\frac{\partial p}{\partial x}\mathrm{d}x\right)F$$

故作用在微小体积 $F\mathrm{d}x$ 上压力的冲量等于：

$$\left[pF-\left(p+\frac{\partial p}{\partial x}\mathrm{d}x\right)F\right]\mathrm{d}\tau=-\frac{\partial p}{\partial x}F\mathrm{d}x\mathrm{d}\tau$$

重力在管道轴向上分力的冲量可写为：

$$-\mathrm{d}G\sin\alpha\mathrm{d}\tau=-g\rho F\mathrm{d}x\sin\alpha\mathrm{d}\tau$$

式中　α——燃气管道对水平面的倾斜角。

下面求摩擦力的冲量：

$$\mathrm{d}T=-\tau_0\pi d\mathrm{d}x$$

式中　$\mathrm{d}T$——摩擦力的冲量（N）；

　　　τ_0——沿周边的平均切应力（N/m²）；

　　　d——燃气管道内径（m）。

摩擦力可由管道水力计算公式得到：

$$\mathrm{d}p_\mathrm{f}=-\frac{\lambda}{d}\frac{W^2}{2}\rho\mathrm{d}x$$

式中　λ——燃气管道的摩擦阻力系数。

则：
$$\mathrm{d}T=-\tau_0\pi d\mathrm{d}x=\mathrm{d}p_\mathrm{f}F=-\frac{\lambda}{d}\frac{W^2}{2}\rho\mathrm{d}x\frac{\pi d^2}{4}$$

摩擦力的冲量表示为：

$$-\frac{\lambda}{d}\frac{W^2}{2}\rho F\mathrm{d}x\mathrm{d}\tau$$

综合上述各项，作用于燃气微小体积 $F\mathrm{d}x$ 上的所有力的总冲量可写为：

$$-\frac{\partial p}{\partial x}F\mathrm{d}x\mathrm{d}\tau-g\rho\sin\alpha F\mathrm{d}x\mathrm{d}\tau-\frac{\lambda}{d}\frac{W^2}{2}\rho F\mathrm{d}x\mathrm{d}\tau$$

令体积为 $F\mathrm{d}x$ 的燃气微小质量的动量改变量等于所有作用力的总冲量，并消去 $F\mathrm{d}x\mathrm{d}\tau$，所得的运动方程为：

$$\frac{\partial(\rho W)}{\partial\tau}+\frac{\partial(\rho W^2)}{\partial x}=-\frac{\partial p}{\partial x}-g\rho\sin\alpha-\frac{\lambda}{d}\frac{W^2}{2}\rho \tag{6-3}$$

（二）连续性方程

对于相同的燃气微小体积 $F\mathrm{d}x$，连续性方程可由质量守恒定律导出。

体积 $F\mathrm{d}x$ 中燃气质量随时间的增量为：

$$\frac{\partial(\rho F\mathrm{d}x)}{\partial\tau}\mathrm{d}\tau=\frac{\partial\rho}{\partial\tau}F\mathrm{d}x\mathrm{d}\tau \tag{6-4}$$

在 $\mathrm{d}\tau$ 时间内通过断面 x 流入的质量流量为：

$$\rho WF\mathrm{d}\tau$$

从断面（$x+\mathrm{d}x$）流出的质量流量为

$$\left[\rho WF+\frac{\partial(\rho WF)}{\partial x}\mathrm{d}x\right]\mathrm{d}\tau$$

此时体积 $F\mathrm{d}x$ 的质量增量由式（6-5）求得：

$$\rho WF\mathrm{d}\tau - \left[\rho WF + \frac{\partial(\rho WF)}{\partial x}\mathrm{d}x\right]\mathrm{d}\tau = -\frac{\partial(\rho W)}{\partial x}F\mathrm{d}x\mathrm{d}\tau \tag{6-5}$$

令式（6-4）与式（6-5）相等，可得连续性方程：

$$\frac{\partial\rho}{\partial\tau} + \frac{\partial(\rho W)}{\partial x} = 0 \tag{6-6}$$

（三）气体状态方程

对于高压燃气应考虑其可压缩性，即：

$$p = Z\rho RT \tag{6-7}$$

（四）方程组

由运动方程（6-3）、连续性方程（6-6）和状态方程（6-7）组成的方程组，可用来求得在燃气管道中任一断面 x 和任一时间 τ 的气流参数 p、ρ 和 W。这一方程组为：

$$\left.\begin{aligned}&\frac{\partial(\rho W)}{\partial\tau} + \frac{\partial(\rho W^2)}{\partial x} + \frac{\partial p}{\partial x} + g\rho\sin\alpha + \frac{\lambda}{d}\frac{W^2}{2}\rho = 0\\&\frac{\partial\rho}{\partial\tau} + \frac{\partial(\rho W)}{\partial x} = 0\\&p = Z\rho RT\end{aligned}\right\} \tag{6-8}$$

从理论上讲，式（6-8）可用来计算燃气在管道中任一位置、任一时刻的运动参数，但实际上这一组非线性偏微分方程组很难求得解析解。工程上常忽略某些对计算结果影响不大的项，并用线性化的方法简化后求得近似解。

从工程观点出发，运动方程中的惯性项和对流项在大多数情况下均可忽略不计，这是因为惯性项只在管道中燃气流量随时间变化极大时才有意义，而对流项只在燃气流速极大（接近声速）时才有意义。通常管道中燃气流速不大于 $20\sim40\mathrm{m/s}$，且流量变化的程度也不太大。此外，在城镇燃气管网中，当标高的差值不太大时，运动方程中的重力项一般也可以忽略不计。

因此，在进行城镇燃气输配管网计算时一般均可采用简化了的运动方程：

$$-\frac{\partial p}{\partial x} = \frac{\lambda}{d}\frac{W^2}{2}\rho$$

经过运算，连续性方程（6-6）可改写为：

$$\frac{\partial(\rho W)}{\partial x} = -\frac{\partial\rho}{\partial\tau} = -\frac{\partial\rho}{\partial p}\frac{\partial p}{\partial\tau} = -\frac{1}{C^2}\frac{\partial p}{\partial\tau}$$

式中　$\dfrac{\partial\rho}{\partial p} = \dfrac{1}{C^2}$；

C——声速（$\mathrm{m/s}$）。

因此，在进行燃气输配管网不稳定流工况的计算时，可采用简化后的方程组：

$$\left.\begin{aligned}&-\frac{\partial p}{\partial x} = \frac{\lambda}{d}\frac{W^2}{2}\rho\\&-\frac{\partial p}{\partial\tau} = C^2\frac{\partial(\rho W)}{\partial x}\\&p = Z\rho RT\end{aligned}\right\} \tag{6-9}$$

方程组（6-9）在进行线性化处理后，加上初始条件和边界条件，可采用有限单元法，也可采用差分法，求得管道内燃气运动参数与坐标 x 和时间 τ 的关系 $p(x,\tau)$、$\rho(x,\tau)$ 及 $W(x,\tau)$。

二、稳定流动方程式

除单位时间内输气量波动大的高压天然气长输管线，要用不稳定流进行计算外，在大多数情况下，设计城镇燃气管道时燃气流动的不稳定性可不予考虑。

通常，在城镇燃气管网工程设计中，将某一小段时间内（如 1h 或 1d）的管内流动作为稳定流动，设备运动参数不随时间变化，即：

$$\frac{\partial p}{\partial \tau} = 0$$

$$\frac{\partial \rho}{\partial \tau} = 0$$

$$\frac{\partial W}{\partial \tau} = 0$$

则得稳定流动基本方程组：

$$\left.\begin{array}{l} -\dfrac{\mathrm{d}p}{\mathrm{d}x} = \dfrac{\lambda}{d}\dfrac{W^2}{2}\rho \\[2mm] \rho W = 常数 \\[2mm] p = Z\rho RT \end{array}\right\} \tag{6-10}$$

积分之前要将方程组（6-10）加以简化，因为燃气密度 ρ 是个变量，故在直径不变的管段中燃气流动的速度也是变量，由连续性方程得：

$$M = \rho W F = \rho_0 W_0 F = \rho_0 Q_0 \tag{6-11}$$

式中　M——质量流量（kg/s）；

$\quad Q_0$——标准状态下的体积流量（$\mathrm{Nm^3/s}$）。

式（6-11）可写为：

$$\rho W = \frac{\rho_0 Q_0}{F};\ W = \frac{\rho_0 Q_0}{\rho F}$$

由此：

$$\rho W^2 = \frac{Q_0^2 \rho_0 \rho_0}{F^2 \rho} \tag{6-12}$$

由状态方程式，可得：

$$\frac{\rho_0}{\rho} = \frac{p_0 TZ}{p T_0 Z_0} \tag{6-13}$$

将式（6-12）和式（6-13）代入方程组（6-10）中的第一式，可得：

$$-p\mathrm{d}p = \frac{16}{2\pi^2}\lambda \frac{Q_0^2}{d^5}\rho_0 p_0 \frac{T}{T_0}\frac{Z}{Z_0}\mathrm{d}x \tag{6-14}$$

在从 p_1 至 p_2 和 $x_1=0$ 至 $x_2=L$（即管段长度为 L）的范围内，考虑 λ、T 和 Z 均为常数，积分后得：

$$p_1^2 - p_2^2 = 1.62\lambda \frac{Q_0^2}{d^5}\rho_0 p_0 \frac{T}{T_0}\frac{Z}{Z_0}L \tag{6-15}$$

所得方程式是燃气在等温流动时，燃气管道计算的基本公式。

式中　p_1——管道起点（$x=0$ 处）燃气的绝对压力（Pa）；

　　　p_2——管道终点（$x=L$ 处）燃气的绝对压力（Pa）；

　　　p_0——标准大气压，$p_0=101325$Pa；

　　　λ——燃气管道的摩擦阻力系数；

　　　Q_0——标准状态下的体积流量（Nm^3/s）；

　　　d——管道内径（m）；

　　　ρ_0——燃气的密度（kg/Nm^3）；

　　　T——燃气的绝对温度（K）；

　　　T_0——标准状态绝对温度（273.15K）；

　　　Z——压缩因子；

　　　Z_0——标准状态下的压缩因子；

　　　L——燃气管道的计算长度（m）。

用于计算低压燃气管道时，式（6-15）可予以简化：

$$p_1^2 - p_2^2 = (p_1 - p_2)(p_1 + p_2) = \Delta p \cdot 2p_m$$

式中　p_m——管道始端和末端压力的算术平均值，即：

$$p_m = \frac{p_1 + p_2}{2}$$

对于低压燃气管道 $p_m \approx p_0$，代入式（6-15），得低压燃气管道水力计算的基本公式为：

$$\Delta p = p_1 - p_2 = \frac{1.62}{2}\lambda \frac{Q_0^2}{d^5}\rho_0 \frac{p_0}{p_m} \frac{T}{T_0} \frac{Z}{Z_0}L$$

$$= 0.81\lambda \frac{Q_0^2}{d^5}\rho_0 \frac{T}{T_0} \frac{Z}{Z_0}L \tag{6-16}$$

式中各参数的单位同式（6-15）。

若采用习惯的常用单位，并考虑城镇燃气管道的压力一般在 1.6MPa 以下，$Z \approx Z_0 = 1$，则高、中压燃气管道的基本计算公式为：

$$\frac{p_1^2 - p_2^2}{L} = 1.27 \times 10^{10}\lambda \frac{Q_0^2}{d^5}\rho_0 \frac{T}{T_0} \tag{6-17}$$

式中　p_1——管道起点燃气的绝对压力（kPa）；

　　　p_2——管道终点燃气的绝对压力（kPa）；

　　　L——燃气管道的计算长度（km）；

　　　Q_0——燃气管道的计算流量（Nm^3/h）；

　　　d——管道内径（mm）。

低压燃气管道的基本计算公式为：

$$\frac{\Delta p}{L} = 6.26 \times 10^7\lambda \frac{Q_0^2}{d^5}\rho_0 \frac{T}{T_0} \tag{6-18}$$

式中　Δp——燃气管道的压力损失（Pa）；

　　　L——燃气管道的计算长度（m）；

Q_0——燃气管道的计算流量（Nm^3/h）；

d——管道内径（mm）。

三、燃气管道的摩擦阻力系数

摩擦阻力系数 λ 是反映管内燃气流动摩擦阻力的一个无因次系数，其数值与燃气在管道内的流动状况、燃气性质、管道材质（管道内壁粗糙度）及连接方法、安装质量有关。它是雷诺数 Re 和相对粗糙度 Δ/d 的函数：

$$\lambda = f\left(Re, \frac{\Delta}{d}\right)$$

以下仅介绍几种常见的不同流态区的摩阻系数的经验及半经验公式。

（一）层流区

在层流区（$Re \leqslant 2100$），摩阻系数 λ 值仅与雷诺数有关，可用式（6-19）计算：

$$\lambda = \frac{64}{Re} \tag{6-19}$$

式中　Re——雷诺数，$Re = \dfrac{dW}{\nu}$；

d——管道内径（m）；

W——管道断面的燃气平均流速（m/s）；

ν——运动黏度（m^2/s）。

（二）临界区（又称临界过渡区）

当 $2100 < Re \leqslant 3500$ 时称为临界区。临界区的摩阻系数采用公式（6-20）计算

$$\lambda = 0.03 + \frac{Re - 2100}{65Re - 10^5} \tag{6-20}$$

（三）紊流区

当 $Re > 3500$ 时为紊流区，紊流区包括水力光滑区、过渡区（又称紊流过渡区）和阻力平方区（又称粗糙区）。

由于燃气在紊流区的流动状态比较复杂，摩阻系数 λ 的计算公式也很多。

现有的紊流区摩阻系数公式大致可分为两类：一类为适用于各种管材和适用于紊流三个区的综合公式；另一类为适用于一定管材、一定流态的专用公式。

1. 适用于整个紊流区的通用公式

（1）柯列勃洛克（C. F. Colebrook）公式

$$\frac{1}{\sqrt{\lambda}} = -2\lg\left(\frac{\Delta}{3.7d} + \frac{2.51}{Re\sqrt{\lambda}}\right) \tag{6-21}$$

该式的等号两边均有 λ，为超越方程，可用迭代法求解。

（2）阿里特苏里（А. Д. Альтшуль）公式

$$\lambda = 0.11\left(\frac{\Delta}{d} + \frac{68}{Re}\right)^{0.25} \tag{6-22}$$

它是柯列勃洛克公式的简化形式。

式中　d——管道内径（mm）；

Δ——管道内壁的当量绝对粗糙度（mm）。钢管一般取 $\Delta = 0.1 \sim 0.2$mm，聚乙烯管一般取 $\Delta = 0.01$mm。

（3）谢维列夫（Ф. А. Шевелев）公式

它是适用于新铸铁管紊流区的综合公式。

$$\lambda = \left(\frac{A^{\frac{1}{m}}}{d} + \frac{B^{\frac{1}{m}}}{Re} \right)^{m} \tag{6-23}$$

该公式为经验公式，式中 $A = 0.0125$，$B = 0.75$，当铸铁管为正常规格的长度时，$m = 0.284$。

则式（6-23）可写成：

$$\lambda = \left(\frac{0.0125^{\frac{1}{0.284}}}{d} + \frac{0.75^{\frac{1}{0.284}}}{Re} \right)^{0.284} = \left(\frac{2.089 \times 10^{-7}}{d} + \frac{0.3633}{Re} \right)^{0.284} \tag{6-24}$$

式中　d——管道内径（m）。

2. 适用于一定流态区的专用公式

（1）水力光滑区

1）尼古拉茨（J. Nikuradse）公式

当 $10^5 < Re < 3 \times 10^6$ 时，摩阻系数为

$$\lambda = 0.0032 + \frac{0.0221}{Re^{0.237}} \tag{6-25}$$

当 $4000 < Re < 22.2 \left(\dfrac{d}{\Delta} \right)^{\frac{8}{7}}$ 时，摩阻系数的半经验公式为

$$\frac{1}{\sqrt{\lambda}} = 2\lg (Re \sqrt{\lambda}) - 0.8 \tag{6-26}$$

2）谢维列夫公式

对于新钢管

$$\lambda = K_1 K_2 \frac{0.25}{Re^{0.226}} \tag{6-27}$$

对于新铸铁管，当 $\dfrac{W}{\nu} < 0.176 \times 10^6$ 时

$$\lambda = K_1 \frac{0.77}{Re^{0.284}} \tag{6-28}$$

（2）过渡区

谢维列夫公式

对于新钢管，当 $\dfrac{W}{\nu} < 2.4 \times 10^6$ 时：

$$\lambda = K_1 K_2 \frac{0.23}{d^{0.226}} \left(1.9 \times 10^{-6} + \frac{\nu}{W} \right)^{0.226} \tag{6-29}$$

对于新铸铁管，当 $\dfrac{W}{\nu} < 2.7 \times 10^6$ 时：

$$\lambda = K_1 \frac{0.75}{d^{0.284}} \left(0.55 \times 10^{-6} + \frac{\nu}{W} \right)^{0.284} \tag{6-30}$$

（3）阻力平方区

1）尼古拉茨半经验公式

当 $Re > 597\left(\dfrac{d}{\Delta}\right)^{9/8}$ 时：

$$\lambda = \dfrac{1}{\left[2\lg\left(3.7\,\dfrac{d}{\Delta}\right)\right]^2} \tag{6-31}$$

2）谢维列夫公式

对于新钢管，当 $\dfrac{W}{\nu} \geqslant 2.4 \times 10^6$ 时：

$$\lambda = K_1 K_2\,\dfrac{0.0121}{d^{0.226}} \tag{6-32}$$

对于新铸铁管，当 $\dfrac{W}{\nu} \geqslant 2.7 \times 10^6$ 时：

$$\lambda = K_1\,\dfrac{0.0143}{d^{0.284}} \tag{6-33}$$

式（6-25）～式（6-33）中　d——管道内径（m）；

　　　　　　　　　　W——管道断面的燃气平均流速（m/s）；

　　　　　　　　　　ν——运动黏度（m²/s）；

　　　　　　　　　　Δ——管道内壁的当量绝对粗糙度（m）；

　　　　　　　　　　Re——雷诺数；

　　　　　　　　　　K_1——考虑实验室和实际安装管道的条件不同的系数，采取 $K_1 = 1.15$；

　　　　　　　　　　K_2——考虑由于焊接接头而使阻力增加的系数，采取 $K_2 = 1.18$。

第二节　城镇燃气管道水力计算公式和计算图表

　　为便于燃气管道的水力计算，通常将摩阻系数 λ 值代入水力计算基本公式，利用所得实用计算公式或计算图表，进行水力计算。

　　对应于不同流态区及不同的摩阻系数表达式，国内外应用的水力计算公式很多。下面仅介绍我国目前广泛采用的主要计算公式及图表。

一、低压燃气管道摩擦阻力损失计算公式

（一）层流状态（$Re < 2100$）

$$\lambda = \dfrac{64}{Re}$$

$$\dfrac{\Delta p}{L} = 1.13 \times 10^{10}\,\dfrac{Q_0}{d^4}\nu\rho_0\,\dfrac{T}{T_0} \tag{6-34}$$

（二）临界状态（$Re = 2100 \sim 3500$）

$$\lambda = 0.03 + \dfrac{Re - 2100}{65Re - 10^5}$$

$$\frac{\Delta p}{L} = 1.9 \times 10^6 \left(1 + \frac{11.8 Q_0 - 7 \times 10^4 d\nu}{23 Q_0 - 10^5 d\nu}\right) \frac{Q_0^2}{d^5} \rho_0 \frac{T}{T_0} \tag{6-35}$$

（三）紊流状态（$Re > 3500$）

1. 钢管

$$\lambda = 0.11 \left(\frac{\Delta}{d} + \frac{68}{Re}\right)^{0.25}$$

$$\frac{\Delta p}{L} = 6.9 \times 10^6 \left(\frac{\Delta}{d} + 192.2 \frac{d\nu}{Q_0}\right)^{0.25} \frac{Q_0^2}{d^5} \rho_0 \frac{T}{T_0} \tag{6-36}$$

2. 铸铁管

$$\lambda = 0.102 \left(\frac{1}{d} + 5158 \frac{d\nu}{Q_0}\right)^{0.284}$$

$$\frac{\Delta p}{L} = 6.4 \times 10^6 \left(\frac{1}{d} + 5158 \frac{d\nu}{Q_0}\right)^{0.284} \frac{Q_0^2}{d^5} \rho_0 \frac{T}{T_0} \tag{6-37}$$

3. 聚乙烯管

燃气在聚乙烯管道中的运动状态绝大多数为紊流过渡区，少数在水力光滑区，极少数在阻力平方区，其低压燃气管道摩擦阻力损失计算公式同式（6-36）。

式（6-34）～式（6-37）中　Δp——燃气管道摩擦阻力损失（Pa）；

$\qquad\qquad\qquad\qquad$ λ——燃气管道的摩阻系数；

$\qquad\qquad\qquad\qquad$ L——燃气管道的计算长度（m）；

$\qquad\qquad\qquad\qquad$ Q_0——燃气管道的计算流量（Nm³/h）；

$\qquad\qquad\qquad\qquad$ d——管道内径（mm）；

$\qquad\qquad\qquad\qquad$ ρ_0——燃气密度（kg/Nm³）；

$\qquad\qquad\qquad\qquad$ ν——燃气运动黏度（m²/s）；

$\qquad\qquad\qquad\qquad$ Δ——管道内壁的当量绝对粗糙度（mm）；钢管一般取 $\Delta = 0.1 \sim 0.2$mm，聚乙烯管一般取 $\Delta = 0.01$mm；

$\qquad\qquad\qquad\qquad$ Re——雷诺数；

$\qquad\qquad\qquad\qquad$ T——燃气绝对温度（K）；

$\qquad\qquad\qquad\qquad$ T_0——标准状态绝对温度（273.15K）。

二、高压和中压燃气管道摩擦阻力损失计算公式

燃气在高、中压管道中的运动状态绝大多数处于紊流的粗糙区，雷诺数对 λ 的影响为高阶无穷小，可以忽略不计，计算公式如下：

（一）钢管

$$\lambda = 0.11 \left(\frac{\Delta}{d}\right)^{0.25}$$

$$\frac{p_1^2 - p_2^2}{L} = 1.4 \times 10^9 \left(\frac{\Delta}{d}\right)^{0.25} \frac{Q_0^2}{d^5} \rho_0 \frac{T}{T_0} \tag{6-38}$$

（二）铸铁管

$$\lambda = 0.102 \left(\frac{1}{d}\right)^{0.284}$$

$$\frac{p_1^2 - p_2^2}{L} = 1.3 \times 10^9 \times \frac{Q_0^2}{d^{5.284}} \rho_0 \frac{T}{T_0} \tag{6-39}$$

（三）聚乙烯管

聚乙烯燃气管道输送不同种类燃气的最大允许工作压力应符合我国行业标准《聚乙烯燃气管道工程技术规程》（CJJ 63），其中燃气管道摩擦阻力损失计算公式同式(6-38)。

式（6-38）、式（6-39）中　　p_1——管道起点燃气的绝对压力（kPa）；

p_2——管道终点燃气的绝对压力（kPa）；

L——燃气管道的计算长度（km）；

Q_0——燃气管道的计算流量（Nm³/h）；

d——管道内径（mm）；

Δ——管道内壁当量绝对粗糙度（mm）；钢管一般取 $\Delta = 0.1 \sim 0.2$mm，聚乙烯管一般取 $\Delta = 0.01$mm。

三、天然气长输管线水力计算公式

下面介绍由《输气管道工程设计规范》（GB 50251）中推荐的天然气长输管线水力计算公式。

当输气管道沿线的相对高差 $\Delta h \leqslant 200$m，且不考虑高差影响时，采用式(6-40)计算。

$$Q_v = 11522 E d^{2.53} \left(\frac{p_1^2 - p_2^2}{ZTLS^{0.961}} \right)^{0.51} \tag{6-40}$$

式中　Q_v——气体（$p_0 = 101.325$kPa，$T = 293$K）的流量（m³/d）；

d——输气管道内径（cm）；

p_1、p_2——输气管道计算管段起点、终点的绝对压力（MPa）；

Z——气体的压缩因子；

T——气体的平均温度（K）；

L——输气管道计算管段的长度（km）；

S——气体的相对密度；

E——输气管道的效率系数（当管道公称直径为 $DN300 \sim DN800$ 时，E 为 $0.8 \sim 0.9$；当管道公称直径大于 $DN800$ 时，E 为 $0.91 \sim 0.94$）。

当考虑输气管道沿线的相对高差影响时，采用式（6-41）计算：

$$Q_v = 11522 E d^{2.53} \left\{ \frac{p_1^2 - p_2^2(1 + \alpha \Delta h)}{ZTLS^{0.961} \left[1 + \frac{\alpha}{2L} \sum_{i=1}^{n} (h_i + h_{i-1}) L_i \right]} \right\}^{0.51} \tag{6-41}$$

式中　α——系数（m⁻¹），$\alpha = \dfrac{2gS}{R_a ZT}$；

R_a——空气的气体常数，在标准状况下，$R_a = 287.1$m²/（s²·K）；

Δh——输气管道计算管段终点对计算管段起点的标高差（m）；

n——输气管道沿线计算管段数。计算管段是沿输气管道走向从起点开始，当其相对高差≤200m 时划作一个计算管段；

h_i，h_{i-1}——各计算管段终点和该管段起点的标高（m）；

L_i——各计算管段长度（km）。

四、燃气管道摩擦阻力损失计算图表

根据《城镇燃气设计规范》（GB 50028）所推荐的摩擦阻力损失计算公式制成图6-2～图6-5。

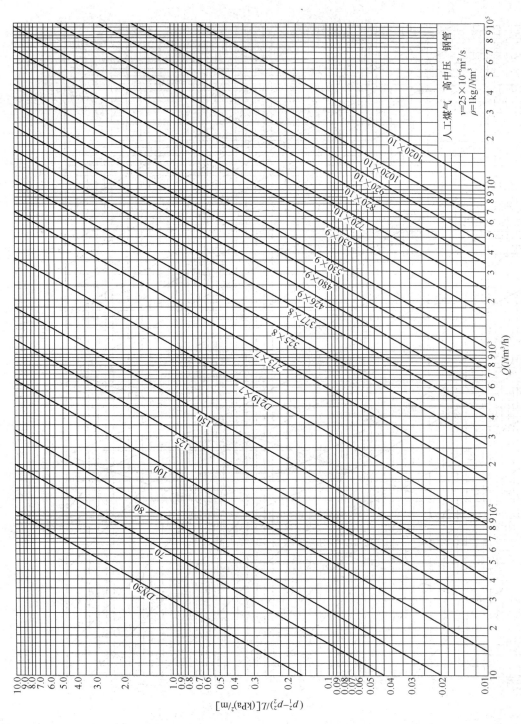

图 6-2　燃气管道水力计算图表（一）

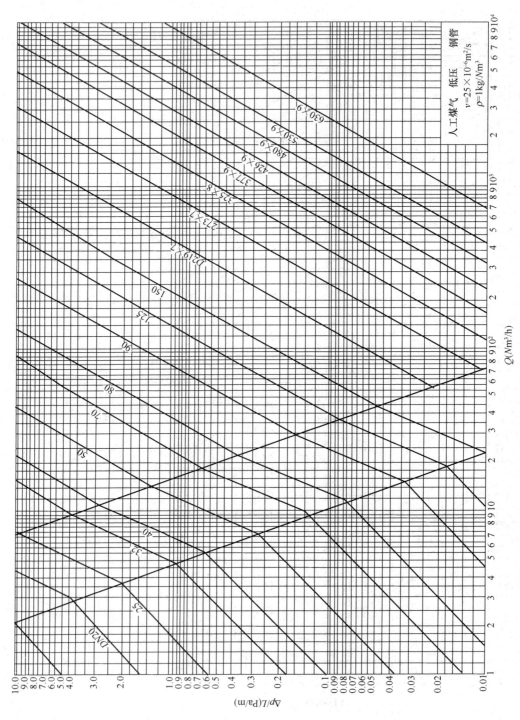

图 6-3　燃气管道水力计算图表 (二)

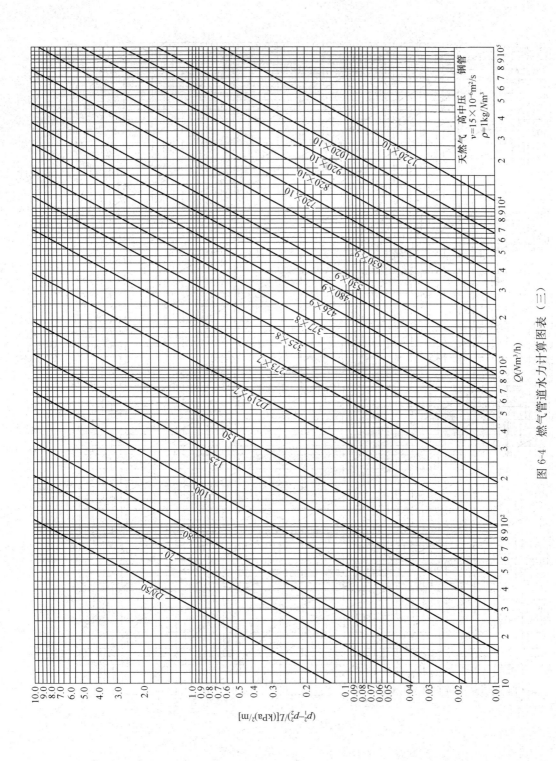

图 6-4 燃气管道水力计算图表（三）

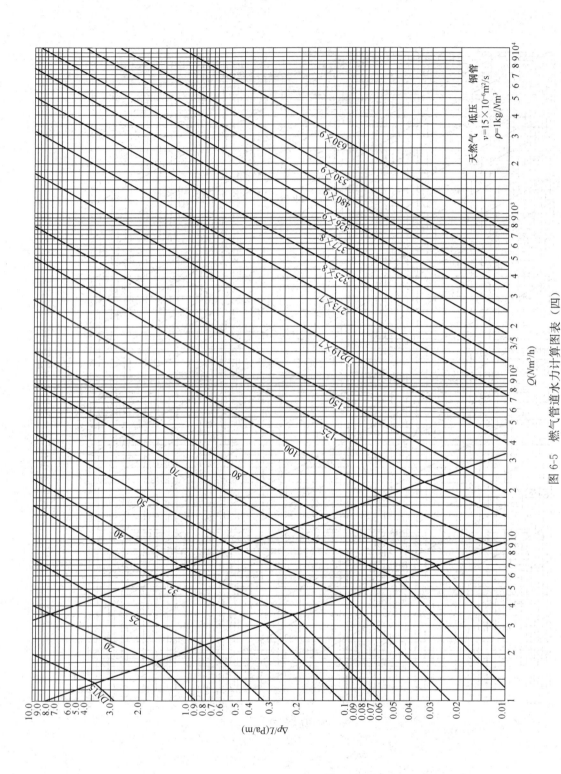

图 6-5 燃气管道水力计算图表（四）

计算图表的绘制条件：

1. 燃气密度按 $\rho_0 = 1\text{kg}/\text{Nm}^3$ 计算，因此，在使用图表时应根据不同的燃气密度进行修正。

低压管道
$$\frac{\Delta p}{L} = \left(\frac{\Delta p}{L}\right)_{\rho_0 = 1} \cdot \rho \qquad (6-42)$$

高、中压管道
$$\frac{p_1^2 - p_2^2}{L} = \left(\frac{p_1^2 - p_2^2}{L}\right)_{\rho_0 = 1} \cdot \rho \qquad (6-43)$$

2. 运动黏度

人工煤气 $\nu = 25 \times 10^{-6}\,\text{m}^2/\text{s}$；天然气 $\nu = 15 \times 10^{-6}\,\text{m}^2/\text{s}$。

3. 取钢管的当量绝对粗糙度 $\Delta = 0.00017\text{m}$。

五、计算示例

【例 6-1】 已知燃气密度 $\rho_0 = 0.7\text{kg}/\text{Nm}^3$，运动黏度 $\nu = 25 \times 10^{-6}\,\text{m}^2/\text{s}$，管径为 $D219 \times 7$ 的中压燃气钢管，长 200m，起点压力 $p_1 = 150\text{kPa}$，输送燃气流量 $Q_0 = 2000\text{Nm}^3/\text{h}$，求 0℃时该管段末端压力 p_2。

【解法 1】 公式法

按式（6-38）计算：

$$\frac{p_1^2 - p_2^2}{L} = 1.4 \times 10^9 \left(\frac{\Delta}{d}\right)^{0.25} \frac{Q_0^2}{d^5} \rho_0 \frac{T}{T_0}$$

$$\frac{150^2 - p_2^2}{0.2} = 1.4 \times 10^9 \times \left(\frac{0.17}{205}\right)^{0.25} \times \frac{2000^2}{205^5} \times 0.7 \times \frac{273.15}{273.15}$$

得管段末端压力 $p_2 = 148.7\text{kPa}$

【解法 2】 图表法

按 $Q_0 = 2000\text{Nm}^3/\text{h}$ 及 $d = 219 \times 7\text{mm}$，查图 6-2，得密度 $\rho_0 = 1\text{kg}/\text{Nm}^3$ 时管段的压力平方差为：

$$\left(\frac{p_1^2 - p_2^2}{L}\right)_{\rho_0 = 1} = 3.1\,(\text{kPa})^2/\text{m}$$

作密度修正后得：

$$\left(\frac{p_1^2 - p_2^2}{L}\right)_{\rho_0 = 0.7} = 3.1 \times 0.7 = 2.17(\text{kPa})^2/\text{m}$$

代入已知值

$$\frac{150^2 - p_2^2}{200} = 2.17$$

得管段末端压力 $p_2 = 148.7\text{kPa}$

【例 6-2】 已知燃气密度 $\rho_0 = 0.5\text{kg}/\text{Nm}^3$，运动黏度 $\nu = 25 \times 10^{-6}\,\text{m}^2/\text{s}$，15℃燃气流经 $L = 100\text{m}$ 长的低压燃气钢管，当流量 $Q_0 = 10\text{Nm}^3/\text{h}$ 时，管段压力降为 4Pa，求该管道管径。

【解法 1】 公式法

若先假定流动状态为层流，则根据公式（6-34）计算：

$$\frac{\Delta p}{L} = 1.13 \times 10^{10} \times \frac{Q_0}{d^4} \nu \rho_0 \frac{T}{T_0}$$

$$\frac{4}{100} = 1.13 \times 10^{10} \times \frac{10}{d^4} \times 25 \times 10^{-6} \times 0.5 \times \frac{288.15}{273.15}$$

解上式得 $d = 78.16\text{mm}$，取标准管径 80mm。

然后计算雷诺数：

$$Re = \frac{dW}{\nu} = \frac{0.08 \times 10}{\frac{\pi}{4} \times 0.08^2 \times 3600 \times 25 \times 10^{-6}} = 1768$$

因 $Re < 2100$，可判断管内燃气流动为层流状态，与原假定一致，上述计算有效。

【解法 2】 图表法

按已知条件得 $\rho_0 = 0.5\text{kg}/\text{Nm}^3$ 时单位长度摩阻损失：

$$\left(\frac{\Delta p}{L}\right)_{\rho_0 = 0.5} = \frac{4}{100} = 0.04\text{Pa}/\text{m}$$

由式（6-42）得：

$$\left(\frac{\Delta p}{L}\right)_{\rho_0 = 1} = \frac{0.04}{0.5} = 0.08\text{Pa}/\text{m}$$

据此及已知流量 $10\text{Nm}^3/\text{h}$，查图 6-3，得管径 80mm。

六、燃气管道局部阻力损失和附加压头

（一）局部阻力损失

当燃气流经三通、弯头、变径管、阀门等管道附件时，由于几何边界的急剧改变，燃气流线的变化，必然产生额外的压力损失，称之为局部阻力损失。

在进行城镇燃气管网的水力计算时，管网的局部阻力损失一般不逐项计算，可按燃气管道沿程摩擦阻力损失的 5%～10% 进行估算。对于庭院管道和室内管道及厂、站区域的燃气管道，由于管路附件较多，局部阻力损失所占比例较大，常需逐一计算。

局部阻力损失，可用式（6-44）求得：

$$\Delta p = \Sigma \zeta \frac{W^2}{2} \rho \tag{6-44}$$

式中　Δp——局部阻力的压力损失（Pa）；

$\Sigma \zeta$——计算管段中局部阻力系数的总和；

W——管道断面的燃气平均流速（m/s）；

ρ——燃气密度（kg/m³）。

局部阻力系数通常由实验测得，燃气管路中一些常用管件的局部阻力系数可参考表 6-1。

局部阻力系数 ζ 值　　　　　　　　　　　　　　表 6-1

| 名　　称 | ζ | 名　　称 | 不同直径（mm）的 ζ | | | | | |
			15	20	25	32	40	≥50
变径管（管径相差一级）	0.35	直角弯头	2.2	2.2	2.0	1.8	1.6	1.1
三通直流	1.0	旋塞阀	4.0	2.0	2.0	2.0	2.0	2.0
三通分流	1.5	截止阀	11.0	7.0	6.0	6.0	6.0	5.0
四通直流	2.0	闸板阀	$d=50\sim100$		$d=175\sim300$		$d=300$	
四通分流	3.0		0.5		0.25		0.15	

局部阻力损失也可用当量长度来计算，各种管件折合成相同管径管段的当量长度 L_2 可按式（6-45）确定：

$$\Delta p = \Sigma \zeta \frac{W^2}{2} \rho = \lambda \frac{L_2}{d} \frac{W^2}{2} \rho$$

$$L_2 = \frac{d}{\lambda} \Sigma \zeta \tag{6-45}$$

对于 $\zeta=1$ 时各不同直径管段的当量长度可按下法求得：根据管段内径、燃气流速及运动黏度求出 Re，判别流态后采用不同的摩阻系数 λ 的计算公式，求出 λ 值，而后可得

$$l_2 = \frac{d}{\lambda} \tag{6-46}$$

实际工程中通常根据此式，对不同种类的燃气制成图表，见图 6-6，可查出不同管径不同流量时的当量长度。

管段的计算长度 L 可由式（6-47）求得：

$$L = L_1 + L_2 = L_1 + \Sigma \zeta l_2 \tag{6-47}$$

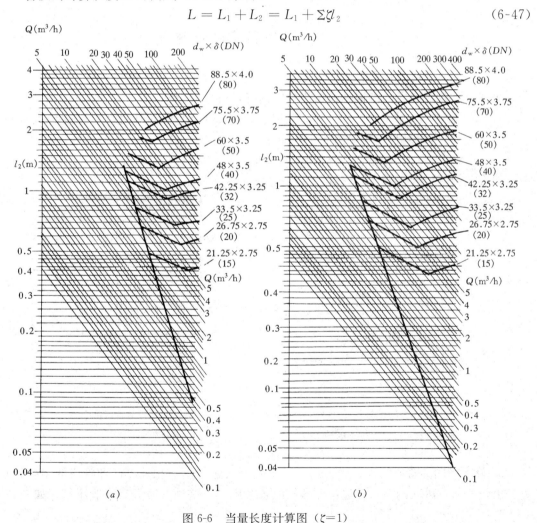

图 6-6 当量长度计算图（$\zeta=1$）

（a）人工煤气（标准状态时 $\nu=25\times10^{-6}\,\mathrm{m^2/s}$）；（$b$）天然气（标准状态时 $\nu=15\times10^{-6}\,\mathrm{m^2/s}$）

d_{w}—管道外径（mm）；δ—管壁厚度（mm）；DN—公称直径（mm）

式中　L_1——管段的实际长度（m）。

（二）附加压头

由于燃气与空气的密度不同，当管段始末端存在标高差值时，在燃气管道中将产生附加压头，其值由式（6-48）确定：

$$\Delta p_{附} = g(\rho_a - \rho_g)\Delta h \tag{6-48}$$

式中　$\Delta p_{附}$——附加压头（Pa）；

　　　g——重力加速度（m/s^2）；

　　　ρ_a——空气的密度（kg/Nm^3）；

　　　ρ_g——燃气的密度（kg/Nm^3）；

　　　Δh——管段终端和始端的标高差值（m）。

计算室内燃气管道及地面标高变化相当大的室外或厂区的低压燃气管道，应考虑附加压头。

第三节　燃气分配管网计算流量

一、燃气分配管段计算流量的确定

燃气分配管网的各管段根据连接用户的情况，可分为三种：

1. 管段沿途不输出燃气，用户连接在管段的末端，这种管段的燃气流量是个常数，见图 6-7 （a），所以其计算流量就等于转输流量。

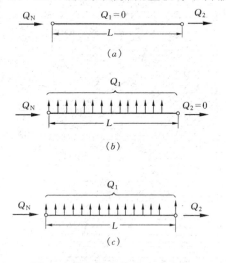

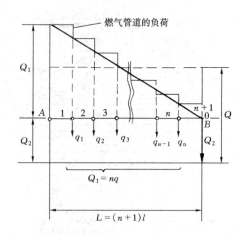

图 6-7　燃气管段的输配示意图
（a）只有转输流量的管段；（b）只有途泄流量的管段；
（c）有途泄流量和转输流量的管段

图 6-8　燃气分配管段的负荷变化示意图
q—途泄流量（Nm^3/h）；n—途泄点数

2. 分配管网的管段与大量居民用户、小型公共建筑用户相连。这种管段的主要特征是：由管段起点进入的燃气在途中全部供给各个用户，这种管段只有途泄流量，如图 6-7 （b）所示。

3. 最常见的分配管段的供气情况，如图 6-7 （c）所示。流经管段送至末端不变的流量为转输流量 Q_2，在管段沿程输出的燃气流量为途泄流量 Q_1，该管段上既有转输流量，又有途泄流量。

一般燃气分配管段的负荷变化如图 6-8 所示。

图中，A-B 管段起点 A 处的管内流量为转输流量 Q_2 与途泄流量 Q_1 之和，而管段终点 B 处的管内流量仅为 Q_2，因此管段内的流量逐渐减小，在管段中间所有断面上的流量是不同的，流量在 Q_1+Q_2 及 Q_2 两极限值之间。假定沿管线长度向用户均匀配气，每个分支管的途泄流量 q 均相等，即沿线流量为直线变化。

为了进行变负荷管段的水力计算，可以找出一个假想不变的流量 Q，使它产生的管段压力降与实际压力降相等。这个不变流量 Q 称为变负荷管段的计算流量，可按式（6-49）求得：

$$Q = \alpha Q_1 + Q_2 \tag{6-49}$$

式中　Q——计算流量（Nm^3/h）；

　　　Q_1——途泄流量（Nm^3/h）；

　　　Q_2——转输流量（Nm^3/h）；

　　　α——流量折算系数。

α 是与途泄流量和总流量之比 x 及沿途支管数 n 有关的系数。经过计算，取不同的 n 和 x 所得的 α 值如表 6-2 和表 6-3 所示。

水力计算公式中幂指数为 1.75 时所得 α 值　　　　表 6-2

x	支管数 n			x	支管数 n		
	1	5	∞		1	5	∞
0	0.5	0.5	0.5	1	0.674	0.59	0.562

水力计算公式中幂指数为 2.0 时所得 α 值　　　　表 6-3

x	支管数 n				
	1	5	10	100	∞
0	0.5	0.5	0.5	0.5	0.5
0.5	0.582	0.538	0.534	0.528	0.528
1	0.707	0.606	0.592	0.577	0.577

注：以 $x=0$ 代入，即途泄流量为零。此时 α 系数没有物理意义。根据洛比塔法则其极限值等于 0.5。

对于燃气分配管道，一管段上的分支管数一般不小于 5～10 个，x 值在 0.3～1.0 的范围内，从上述两表中所得数值可以看出，此时系数 α 在 0.5～0.6 之间，水力计算公式中幂指数等于 1.75～2.0 时，α 值的变化并不大，实际计算中均可采用平均值 $\alpha=0.55$。

故燃气分配管道的计算流量公式为：

$$Q = 0.55Q_1 + Q_2 \tag{6-50}$$

二、途泄流量的计算

途泄流量只包括大量的居民用户和小型公共建筑用户。用气负荷较大的公共建筑或工业用户应作为集中负荷来进行计算。

在设计低压分配管网时，连接在低压管道上各用户用气负荷的原始资料通常很难详尽和确切，当时只能知道区域总的用气负荷。在确定管段的计算流量时，既要尽可能精确地反映实际情况，而确定的方法又不应太复杂。

计算途泄流量时，假定在供气区域内居民用户和小型公共建筑用户是均匀分布的，而其数值主要取决于居民的人口密度。

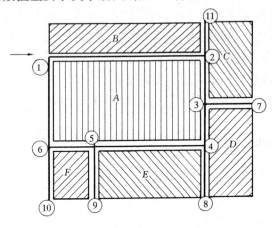

图 6-9　各管段途泄流量计算图式

以图 6-9 所示区域燃气管网为例，各管段的途泄流量计算步骤如下：

1. 将供气范围划分为若干小区

根据该区域内道路、建筑物布局及居民人口密度等划分为 A、B、C、D、E、F 小区，并布置配气管道 1-2、2-3……

2. 分别计算各小区的燃气用量

分别计算各小区居民用气量、小型公共建筑及小型工业企业用气量，其中居民用气量可用居民人口数乘以每人每小时的燃气计算流量 e [Nm³/（人·h)] 求得。

3. 计算各管段单位长度途泄流量

在城镇燃气管网计算中可以认为，途泄流量是沿管段均匀输出的，管段单位长度的途泄流量为：

$$q = \frac{Q_1}{L} \tag{6-51}$$

式中　q——单位长度的途泄流量（Nm³/（m·h)）；

　　　　Q_1——途泄流量（Nm³/h）；

　　　　L——管段长度（m）。

图 6-9 中 A、B、C…各小区管道的单位长度途泄流量为：

$$q_A = \frac{Q_A}{L_{1\text{-}2} + L_{2\text{-}3} + L_{3\text{-}4} + L_{4\text{-}5} + L_{5\text{-}6} + L_{1\text{-}6}}$$

$$q_B = \frac{Q_B}{L_{1\text{-}2} + L_{2\text{-}11}}$$

$$q_C = \frac{Q_C}{L_{2\text{-}11} + L_{2\text{-}3} + L_{3\text{-}7}}$$

其余依此类推。

式中　Q_A、Q_B、Q_C…——A、B、C…各小区的燃气用量（Nm³/h）；

　　　　q_A、q_B、q_C…——A、B、C…各小区有关管道的单位长度途泄流量（Nm³/（m·h)）；

　　　　$L_{1\text{-}2}$、$L_{2\text{-}3}$…——各管段长度（m）。

4. 管段的途泄流量

管段的途泄流量等于单位长度途泄流量乘以该管段长度。若管段是两个小区的公共管道，需同时向两侧供气时，其途泄流量应为两侧的单位长度途泄流量之和乘以管长，图 6-9 中各管段的途泄流量为：

$$Q_1^{1\text{-}2} = (q_A + q_B) L_{1\text{-}2}$$

$$Q_1^{2\text{-}3} = (q_A + q_C) L_{2\text{-}3}$$

$$Q_1^{4\text{-}8} = (q_D + q_E) L_{4\text{-}8}$$

$$Q_1^{1\text{-}6} = q_A L_{1\text{-}6}$$

其余依此类推。

三、节点流量

在燃气管网计算时，特别是在用计算机进行燃气环状管网水力计算时，常把途泄流量转化成节点流量来表示。为此，假设沿管线不再有流量流出，即管段中的流量不再沿管线变化，它产生的管段压力降与实际压力降相等。由式（6-49）可知，与管道途泄流量 Q_1 相当的计算流量 $Q = \alpha Q_1$，可由管道终端节点流量 αQ_1 和始端节点流量 $(1-\alpha) Q_1$ 来代替。

1. 当 α 取 0.55 时，管道始端 i、终端 j 的节点流量分别为：

$$q_i = 0.45 Q_1^{i-j} \tag{6-52}$$

$$q_j = 0.55 Q_1^{i-j} \tag{6-53}$$

式中　Q_1^{i-j}——从 i 节点到 j 节点管道的途泄流量（Nm^3/h）；

　　　q_i、q_j——i、j 节点的节点流量（Nm^3/h）。

对于连接多根管道的节点，其节点流量等于燃气流入节点（管道终端）的所有管段的途泄流量的 0.55 倍，与流出节点（管道始端）的所有管段的途泄流量的 0.45 倍之和，再加上相应的集中流量。如图 6-10 中各节点的流量为：

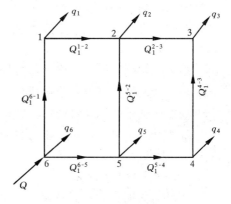

$$q_1 = 0.55 Q_1^{6\text{-}1} + 0.45 Q_1^{1\text{-}2}$$

$$q_2 = 0.55 Q_1^{1\text{-}2} + 0.55 Q_1^{5\text{-}2} + 0.45 Q_1^{2\text{-}3}$$

$$q_3 = 0.55 Q_1^{2\text{-}3} + 0.55 Q_1^{4\text{-}3}$$

$$q_4 = 0.55 Q_1^{5\text{-}4} + 0.45 Q_1^{4\text{-}3}$$

$$q_5 = 0.55 Q_1^{6\text{-}5} + 0.45 Q_1^{5\text{-}2} + 0.45 Q_1^{5\text{-}4}$$

$$q_6 = 0.45 Q_1^{6\text{-}5} + 0.45 Q_1^{6\text{-}1}$$

图 6-10　节点流量例图

管网各节点流量的总和应与管网区域的总计算流量相等：

$$Q = q_1 + q_2 + q_3 + q_4 + q_5 + q_6$$

2. 当 α 取 0.5 时，管道始端 i、终端 j 的节点流量均为：

$$q_i = q_j = 0.5 Q_1^{i-j} \tag{6-54}$$

则管网各节点的节点流量等于该节点所连接的各管道的途泄流量之和的一半。

3. 管段上所接的大型用户为集中流量，计算时，在大型用户处应设节点。

第四节　管网水力计算

一、枝状管网水力计算

（一）枝状管网水力计算特点

枝状管网是由输气管段和节点组成。任何形状的枝状管网，其管段数 N 和节点数 m 的关系均符合：

$$N=m-1 \tag{6-55}$$

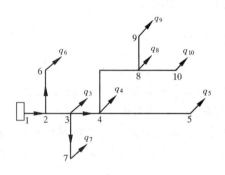

图 6-11　枝状管网流量分配

燃气在枝状管网中从气源至各节点只有一个固定流向，输送至某管段的燃气只能由一条管道供气，流量分配方案也是唯一的，枝状管道的转输流量只有一个数值，任一管段的流量等于该管段以后（顺气流方向）所有节点流量之和，因此每一管段只有唯一的流量值。如图 6-11 所示，管段 3-4 的流量为：

$$Q_{3\text{-}4}=q_4+q_5+q_8+q_9+q_{10}$$

管段 4-8 的流量为：

$$Q_{4\text{-}8}=q_8+q_9+q_{10}$$

此外，枝状管网中变更某一管段的直径时，不影响管段的流量分配，只导致管道终点压力的改变。因此，枝状管网水力计算中各管段只有直径 d_i 与压力降 Δp_i 两个未知数。

（二）枝状管网水力计算步骤

1. 对管网的节点和管道编号。

2. 确定气流方向，从主干线末梢的节点开始，利用 $\Sigma Q_i=0$ 的关系，求得管网各管段的计算流量。

3. 根据确定的允许压力降，计算管线单位长度的允许压力降。

4. 根据管段的计算流量及单位长度允许压力降预选管径。

5. 根据所选定的标准管径，求摩擦阻力损失和局部阻力损失，计算总的压力降。

6. 检查计算结果。若总的压力降超出允许的精度范围，则适当变动管径，直至总压力降小于并趋近于允许值为止。

二、环状管网水力计算

（一）环状管网水力计算特点

环状管网是由一些封闭成环的输气管段与节点组成。任何形状的环状管网，其管段数 N、节点数 m 和环数 n 的关系均符合式（6-56）：

$$N=m+n-1 \tag{6-56}$$

环状管网任何一个节点均可由两向或多向供气，输送至某管段的燃气同时可由一条或几条管道供气，可以有许多不同的流量分配方案。分配流量时，在保证供给用户所需燃气量的同时，必须保持每一节点的燃气连续流动，也就是流向任一节点的流量必须等于流离该节点的流量。

此外，环状管网中变更某一管段的直径时，就会引起所有管段流量的重新分配，并改变管网各节点的压力值。因此，环状管网水力计算中各管段有三个未知量：直径 d_i，压力降 Δp_i 和流量 Q_i，即管网未知量总数等于管段数的 3 倍，设管段数为 N，则未知量总数等于 $3N$。

为了求解环状管网，需列出足够的方程式：

1. 每一管段的压力降 Δp_i 计算公式为：

$$\Delta p_j = k_j \frac{Q_i^\alpha}{d_j^\beta} l_j \quad (j = 1, 2, \cdots N) \tag{6-57}$$

式中 α 和 β 值与燃气流动状况及管道粗糙度有关，而常数 k_j 则与燃气性质和管材有关。一共可得 N 个公式。

2. 每一节点处流量的代数和为零，即

$$\Sigma Q_i = 0 \quad (i = 1, 2, \cdots m-1) \tag{6-58}$$

因为最后一个节点的方程式，在各流量均为已知值的情况下，不能成为一个独立的方程式。故所得的方程式数等于节点数减 1，共可得 $(m-1)$ 个方程式。

3. 对于每一个环，燃气按顺时针方向流动的管段的压力降定为正值，逆时针方向流动的管段的压力降定为负值，则环网的压力降之和为零，即

$$\Sigma \Delta p_n = 0 \quad (n = 1, 2, \cdots n) \tag{6-59}$$

所得的方程式数等于环数，环数用 n 表示，故可得 n 个方程式。

4. 燃气管网的计算压力降 Δp 等于从管网源点至零点各管段压力降之和 $\Sigma \Delta p_i$，即

$$\Sigma \Delta p_i - \Delta p = 0 \tag{6-60}$$

所得方程式数等于管网的零点数 q。零点是环网最末管段的终点，是除源点外管网中已知压力值的节点。

至此，已得到 $(2N+q)$ 个方程，而未知量的个数为 $3N$ 个，尚需补充 $(N-q)$ 个方程。

为了求解，我们按供气可靠性原则预先分配流量，按经济性原则采用等压力降法选取管径作为补充条件求解。

（二）环状管网水力计算步骤

环状管网水力计算可采用解管段方程组、解环方程组和解节点方程组的方法。不管用哪种解法，总是对压降方程（6-57）、连续性方程（6-58）及能量方程（6-59）的联立求解，以求得未知的管径及压力降。本节着重阐述用手工方法解环方程的计算方法。环状管网在初步分配流量时，必须满足连续性方程 $\Sigma Q_i = 0$ 的要求，但按该设定流量选定管径求得各管段压力降以后，每环往往不能满足能量方程 $\Sigma \Delta p_n = 0$ 的要求。因此，解环方程的环状管网计算过程，就是重新分配各管段的流量，反复计算，直到同时满足连续性方程组和能量方程组为止，这一计算过程称为管网平差。换言之，平差就是求解 $m-1$ 个线性连续性方程组和 n 个非线性能量方程组，以得出 N 个管段的流量。一般情况下，不能用直接法求解非线性能量方程组，而须用逐步近似法求解。最终计算是确定每环的校正流量，使压力闭合差尽量趋近于零。若最终计算结果未能达到各种技术经济要求，还需调整管径，进行反复运算，以确定比较经济合理的管径。具体步骤如下：

1. 绘制管网平面示意图，对节点、管段、环网编号，并标明管道长度、集中负荷、气源或调压站位置等。

2. 计算管网各管段的途泄流量。

3. 按气流沿最短路径从供气点流向零点的原则，拟定环网各管段中的燃气流向。气流方向总是流离供气点，而不应逆向流动。

4. 从零点开始，逐一推算各管段的转输流量。

5. 求管网各管段的计算流量。

6. 根据管网允许压力降和供气点至零点的管道计算长度（局部阻力损失通常取沿程

摩擦阻力损失的 $5\%\sim10\%$），求得单位长度允许压力降，并预选管径。

7. 初步计算管网各管段的总压力降及每环的压力降闭合差。

8. 管网平差计算，求每环的校正流量，使所有封闭环网压力降的代数和等于零或接近于零，达到工程允许的误差范围。

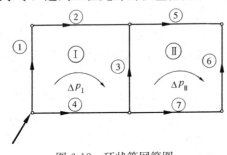

图 6-12　环状管网简图

现假定需要进行计算的环状燃气管网如图 6-12 所示。经初步计算后环网中各段的管道直径已定，但第 I 环和第 II 环的压力降的代数和均不等于零。第 I 环的压力降闭合差为 Δp_{I}，第 II 环的压力降闭合差为 Δp_{II}。

对于低压管网，管网所有管段的流动状况均处在水力光滑区，管道水力计算公式为：

$$\Delta p = aQ^{1.75} \tag{6-61}$$

式中　Δp——管段的压力降（Pa）；

Q——燃气流量（Nm³/h）；

a——管段阻抗，与物性参数、管段长度和直径等因素有关。

初步计算的结果，如公式（6-62）所示：

$$(\Delta p_1 + \Delta p_2) - (\Delta p_3 + \Delta p_4) = \sum_{\text{I}} \Delta p = \Delta p_{\text{I}}$$

$$(\Delta p_3 + \Delta p_5) - (\Delta p_6 + \Delta p_7) = \sum_{\text{II}} \Delta p = \Delta p_{\text{II}}$$

或

$$\left.\begin{array}{l} a_1 Q_1^{1.75} + a_2 Q_2^{1.75} - a_3 Q_3^{1.75} - a_4 Q_4^{1.75} = \Delta p_{\text{I}} \\ a_3 Q_3^{1.75} + a_5 Q_5^{1.75} - a_6 Q_6^{1.75} - a_7 Q_7^{1.75} = \Delta p_{\text{II}} \end{array}\right\} \tag{6-62}$$

为了使管网中选定的管道直径满足管网压力降闭合差为零的条件，必须进行流量的再分配，其结果是要使各环的压力降闭合差为零，或达到计算的允许精确度。为了不破坏节点上的流量平衡，采用校正流量，以消除环网的闭合差。

现将管网平差计算中常用的逐次渐近法介绍如下：

顺时针方向流动的燃气流量取正号。在上例中 I 环和 II 环引入校正流量 ΔQ_{I} 和 ΔQ_{II}，其结果使各环的压力降闭合差分别等于零。因 ΔQ 与 Q 相比其值很小，故可认为，引入校正流量后各管段内燃气的流态不改变，则公式可写为：

$$\left.\begin{array}{l} a_1 (Q_1 + \Delta Q_{\text{I}})^{1.75} + a_2 (Q_2 + \Delta Q_{\text{I}})^{1.75} - a_3 (Q_3 - \Delta Q_{\text{I}} + \Delta Q_{\text{II}})^{1.75} \\ \qquad - a_4 (Q_4 - \Delta Q_{\text{I}})^{1.75} = 0 \\ a_3 (Q_3 + \Delta Q_{\text{II}} - \Delta Q_{\text{I}})^{1.75} + a_5 (Q_5 + \Delta Q_{\text{II}})^{1.75} - a_6 (Q_6 - \Delta Q_{\text{II}})^{1.75} \\ \qquad - a_7 (Q_7 - \Delta Q_{\text{II}})^{1.75} = 0 \end{array}\right\} \tag{6-63}$$

将括号内各多项式展开为麦克劳林级数，因 ΔQ 与 Q 相比甚小，故只取前两项，即

$$\left.\begin{array}{l} (Q \pm \Delta Q)^{1.75} = Q^{1.75} \pm 1.75 Q^{0.75} \Delta Q \\ (Q \pm \Delta Q_{\text{I}} \mp \Delta Q_{\text{II}})^{1.75} = Q^{1.75} \pm 1.75 Q^{0.75} \Delta Q_{\text{I}} \mp 1.75 Q^{0.75} \Delta Q_{\text{II}} \end{array}\right\} \tag{6-64}$$

将式（6-64）代入式（6-63）并加以变换可得：

$$(a_1 Q_1^{1.75} + a_2 Q_2^{1.75} - a_3 Q_3^{1.75} - a_4 Q_4^{1.75}) + 1.75(a_1 Q_1^{0.75} + a_2 Q_2^{0.75}$$

$$+ a_3 Q_3^{0.75} + a_4 Q_4^{0.75}) \Delta Q_{\mathrm{I}} - 1.75 a_3 Q_3^{0.75} \Delta Q_{\mathrm{II}} = 0$$

$$(a_3 Q_3^{1.75} + a_5 Q_5^{1.75} - a_6 Q_6^{1.75} - a_7 Q_7^{1.75}) + 1.75 (a_3 Q_3^{0.75} + a_5 Q_5^{0.75}$$

$$+ a_6 Q_6^{0.75} + a_7 Q_7^{0.75}) \Delta Q_{\mathrm{II}} - 1.75 a_3 Q_3^{0.75} \Delta Q_{\mathrm{I}} = 0$$

以上两式中，第一个括号内所列各项分别等于 $\sum\limits_{\mathrm{I}} \Delta p$ 和 $\sum\limits_{\mathrm{II}} \Delta p$，第二个括号内所列各项可写为：

$$\Sigma a_i Q_i^{0.75} = \Sigma \frac{a_i Q_i^{1.75}}{Q_i} = \Sigma \frac{\Delta p_i}{Q_i} \tag{6-65}$$

根据以上所述可得

$$\left. \begin{aligned} \sum_{\mathrm{I}} \Delta p + 1.75 \sum_{\mathrm{I}} \frac{\Delta p_i}{Q_i} \Delta Q_{\mathrm{I}} - 1.75 \frac{\Delta p_3}{Q_3} \Delta Q_{\mathrm{II}} = 0 \\[2mm] \sum_{\mathrm{II}} \Delta p + 1.75 \sum_{\mathrm{II}} \frac{\Delta p_i}{Q_i} \Delta Q_{\mathrm{II}} - 1.75 \frac{\Delta p_3}{Q_3} \Delta Q_{\mathrm{I}} = 0 \end{aligned} \right\} \tag{6-66}$$

式 (6-66) 是一次联立方程组，此时方程式的数量等于未知量的数量，由此方程组可解出校正流量 ΔQ 值。通常在环网中好几个环连成一片，故方程式较多，解联立方程较为繁琐，所以在实际计算中常利用逐次渐近法来求解。

由方程组 (6-66) 解得的校正流量值为：

$$\left. \begin{aligned} \Delta Q_{\mathrm{I}} = - \frac{\displaystyle\sum_{\mathrm{I}} \Delta p}{1.75 \displaystyle\sum_{\mathrm{I}} \frac{\Delta p_i}{Q_i}} + \frac{\dfrac{\Delta p_3}{Q_3}}{\displaystyle\sum_{\mathrm{I}} \frac{\Delta p_i}{Q_i}} \Delta Q_{\mathrm{II}} \\[4mm] \Delta Q_{\mathrm{II}} = - \frac{\displaystyle\sum_{\mathrm{II}} \Delta p}{1.75 \displaystyle\sum_{\mathrm{II}} \frac{\Delta p_i}{Q_i}} + \frac{\dfrac{\Delta p_3}{Q_3}}{\displaystyle\sum_{\mathrm{II}} \frac{\Delta p_i}{Q_i}} \Delta Q_{\mathrm{I}} \end{aligned} \right\} \tag{6-67}$$

方程组 (6-67) 中等号后的第一项为未考虑邻环校正流量的影响而得到的计算环的校正流量值；而第二项则考虑到邻环校正流量对计算环的影响。很明显，第一项是 ΔQ 的第一个近似值。对于任何环，这一近似值的一般形式可写为：

$$\Delta Q' = - \frac{\Sigma \Delta p}{1.75 \Sigma \dfrac{\Delta p}{Q}} \tag{6-68}$$

下一个近似值是加在 $\Delta Q'$ 值上的附加项，以使其结果更为精确。考虑到任何环都有一些和邻环共用的管段，故一般形式为

$$\Delta Q'' = \frac{\Sigma \Delta Q'_{\mathrm{nn}} \left(\dfrac{\Delta p}{Q} \right)_{\mathrm{ns}}}{\Sigma \dfrac{\Delta p}{Q}} \tag{6-69}$$

式中　$\Delta Q'_{\mathrm{nn}}$ ——邻环校正流量的第一个近似值（$\mathrm{Nm^3/h}$）；

$\left(\dfrac{\Delta p}{Q} \right)_{\mathrm{ns}}$ ——与该邻环共用管段的 $\dfrac{\Delta p}{Q}$ 值（$\mathrm{Pa \cdot h/Nm^3}$）。

在多数情况下，决定校正流量时用两个连续近似值已经可以达到足够的精确度，亦即

$$\Delta Q = -\frac{\Sigma \Delta p}{1.75 \Sigma \dfrac{\Delta p}{Q}} + \frac{\Sigma \Delta Q'_{nn} \left(\dfrac{\Delta p}{Q}\right)_{ns}}{\Sigma \dfrac{\Delta p}{Q}} \qquad (6-70)$$

式中 $\dfrac{\Delta p}{Q}$ 及 $\left(\dfrac{\Delta p}{Q}\right)_{ns}$ 任何时候均为正值。$\Sigma \Delta p$ 内各项的符号由计算决定，如气流方向为顺时针时定为正，ΔQ 的符号与 $\Sigma \Delta p$ 的符号相反。

高、中压燃气管道的水力计算公式为：

$$\delta p^2 = p_1^2 - p_2^2 = aQ^2 \qquad (6-71)$$

用相似于低压燃气管道的计算方法，求得其环网的校正流量值为

$$\Delta Q = -\frac{\Sigma \delta p^2}{2 \Sigma \dfrac{\delta p^2}{Q}} + \frac{\Sigma \Delta Q'_{nn} \left(\dfrac{\delta p^2}{Q}\right)_{ns}}{\Sigma \dfrac{\delta p^2}{Q}} \qquad (6-72)$$

校正流量的计算顺序如下：首先找出各环的 $\Delta Q'$，然后求出各环的 $\Delta Q''$。令 $\Delta Q = \Delta Q' + \Delta Q''$，以此校正每环各管段的计算流量。若校正后闭合差仍未达到精度要求，则需再一次计算校正流量 $\Delta Q'$、$\Delta Q''$ 及 ΔQ，使闭合差达到允许的精度要求为止。

压力降闭合差的精度要求：

对高、中压管网

$$\frac{|\Sigma \delta p^2|}{0.5 \Sigma |\delta p^2|} \times 100\% < \varepsilon \qquad (6-73)$$

对低压管网

$$\frac{|\Sigma \Delta p|}{0.5 \Sigma |\Delta p|} \times 100\% < \varepsilon \qquad (6-74)$$

式中 Δp 或 δp^2 ——环网内各管段的压力降或压力平方差；

$|\Delta p|$ 或 $|\delta p^2|$ ——环网内各管段的压力降或压力平方差的绝对值；

ε ——工程计算的精度要求，一般 $\varepsilon < 10\%$。

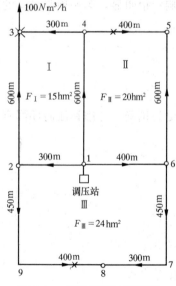

图 6-13 环形管网计算简图

对于有零点的管段，由于有了校正流量值，要考虑零点位移问题。

（三）环状管网的计算示例

【例 6-3】 试计算图 6-13 所示的低压管网，图上注有环网各边长度（m）及环内建筑用地面积 F 公顷（hm^2）。人口密度为 600 人/hm^2，每人每小时的用气量为 $0.03 Nm^3$，有一个工厂集中用户，其用气量为 $100 Nm^3/h$。气源是天然气，$\rho_0 = 0.75 kg/Nm^3$，$\nu = 15 \times 10^{-6} m^2/s$。管网中的计算压力降取 $\Delta p = 1000 Pa$。

【解】 计算顺序如下：

1. 计算各环的单位长度途泄流量：

（1）按管网布置将供气区域分成小区。

（2）求出每环内的最大小时用气量（以面积、人口密度和每人的单位用气量相乘）。

（3）计算供气环周边的总长。

（4）求单位长度的途泄流量。

上述计算结果列于表6-4。

各环的单位长度途泄流量   表6-4

环号	面积 （hm²）	居民数 （人）	每人用气量 （Nm³/（人·h））	本环供气量 （Nm³/h）	环周边长 （m）	沿环周边的单位长度途泄流量 （Nm³/（m·h））
Ⅰ	15	9000	0.03	270	1800	0.150
Ⅱ	20	12000	0.03	360	2000	0.180
Ⅲ	24	14400	0.03	432	2300	0.188
				$\Sigma Q=1062$		

2. 根据计算简图，求出管网中每一管段的计算流量，计算结果列于表6-5，其步骤如下：

（1）将管网的各管段依次编号，在距供气点（调压站）最远处，假定为零点的位置（点3、点5和点8），同时决定气流方向。

（2）计算各管段的途泄流量。

（3）计算转输流量，计算由零点开始，与气流相反方向推算到供气点。如节点的集中负荷由两侧管段供气，则转输流量以各分担一半左右为宜。这些转输流量的分配，可在计算表的附注中加以说明。

（4）求各管段的计算流量。

校验转输流量的总值，调压站由1-2、1-4及1-6管段输出的燃气量为：

$$(101+300)+(198+167)+(147+249)=1162Nm^3/h$$

由各环的供气量及集中负荷得：

$$1062+100=1162Nm^3/h$$

两值相符。

各管段的计算流量   表6-5

环号	管段号	管段长度 （m）	单位长度途泄流量 q （Nm³/（m·h））	途泄流量 Q_1	0.55Q_1	转输流量 Q_2	计算流量 Q	附　注
Ⅰ	1-2	300	0.150+0.188＝0.338	101	56	300	356	集中负荷预定由
	2-3	600	0.150	90	50	50	100	2-3及3-4管段各供
	1-4	600	0.150+0.180＝0.330	198	109	167	276	50Nm³/h
	4-3	300	0.150	45	25	50	75	
Ⅱ	1-4	600	0.330	198	109	167	276	
	4-5	400	0.180	72	40	0	40	
	1-6	400	0.180+0.188＝0.368	147	81	249	330	
	6-5	600	0.180	108	59	0	59	
Ⅲ	1-6	400	0.368	147	81	249	330	
	6-7	450	0.188	85	47	56	103	
	7-8	300	0.188	56	31	0	31	
	1-2	300	0.338	101	56	300	356	
	2-9	450	0.188	85	47	75	122	
	9-8	400	0.188	75	41	0	41	

3. 根据初步流量分配及单位长度平均压力降选择各管段的管径。局部阻力损失取沿程摩擦阻力损失的 10%。由供气点至零点的平均距离为 1017m，即

$$\frac{\Delta p}{L} = \frac{1000}{1017 \times (1+0.1)} = 0.894 \text{Pa/m}$$

由于本题所用的天然气密度 $\rho = 0.75 \text{kg/Nm}^3$，故在查图 6-5 的水力计算图表时，需进行修正，即

$$\left(\frac{\Delta p}{L}\right)_{\rho=1} = \left(\frac{\Delta p}{L}\right)/0.75 = 0.894/0.75 = 1.192 \text{Pa/m}$$

选定管径后，由图 6-5 查得管段的 $\left(\frac{\Delta p}{L}\right)_{\rho=1}$ 值，求出

$$\left(\frac{\Delta p}{L}\right) = \left(\frac{\Delta p}{L}\right)_{\rho=1} \times 0.75$$

全部计算结果列于表 6-6。

4. 从表 6-6 的初步计算可见，两个环的闭合差均大于 10%，一个环的闭合差小于 10% 时，也应对全部环网进行校正计算，否则由于邻环校正流量值的影响，反而会使该环的闭合差增大，有超过 10% 的可能。

先求各环的 $\Delta Q'$

$$\Delta Q'_{\text{I}} = -\frac{\Sigma \Delta p}{1.75 \Sigma \dfrac{\Delta p}{Q}} = -\frac{6}{1.75 \times 10.73} = -0.32$$

$$\Delta Q'_{\text{II}} = -\frac{224}{1.75 \times 8.63} = -14.83$$

$$\Delta Q'_{\text{III}} = -\frac{-213.5}{1.75 \times 13.94} = +8.75$$

再求各环的 $\Delta Q''$

$$\Delta Q''_{\text{I}} = \frac{\Sigma \Delta Q'_{\text{nn}} \left(\dfrac{\Delta p}{Q}\right)_{\text{ns}}}{\Sigma \dfrac{\Delta p}{Q}} = \frac{-14.83 \times 2 + 8.75 \times 0.35}{10.73} = -2.47$$

$$\Delta Q''_{\text{II}} = \frac{-0.32 \times 2 + 8.75 \times 0.46}{8.63} = +0.39$$

$$\Delta Q''_{\text{III}} = \frac{-0.32 \times 0.35 - 14.83 \times 0.46}{13.94} = -0.50$$

由此，各环的校正流量为

$$\Delta Q_{\text{I}} = \Delta Q'_{\text{I}} + \Delta Q''_{\text{I}} = -0.32 - 2.47 = -2.79$$
$$\Delta Q_{\text{II}} = \Delta Q'_{\text{II}} + \Delta Q''_{\text{II}} = -14.83 + 0.39 = -14.44$$
$$\Delta Q_{\text{III}} = \Delta Q'_{\text{III}} + \Delta Q''_{\text{III}} = 8.75 - 0.50 = +8.25$$

共用管段的校正流量为本环的校正流量值减去相邻环的校正流量值。

在例题中经过一次校正计算，各环的闭合差值均在 10% 以内，因此计算合格。如一次计算后仍未达到允许误差范围以内，则应用同样方法再次进行校正计算。

表6-6

低压环网水力计算表

环号	管段号	邻环号	长度 L (m)	管段流量 Q (Nm³/h)	管径 d (mm)	单位压力降 Δp/L (Pa/m)	管段压力降 Δp (Pa)	Δp/Q	ΔQ	ΔQ'	ΔQ=ΔQ+ΔQ'	管段校正流量 ΔQ_n	校正后管段流量 Q'	Δp'/L	管段压力降 Δp'	考虑局部阻力后压力损失 1.1Δp'
I	1-2	III	300	356	200	0.42	126	0.35				-11.05	344.95	0.41	123.00	135.3
	2-3	—	600	100	100	1.01	606	6.06				-2.79	97.21	0.98	588.00	646.8
	1-4	II	600	-276	150	0.92	-552	2.00	-0.32		-2.79	11.64	-264.36	0.9	-540.00	-594
	4-3	—	300	-75	100	0.58	-174	2.32		-2.47		-2.79	-77.79	0.6	-180.00	-198
							6	10.73							-9.00	
							0.8%								1%	
II	1-4	I	600	276	150	0.92	552	2.00				-11.64	264.36	0.9	540.00	594
	4-5	—	400	40	100	0.19	76	1.90				-14.44	25.56	0.075	30.00	33
	1-6	III	400	-330	200	0.38	-152	0.46	-14.83		-14.44	-22.69	-352.69	0.42	-168.00	-184.8
	6-5	—	600	-59	100	0.42	-252	4.27		0.39		-14.44	-73.44	0.6	-360.00	-396
							224	8.63							42.00	
							43%								7%	
III	1-6	II	400	330	200	0.38	152	0.46				22.69	352.69	0.42	168.00	184.8
	6-7	—	450	103	100	1.05	472.5	4.59				8.25	111.25	1.2	540.00	594
	7-8	—	300	31	100	0.12	36	1.16				8.25	39.25	0.18	54.00	59.4
	1-2	I	300	-356	200	0.42	-123	0.35	8.75	-0.50	+8.25	11.05	-344.95	0.41	-123.00	-135.3
	2-9	—	450	-122	100	1.5	-675	5.53				8.25	-113.75	1.22	-549.00	-603.9
	9-8	—	400	-41	100	0.19	-76	1.85				8.25	-32.75	0.12	-48.00	-52.8
							-213.5	13.94							42.00	
							28%								5%	

管 段 | 初步计算 | 校正流量计算 | 校 正 计 算

5. 经过校正流量的计算，使管网中的燃气流量进行重新分配，因而集中负荷的预分配量有所调整，并使零点的位置有所移动。

点 3 的工厂集中负荷由 4-3 管段供气 52.79Nm^3/h，由 2-3 管段供气 47.21Nm^3/h。

管段 4-5 的计算流量由 40Nm^3/h 减至 25.56Nm^3/h，因而零点向点 4 方向移动了 ΔL_4 m。

$$\Delta L_4 = \frac{40 - 25.56}{0.55 q_{5-4}} = \frac{14.8}{0.55 \times 0.18} = 145.9\text{m}$$

管段 9-8 的计算流量由 41Nm^3/h 减至 32.79Nm^3/h，因而零点向点 9 方向移动了 ΔL_9 m。

$$\Delta L_9 = \frac{41 - 32.75}{0.55 q_{9-8}} = \frac{8.25}{0.55 \times 0.188} = 79.8\text{m}$$

新的零点位置用记号"×"表示在图 6-13 上，这些点是环网在计算工况下的压力最低点。

6. 校核从供气点至零点的压力降

$$\Delta p_{1\text{-}2\text{-}3} = 135.3 + 646.8 = 782.1\text{Pa}$$

$$\Delta p_{1\text{-}6\text{-}5} = 184.8 + 396 = 580.8\text{Pa}$$

$$\Delta p_{1\text{-}2\text{-}9\text{-}8} = 135.3 + 603.9 + 52.8 = 792\text{Pa}$$

此压力降是否充分利用了计算压力降的数值，在一定程度上说明了计算是否达到了经济合理的效果。

三、室内燃气管道计算

在室内燃气管道计算之前，必须先选定和布置用户燃气用具，并画出管道系统图。

居民用户室内燃气管道的计算流量，应按同时工作系数法进行计算。自引入管到各燃具之间的压降，其最大值为系统的压力降。

【例 6-4】　试作 5 层住宅楼的室内燃气管道水力计算。燃气管道平面布置见图 6-14，管道系统见图 6-15，每家用户安装燃气双眼灶及燃气热水器各一台，额定用气量为 2.35Nm^3/h，其中双眼灶额定用气量为 0.70Nm^3/h，热水器额定用气量为 1.65Nm^3/h，天然气密度为 $\rho = 0.75$kg/Nm^3，运动黏度为 $\nu = 15 \times 10^{-6} m^2$/s。

【解】　计算可按下述步骤进行：

1. 将各管段按顺序编号，凡是管径变化或流量变化处均应编号。编号详见图 6-15。

2. 求出各管段的额定流量，根据各管段供气的用具数得同时工作系数值（由表 2-3、表 2-4 查得），从而求得各管段的计算流量。各管段的计算流量可根据公式（2-13）计算。

以管段 0-1 为例，管段 0-1 所带的用气设备为 1 台燃气双眼灶，额定用气量 $Q_n = 0.70Nm^3$/h，由表 2-3 查得 1 台燃气双眼灶的同时工作系数 $K_0 = 1.0$，则管段 0-1 的计算流量为：

$$\begin{aligned} Q_{h,0\text{-}1} &= K_t \Sigma K_0 Q_n N \\ &= 1.0 \times 1.0 \times 0.70 \times 1 \\ &= 0.70 \ Nm^3/h \end{aligned}$$

3. 由系统图求得各管段的长度，并根据计算流量预选各管段的管径，以管段 0-1 为例，管段长度 $L_1 = 1.2$m，预选管径 $d = DN15$。

4. 算出各管段的局部阻力系数，根据公式（6-45）求出其当量长度，可得各管段的

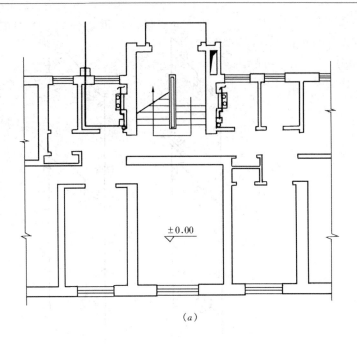

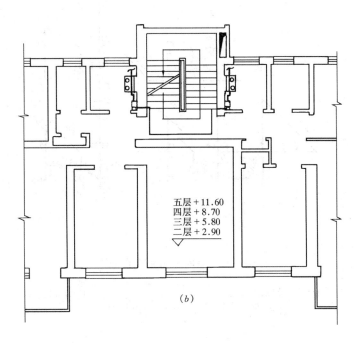

图 6-14 室内燃气管道平面图

(a) 一层平面图; (b) 标准层平面图

计算长度。也可根据管段计算流量及已选定的管径，由图 6-6 求得 $\zeta=1$ 时的 l_2，即 $\frac{d}{\lambda}$，l_2 与 $\Sigma\zeta$ 的乘积即为该管段总的当量长度 L_2，从而求出燃气管道的计算长度 $L=L_1+L_2$。

以管段 0-1 为例：

管段 0-1 中燃气的流速 W：

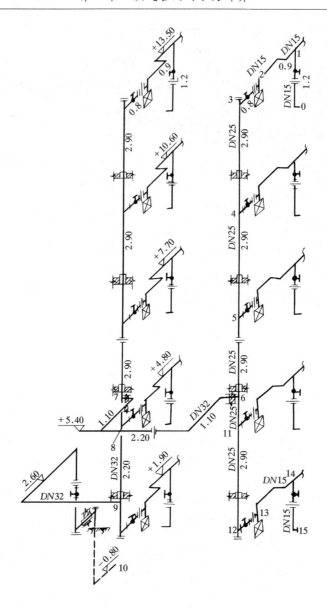

图 6-15　室内燃气管道系统图

$$W = \frac{Q_{h,0\text{-}1}}{3600 \frac{\pi d^2}{4}} = \frac{4 \times 0.70}{3600 \times 3.14 \times 0.015^2} = 1.10 \text{m/s}$$

则

$$Re = \frac{dW}{\nu} = \frac{0.015 \times 1.10}{15 \times 10^{-6}} = 1100$$

$Re < 2100$，处于层流状态，则根据公式（6-34）求得燃气管道的摩擦阻力系数 λ：

$$\lambda = \frac{64}{Re} = 0.058$$

则

$$l_2 = \frac{d}{\lambda} = \frac{0.015}{0.058} = 0.258 \text{m}$$

各管件局部阻力系数可由表6-1查得。

管段0-1产生局部阻力的管件主要有$DN15$直角弯头一个，$\zeta=2.2$，$DN15$旋塞阀一个，$\zeta=4.0$，三通分流一个，$\zeta=1.5$，因此管段0-1的局部阻力系数为：

$$\Sigma \zeta_{0-1}=2.2+4.0+1.5=7.7$$

管段0-1局部阻力的当量长度为：

$$L_2=l_2 \Sigma \zeta_{0-1}=0.258 \times 7.7=1.99\text{m}$$

管段0-1的实际长度为$L_1=1.2\text{m}$，则管段0-1的计算长度为：

$$L=L_1+L_2=1.2+1.99=3.19\text{m}$$

5. 燃气管道单位长度压力降可通过公式（6-18）求出，也可使用水力计算图表（图6-5）查出，但需要进行修正，即

$$\frac{\Delta p}{L}=\left(\frac{\Delta p}{L}\right)_{\rho=1} \times 0.75$$

由计算法或图表法得到各管段的单位长度压降值后，乘以管段的计算长度，即得该管段的阻力损失。

以管段0-1为例，管内燃气温度以15℃计，根据公式（6-18）求得其单位长度压降为：

$$\begin{aligned}
\frac{\Delta p_{0-1}}{L} &= 6.26 \times 10^7 \times \lambda \frac{Q_{h,0-1}^2}{d^5} \rho_0 \frac{T}{T_0} \\
&= 6.26 \times 10^7 \times 0.058 \times \frac{0.70^2}{15^5} \times 0.75 \times \frac{288.15}{273.15} \\
&= 1.858\text{Pa/m}
\end{aligned}$$

管段0-1的压力损失为：

$$\Delta p_{0-1}=\frac{\Delta p_{0-1}}{L} \times L=1.858 \times 3.19=5.92\text{Pa}$$

6. 计算各管段的附加压头，燃气的附加压头可按公式（6-48）计算。

以管段0-1为例，该管段沿燃气流动方向的终始端标高差$\Delta H=-1.2\text{m}$，根据公式（6-48）求得该管段的附加压头为：

$$\begin{aligned}
\Delta p_{附,0-1} &= g(1.293-\rho_0)\Delta H \\
&= 9.81 \times (1.293-0.75) \times (-1.2) \\
&= -6.39\text{Pa}
\end{aligned}$$

7. 求各管段的实际压力损失，为：

$$\Delta p_{实}=\Delta p-\Delta p_{附}$$

则管段0-1的实际压力损失为：

$$\Delta p_{实,0-1}=\Delta p_{0-1}-\Delta p_{附,0-1}=5.92-(-6.39)=12.31\text{Pa}$$

8. 求室内燃气管道的计算总压力降，对于天然气计算压力降一般不超过200Pa（不包括燃气表的压力降）。

9. 将总压力降与允许的压力降相比较，如不合适，则可改变个别管段的管径。

其他管段的相应计算方法同管段0-1。全部计算结果列于表6-7。

由计算结果可见，系统最大压力降值是从用户引入管至一层用户灶具15，最大压降值为168.55Pa，在压力降允许范围之内。

通过同样的计算，其他各管段的管径均可予以确定。

表 6-7

室内燃气管道水力计算表

管段编号	额定流量 (Nm³/h)	同时工作系数	计算流量 (Nm³/h)	管段长度 L_1 (m)	管径 d (mm)	局部阻力系数 $\Sigma\zeta$	l_2 (m)	当量长度 L_2 (m)	计算长度 L (m)	单位长度压力损失 $\Delta p/L$ (Pa/m)	Δp (Pa)	管段终始端标高差 ΔH (m)	附加压头 (Pa)	管段实际压力损失 (Pa)	管段局部阻力系数计算及其他说明
0-1	0.70	1.00	0.70	1.2	15	7.7	0.258	1.99	3.19	1.858	5.92	-1.2	-6.39	12.31	90°角弯头 ζ=2.2、三通分流 ζ=1.5、旋塞 ζ=4.0
1-2	2.35	1.00	2.35	0.9	15	6.6	0.343	2.26	3.16	15.765	49.85	0	0.00	49.85	90°角弯头 ζ=2.2×3
2-3	2.35	1.00	2.35	0.8	15	8.4	0.343	2.88	3.68	15.765	58.00	0	0.00	58.00	90°角弯头 ζ=2.2×2、旋塞 ζ=4.0
3-4	2.35	1.00	2.35	2.9	25	1.0	0.587	0.59	3.49	1.192	4.16	2.9	15.45	-11.29	三通直流 ζ=1.0
4-5	4.70	0.56	2.63	2.9	25	1.0	0.601	0.60	3.50	1.461	5.12	2.9	15.45	-10.33	三通直流 ζ=1.0
5-6	7.05	0.44	3.10	2.3	25	1.5	0.621	0.93	3.23	1.965	6.35	2.3	12.25	-5.90	三通分流 ζ=1.5
6-7	11.75	0.35	4.11	4.4	32	8.7	0.851	7.41	11.81	0.938	11.08	0	0.00	11.08	90°直角弯头 ζ=1.8×4、三通分流 ζ=1.5
7-8	18.80	0.27	5.08	0.6	32	1.0	0.886	0.89	1.49	1.374	2.04	0.6	3.20	-1.15	三通直流 ζ=1.0
8-9	21.15	0.26	5.50	2.2	32	1.5	0.899	1.35	3.55	1.590	5.64	2.2	11.72	-6.08	三通分流 ζ=1.5
9-10	23.50	0.25	5.88	11.0	32	11.0	0.909	10.0	21.00	1.793	37.66	3.4	18.11	19.55	90°直角弯头 ζ=1.8×5、旋塞 ζ=2.0
										管道 0-1-2-3-4-5-6-7-8-9-10 总压力降 $\Delta p_{实}$=116.04Pa					
15-14	0.70	1	0.70	1.2	15	7.7	0.258	1.99	3.19	1.858	5.92	-1.2	-6.39	12.31	同0-1管段
14-13	2.35	1	2.35	0.9	15	6.6	0.343	2.26	3.16	15.765	49.85	0	0.00	49.85	同1-2管段
13-12	2.35	1	2.35	0.8	15	8.4	0.343	2.88	3.68	15.765	58.00	0	0.00	58.00	同2-3管段
12-11	2.35	1	2.35	2.9	25	1.0	0.587	0.59	3.49	1.192	4.16	-2.9	-15.45	19.60	同3-4管段
11-6	4.70	0.56	2.63	0.6	25	1.5	0.601	0.90	1.50	1.461	2.19	-0.6	-3.20	5.39	三通分流 ζ=1.5

管道 15-14-13-12-11-6-7-8-9-10 总压力降 $\Delta p_{实}$=168.55Pa

第七章 燃气管网的水力工况

第一节 管网计算压力降的确定

一、低压燃气管网计算压力降的确定

（一）用户处的压力（即用户燃具前的压力）波动及其影响因素

城镇燃气管网与用户的连接一般有两种方法，一种是通过用户调压器与燃具连接，这样，管网中压力波动，不影响用户处的压力，燃具就能在恒定的压力下工作；另一种是用户直接与低压管网连接，这样，随着管网中流量变化和压力波动，燃具前的压力也相应变化。为满足燃具燃烧的稳定性和良好的运行工况，应控制燃具前的压力波动范围。

燃具的最大允许压力和最小允许压力若用燃具的额定压力乘以系数来表示，则可写成：

$$\left.\begin{array}{l} p_{\max} = k_1 p_{\mathrm{n}} \\ p_{\min} = k_2 p_{\mathrm{n}} \end{array}\right\} \tag{7-1}$$

式中 $p_{\max}$、$p_{\min}$——燃具的最大和最小允许压力（Pa）；

$\quad\quad k_1$、k_2——最大和最小压力系数；

$\quad\quad p_{\mathrm{n}}$——燃具的额定压力（Pa）。

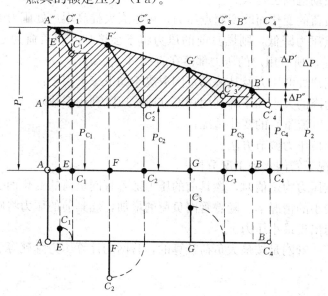

图 7-1 计算工况下管网的压力曲线

燃气管网设计所用的计算工况是指管道系统的流量满足最大负荷（即计算流量 Q）、燃具前的压力为额定压力 p_{n}、燃具的流量为额定流量 Q_{n} 时的工况。显然，只有取 $k_2 = 1$

的情况下燃具前的最小压力等于额定压力。

图 7-1 为直接连接用户的低压燃气管网在计算工况下的压力曲线。

图中 A 为管网的起点，B 为干管的终点，E、F、G、B 为用户 C_1、C_2、C_3、C_4 与干管的连接点。p_1 为起点压力即调压器的出口压力，p_2 为末端用户燃具前压力。p_{C_1}、p_{C_2}、p_{C_3}、p_{C_4} 分别为 C_1、C_2、C_3、C_4 用户处的压力。$A''-B'$ 为干管 A-B 的压力线，$\Delta p'$ 为干管 A-B 的压力降，$\Delta p''$ 为用户支管（包括室内管）的压力降。计算压力降 $\Delta p = \Delta p' + \Delta p'' = p_1 - p_2$。压力图上 $A''-E'$、$A''-F'$、$A''-G'$、$A''-B'$ 为各用户干管压力线，$E'-C'_1$、$F'-C'_2$、$G'-C'_3$、$B'-C'_4$ 为支管压力线。由图中可见，从调压器出口 A 到各用户管道的压力降是不同的，这就使用户处出现不同的压力，由 A 点到用户 C_2 和 C_4 的压力降均为计算压力降 Δp，即计算压力降全被利用，而用户 C_1 和 C_3 的实际压力降均小于计算压力降 Δp，燃具前的压力大于 p_2（$p_{C_1} > p_2$、$p_{C_3} > p_2$）。因此，不同用户的压降利用程度不同，则其压力波动范围也不同。直接连接在管网上的用户其用气设备前的燃气压力随计算压力降利用程度不同而异。

图 7-1 为计算工况（即最大负荷时）的压力图。但是，管网负荷是随着时间而不断变化的，当调压器出口压力为定值时，随着负荷的降低，管道中流量减小，压力降也就随之减小，因而用户处的压力将增大。当负荷为零时，所有用户处的压力都落在 $A''-C''_4$ 线上。

因此，随着负荷的变化，用户处的压力波动在 $A''-C''_4-C'_4-A'$ 范围内。对用户 C_1 其波动范围为 $C'_1-C''_1$，对用户 C_2，波动范围为 $C'_2-C''_2$，对用户 C_3 和 C_4 则分别为 $C'_3-C''_3$ 和 $C'_4-C''_4$。由图可知，用户处压力的最大波动范围就等于计算压力降，所取的计算压力降越大，则其波动范围也越大。

根据系统中负荷的变化而改变起点压力，可以大大提高用户处压力的稳定性。随着负荷的降低而使起点压力降低，则燃具前的压力将不会增加。当负荷为零时，把起点压力 p_1 降至 p_2，则干管和所有用户的压力都落在直线 $A'-C'_4$ 上。

综上所述，用户处的压力及其波动范围取决于如下三个因素：

(1) 计算压力降的大小和压降利用程度（或称压降利用系数）；

(2) 系统负荷（流量）的变化情况；

(3) 调压器出口压力调节方法。

(二) 计算工况下管网水力工况分析

当管网的起点压力为定值时，燃具前的压力随着管网负荷的变化而变化，其最大压力出现在管网负荷最小的情况下。随着管网负荷的增加，燃具前的压力将随之降低。管网负荷最大时，燃具前出现最小压力。

在计算工况下，管网是按最大负荷计算的，管网的计算压力降就等于燃具压力的最大波动范围，即

$$\Delta p = p_{max} - p_{min} = (k_1 - k_2)p_n \tag{7-2}$$

低压管道的压力损失可按水力光滑区计算，即

$$\Delta p = aQ^{1.75}$$

式中　a——管道的阻抗；

Q——管网的计算流量（Nm^3/h）。

$$\Delta p = (k_1 - k_2)p_n = aQ^{1.75} \tag{7-3}$$

用户燃具是按额定压力计算，在此压力下的流量为额定流量，即

$$p_n = a_0 Q^2 \tag{7-4}$$

式中 a_0——用户燃具的当量阻力系数；

Q——用户的计算流量（Nm^3/h）。

如取 $k_2 < 1$，即允许在最大负荷时燃具在小于额定压力下工作。管网是按最大负荷来计算的，而燃具却在小于额定流量下工作，即管网的计算流量和所有燃具在 $k_2 < 1$ 工况下的总流量是不一致的，这就是说，在高峰负荷时，由于所有燃具的流量小于其额定流量，所以管网的流量就不可能达到计算流量 Q。下面分析在不同 k_2 值时，用气高峰期间的管网工况。

当 $k_2 < 1$ 时，则用气高峰不能保证。设用气高峰时管网和用户的实际流量 Q_P 与计算流量 Q 的比值为 x，即 $Q_P = xQ$。

在用气高峰时，$\beta = 1$ 时管道任意流量下的压力降 Δp_P 和燃具前压力 p_b 之和等于管道起点压力 p_1，即

$$p_1 = p_b + \Delta p_P$$

或

$$k_1 p_n = a_0 (xQ)^2 + a(xQ)^{1.75} \tag{7-5}$$

将式（7-3）和式（7-4）代入式（7-5）可得

$$k_1 p_n = x^2 p_n + x^{1.75}(k_1 - k_2)p_n \tag{7-6}$$

$$x^2 + (k_1 - k_2)x^{1.75} - k_1 = 0 \tag{7-7}$$

以 $k_1 = 1.5$ 代入式（7-7）得出 k_2 与 x 的对应关系列于表7-1。

k_2 与 x 的对应值 表 7-1

x	1.000	0.980	0.960	0.940	0.900	0.850	0.800	0.759
k_2	1	0.941	0.879	0.813	0.671	0.467	0.228	0

由表7-1可见，当 $k_2 = 1$ 时，$x = 1$，此时管网中通过能力 $Q_P = Q$，为最大负荷即计算流量 Q，系统处于计算工况下。将 k_1、k_2 及 x 值代入式（7-6）得 $1.5p_n = p_n + 0.5p_n$，即起点压力 $p_1 = 1.5p_n$ 时，要满足燃具前压力为额定压力 p_n，则设计管道的计算压力降为 $0.5p_n$。

当 $k_2 < 1$ 时，k_2 越小，流量比值 x 也就越小，但是即使 $k_2 = 0$，而管道流量与计算流量之比却远远大于 0（$x = 0.759$）。这是因为随着管道中的实际流量小于计算流量 Q，其结果是管道的实际压力降小于计算压力降，在起点压力为定值的系统中，这部分剩余的压力就加大了按 $k_2 p_n$ 计算的燃具前压力及其相应的流量。每个 k_2 值都有对应的 x 值，并且管道的压力降加上用户燃具前的压力等于管道的起点压力。

现以 $k_1 = 1.5$，$k_2 = 0.75$ 为例，分析管道的压力工况。

管道的直径是按计算压力降 $\Delta p = 0.75p_n$ 和计算流量 Q 确定的。由于燃具流量与燃具前压力的平方根成正比，故当 $k_2 = 0.75$ 时，燃具的总流量应为：

$$\sqrt{0.75}Q = 0.865Q$$

而由式（7-7）可得出 $x = 0.92$，这就是说管道实际流量由 Q 降为 $0.92Q$，而燃具的

实际流量不是 $0.865Q$ 而是 $0.92Q$。

式（7-5）可写成：

$$k_1 p_n = a_0(0.92Q)^2 + a(0.92Q)^{1.75}$$

$$k_1 p_n = 0.92^2 p_n + 0.92^{1.75}(k_1 - k_2)p_n$$

$$1.5 p_n = 0.85 p_n + 0.865 \times 0.75 p_n$$

$$1.5 p_n = 0.85 p_n + 0.65 p_n$$

即系统起点压力 $1.5 p_n$ 等于燃具前压力 $0.85 p_n$ 和管道压力降 $0.65 p_n$ 之和。

从上述分析中可见，取 k_2 为 0.75，当高峰用气时，仅满足了最大负荷的 92%。

但管网在实际运行中，高峰用气时的管网负荷可能会十分接近最大负荷，这是因为：

1. 当管网处于最大负荷，则燃具前出现最小压力，因而使燃具在负荷不足的情况下工作，势必延长燃具的工作时间，也就是使同时工作的燃具数增加，管网中的实际流量仍有可能接近计算流量。

2. 以上是按压降利用系数 $\beta=1$ 进行分析的，但实际上有一部分用户并未充分利用计算压力降，因此，这些用户燃具前的压力在用气高峰时，将大于按 $k_2=0.75$ 计算的压力，而燃具则可能在额定负荷下工作。

（三）管网计算压力降的确定

从以上分析可知，与用户燃具直接相连的低压燃气管网计算压力降取决于两个因素，一是取决于燃具的额定压力 p_n，增大 p_n 就可以增大管网计算压力降 Δp，从而可降低金属用量，节约管网投资。然而，p_n 越大，对设备的制作和安装质量要求就越高，管网的运行费用也越大；p_n 取得过小，将增加管网的投资，因此，在选取 p_n 时要兼顾技术要求和经济性。二是与燃具的压力波动范围有关，如果增大燃具的压力波动范围，就可以增大管网的计算压力降，节省金属用量。但是，燃具的正常工作却要求其压力波动不超过一定的范围。当压力超过燃具的额定值时，燃具的热效率将降低，引起过多的燃气损失，同时，燃具在超负荷下工作也会产生不完全燃烧，致使燃烧产物中出现过多的一氧化碳等有害气体。燃具在低于额定压力下工作，将导致热强度降低，使加热过程延长，或达不到工艺要求的燃烧温度，因此，燃具前的压力不允许有很大的波动。

实践和研究工作表明，一般民用燃具的正常工作可以允许其压力在 $\pm 50\%$ 范围内波动，即 $k_1=1.5$，$k_2=0.5$。

燃具的压力与其流量的关系符合式（7-8）：

$$p = a_0 Q^2 \text{ 或 } Q = \frac{1}{\sqrt{a_0}} \sqrt{p} \tag{7-8}$$

由式(7-8)可知，相应于压力波动 $\pm 50\%$ 的流量变化范围约为 $(0.7 \sim 1.2)Q$。考虑到高峰期一部分燃具不宜在过低的负荷下工作，因此最小压力系数 k_2 取 0.75，而最大压力系数 k_1 取 1.5。这样，低压燃气管网（包括庭院和室内管）总的计算压力降可确定为：

$$\Delta p = (k_1 - k_2)p_n = (1.5 - 0.75)p_n = 0.75 p_n$$

按最不利情况即当用气量最小时，靠调压站最近的用户处有可能达到压力的最大值，但由调压站到此用户之间最小仍有约 $150Pa$ 的阻力（包括煤气表阻力和干管、支管阻力)，故低压燃气管道(含室内和庭院管)总的计算压力降最少还可加大150Pa。则燃气低压管道从调压站到最远燃具的管道允许阻力损失，可按式(7-9)计算：

$$\Delta p_d = 0.75 p_n + 150 \tag{7-9}$$

式中　Δp_d——从调压站到最远燃具的管道允许阻力损失(Pa)；

　　　p_n——低压燃具的额定压力(Pa)。

根据式(7-9)，推算出低压燃气管道允许的总压降如表7-2所示。

低压燃气管道允许的总压降　　表7-2

燃气种类 压力(Pa)	人工煤气		天然气
燃具额定压力 p_n	800	1000	2000
燃具前最大压力 p_{max}	1200	1500	3000
燃具前最小压力 p_{min}	600	750	1500
调压站出口最大压力	1350	1650	3150
允许总压降	750	900	1650

低压燃气管道允许总压力降的分配，应根据技术经济分析比较后确定，按《城镇燃气设计规范》(GB 50028)推荐，如表7-3所示。

低压燃气管道允许总压降分配(Pa)　　表7-3

燃气种类	灶具额定 压力	允许总压降 Δp_d	街区	单层建筑		多层建筑	
				庭院	室内	庭院	室内
人工煤气	1000	900	500	200	200	100	300
天然气	2000	1650	1050	300	300	200	400

二、高、中压管网计算压力降的确定

高、中压管网只有通过调压器才能与低压管网或用户相连。因此，高、中压管网中的压力波动，实际上并不影响低压用户的燃气压力。

确定高、中压管网末端最小压力时，应保证区域调压站能正常工作并通过用户在高峰时的用气量。当高、中压管网与中压引射式燃烧器连接时，燃气压力需保证这种燃烧器的正常工作。

中压引射式燃烧器的额定压力因燃气种类而异(表7-4)。此外还要考虑专用调压站的压力降及用户管道的阻力损失等。这样即可确定高、中压管网的最小压力(通常取0.05～0.1MPa已足够)。由高、中压管网的最大压力与最小压力，即可求得其计算压力降。在具体设计时，应考虑到个别管段可能发生故障，所以在选择计算压力降时应根据具体情况留有适当的压力储备。

中压引射式燃烧器的燃气额定压力(kPa)　　表7-4

人工煤气	天然气或液化石油气混合气	液化石油气
30	50	100

三、工业企业燃气管道计算压力降的确定

厂区和车间燃气管道的计算压力降与下列因素有关：采用的供气方案、燃烧器前所需燃气压力的稳定程度和管道可能出现的最小流量与最大流量之比。

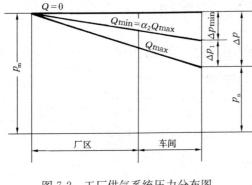

图 7-2　工厂供气系统压力分布图

设有总调压装置的一级系统，如图7-2所示，要统一考虑厂区和车间管道的压力降。燃烧器前燃气压力的稳定性，取决于所选压力降的数值。工业企业一级管网的计算压力降可用下式求得：

$$\Delta p = p_m - p_n$$

式中　Δp——工厂引入管至燃烧器的总计算压力降（Pa）；

p_m——工厂引入管的起点压力（Pa）；

p_n——燃烧器的额定压力（Pa）。

对于图 7-2 的系统来说，总调压站后的起点压力取决于燃烧器所需的压力值、厂内管道要求的压力工况及其稳定性。

计算压力降与燃烧器前燃气额定压力的比值同加热工艺所要求的热负荷的稳定性有关，稳定性要求越高，则比值就越小。

以 α_1 表示用气设备允许最大负荷 Q_b^{max} 与额定负荷 Q_n 的比值

$$Q_b^{max} = \alpha_1 Q_n$$

α_1 值取决于生产工艺的要求，在大多数情况下 $\alpha_1 = 1.05 \sim 1.20$。

燃烧器喷嘴前的燃气压力与其流量成平方关系，即

$$\frac{p_b^{max}}{p_n} = \alpha_1^2$$

从管道内燃气压力最大可能的波动来考虑，管道输送的燃气量可能从最大值到接近于零的最小值，则燃烧器的最大和最小负荷相应于管道的最大和最小流量。当管道是最大流量 Q_{max} 时燃烧器前是额定压力 p_n，而当最小流量 $Q_{min} = 0$ 时燃烧器前的压力是最大值 p_b^{max}

$$p_b^{max} = p_n + \Delta p = p_m$$

在生产工艺正常进行的情况下，管道的最小流量不可能接近于零。因为工作时间内大多数用气设备都不工作是不可能的。将管道的最小流量与最大流量之比用 α_2 表示，则得

$$Q_{min} = \alpha_2 Q_{max}$$

对于大多数工业企业来说，$\alpha_2 = 0.5 \sim 0.7$。图 7-2 为工厂供气系统的压力分布图。在管道燃气最大和最小流量范围内燃烧器前燃气压力的波动范围 Δp_1 为：

$$\left.\begin{array}{l} \Delta p_1 = \Delta p - \Delta p_{min} = a Q_{max}^n - a Q_{min}^n \\ \Delta p_1 = a Q_{max}^n (1 - \alpha_2^n) = \Delta p (1 - \alpha_2^n) \end{array}\right\} \tag{7-10}$$

式中　a——管道的阻抗；

α_2——管道最小流量与最大流量的比值；

n——管道的特性指数。

燃烧器前燃气压力的允许波动范围 Δp_1 与 α_1 有关

$$\frac{\Delta p_1}{p_n} = \frac{p_b^{max} - p_n}{p_n} = \alpha_1^2 - 1 \tag{7-11}$$

合并式（7-10）和式（7-11），则得

$$\frac{\Delta p}{p_n} = \frac{\alpha_1^2 - 1}{1 - \alpha_2^n} \tag{7-12}$$

可见，管道内燃气流量可能的波动越小（即 α_2 接近于 1），则工厂燃气管道的计算压力降可选取的值越大，即敷设管道所用的金属量越小。

例如 $p_n = 30\text{kPa}$，$\alpha_1 = 1.1$，$\alpha_2 = 0$，取 $n = 2$，此时

$$\Delta p = p_n \frac{\alpha_1^2 - 1}{1 - \alpha_2^n} = 30 \times \frac{1.1^2 - 1}{1 - 0} = 6.3\text{kPa}$$

若其他条件相同，而 $\alpha_2 = 0.5$，此时

$$\Delta p = p_n \frac{\alpha_1^2 - 1}{1 - \alpha_2^n} = 30 \times \frac{1.1^2 - 1}{1 - 0.5^2} = 8.4\text{kPa}$$

第二种情况与第一种情况相比，由于 α_2 大，说明管道流量波动小，压力降可选取的数值提高约 25%，可减少敷设管道的金属耗量。

上述决定压力降的方法，用于调压站和燃烧器之间没有其他调压装置的情况。对于两级管网系统（图 4-15），当一个车间不设调压装置并直接连接于厂区管道时，其压力降也可用此法求得。

其他不设总调压站的两级系统中，厂内燃气管道的总压力降，取决于城镇燃气管网连接点处的燃气压力、车间燃气管道的起点压力和调压装置的压力降。在厂区管道和调压装置中压力降的分配应根据技术经济比较确定。

在工厂引入口设总调压站的两级管网系统中，从城镇燃气管网到车间燃气管道引入口处的计算压力降，要在工厂引入口总调压站、厂区管道与车间调压装置之间合理地分配。

第二节　低压管网的水力工况

本节讨论用户燃具和低压管网直接连接时，在任意工况下用户燃具前的压力变化情况。

一、管网系统起点压力为定值时的工况

系统的起点压力（即调压器的出口压力）为定值时，随着负荷的降低，管道中的实际压力降减少，用户燃具前的压力升高。系统起点压力为定值时，计算工况下管网起点压力、各用户燃具前的压力和管道压力降的关系式为：

$$p_1 = p_b + \beta \Delta p \tag{7-13}$$

在任意用气工况时式（7-13）可写为：

$$p_1 = p_b + \beta \Delta p_p \tag{7-14}$$

管道压力降和流量的关系如下：

$$\frac{\Delta p_p}{\Delta p} = \left(\frac{Q_p}{Q}\right)^{1.75} = x^{1.75} \tag{7-15}$$

由式（7-14）和式（7-15）可得：

$$p_1 = p_b + x^{1.75}\beta\Delta p \tag{7-16}$$

式中　β——压降利用系数；

　　　Q——管道计算流量（Nm^3/h）；

　　　Δp——管道计算压力降（Pa）；

　　　Q_p——管道实际流量（Nm^3/h）；

　　　Δp_p——管道内任意流量下的压力降（Pa）；

　　　x——流量比，$x = \dfrac{Q_p}{Q}$；

　　　p_1——管网起点压力（Pa）；

　　　p_b——用户燃具前压力（Pa）。

式（7-16）是管网压力的基本方程式。式中压降利用系数 β 为管网起点至各用户压力降的利用程度，所以可用此方程式绘制任何用户处的压力曲线。

若取系统起点压力为常数，即 $p_1 = 1.5p_n$，取计算压力降 $\Delta p = 0.75p_n$ 代入式（7-16）后可得：

$$\frac{p_b}{p_n} = 1.5 - 0.75\beta x^{1.75} \tag{7-17}$$

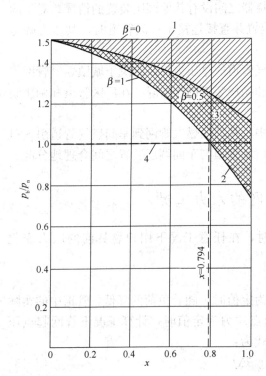

图 7-3　起点压力为定值时，燃具压力
随流量的变化曲线

1—调压器出口压力线；2—$\beta=1$ 时燃具前的
压力曲线；3—$\beta=0.5$ 时燃具前的压力曲线；
4—燃具的额定压力线

式（7-17）反映了在一定的 β 值情况下，任何用户燃具前压力和额定压力的比 $\dfrac{p_b}{p_n}$ 与流量比 x 的函数关系。图 7-3 是式（7-17）的几何图解。

当 $\beta=1$ 和燃具前出现额定压力时 $\left(\dfrac{p_b}{p_n} = 1\right)$，管道中的流量为最大流量的 79.4%。

可见当流量比 $x=0\sim0.794$ 时，燃具前的压力将大于额定压力。

当 $x=0.794\sim1$ 时，燃具前压力将小于额定压力。而 $x=1$ 及 $\dfrac{p_b}{p_n}=0.75$，即高峰负荷，燃具前出现最小压力。$\beta<1$ 的压力曲线可用同样方法做出。图中画出 $\beta=0.5$ 的曲线 3，以及 $\beta=0$ 的压力线即直线 1。β 为 $0\sim1$ 的所有压力曲线都将落在斜线区和双斜线区内，这也是燃具前压力的波动范围。对大多数用户来说，其压降利用系数 β 在 $0.5\sim1$ 的范围内（双斜线区内）。由图可见，在系统起点压力为定值的情况下，燃具大部分在超压工况下工作。因此，若调压器出口压力不随燃气

用量的变化而进行相应的调节，那么燃具就不能在良好的状况下工作。如对调压器的出口压力按负荷的变化进行调节，就可以减小燃具前的压力波动范围，提高燃具工作的稳定性。

二、按月（或季节）调节调压器出口压力时的水力工况

为了缩短燃具超压工作的时间，可采取按月（或按季节）调节调压器的出口压力，即可以在用气量较低的月份降低出口压力。调压器出口压力的调整值应满足该月最大小时用气量时燃具前的压力为额定压力。即把各月的最大小时用气量当做该月的计算流量确定各月调压器的出口压力。

各月最大小时用气量按式 7-18 计算：

$$Q_h = K_m K_d^{max} K_h^{max} \frac{Q_a}{8760} \tag{7-18}$$

式中　Q_h——该月最大小时用气量（Nm^3/h）；

Q_a——年用气量（Nm^3/a）；

K_m——该月的月不均匀系数；

K_d^{max}——该月中最大日不均匀系数；

K_h^{max}——该月中最大日最大小时不均匀系数。

一年中不同月份调压器出口压力 p_1 可按以下步骤确定：

1. 求各月最大小时流量与管道计算流量的比值 x_h。通常各月的最大日不均匀系数与最大小时不均匀系数变化很小，计算中可以认为相等，则用该月的月不均匀系数与一年中最大的月高峰系数相比即可求得 x_h。

$$x_h = \frac{Q_h}{Q} = \frac{K_m}{K_m^{max}} \tag{7-19}$$

式中　Q——管道计算流量（Nm^3/h）；

K_m^{max}——一年中最大的月不均匀系数，即月高峰系数。

2. 根据各月的 x_h 值计算压力降

$$\Delta p_p = \Delta p (x_h)^{1.75}$$

式中　Δp_p——$\beta = 1$ 时各月最大小时流量时的压力降（Pa）。

3. 确定各月调压器的出口压力

$$p_1 = p_n + \Delta p_P$$

【例 7-1】　已知一年中各月的月不均匀系数如表 7-5 所示：

月不均匀系数表　　　　　　　　　　　　　　　　　　表 7-5

月　份	1	2	3	4	5	6	7	8	9	10	11	12
K_1	1.26	1.26	1.21	1.12	0.99	0.82	0.67	0.68	0.83	0.94	1.08	1.14

燃具的额定压力 $p_n = 1000Pa$，试求：

1. 各月的调压器出口压力；

2. 作图比较冬、夏季（以八月份为例）燃具前压力在不同流量比时的波动范围。

【解】

1. 计算压力降

$$\Delta p = 0.75 p_n = 0.75 \times 1000 = 750 \text{Pa}$$

2. 求各月的 x_h

$$x_h = \frac{K_m}{K_m^{max}} = \frac{K_m}{1.26}$$

3. 各月最大小时流量时的实际压力降

$$\Delta p_p = x_h^{1.75} \Delta p = 750 x_h^{1.75}$$

将 2、3 项计算结果列于表 7-6。

各月 x_h、$x_h^{1.75}$ 及 Δp_p 计算表   表 7-6

月 份	1	2	3	4	5	6	7	8	9	10	11	12
x_h	1	1	0.96	0.89	0.785	0.651	0.532	0.54	0.659	0.746	0.857	0.905
$x_h^{1.75}$	1	1	0.931	0.816	0.656	0.472	0.331	0.34	0.482	0.599	0.763	0.84
Δp_p (Pa)	750	750	698	612	492	354	248	255	361	449	572	630

4. 确定各月调压器的出口压力

各月份调压器出口压力的调整值可按下式计算：

$$p_1 = p_n + \Delta p_p = 1000 + \Delta p_p$$

调压器的出口压力等于该月最大小时用气量时实际压力降 Δp_p 与燃具的额定压力 p_n 两项之和。如果两项之和大于 1500Pa 时，调压器出口压力仍取 1500Pa，这样用气高峰时所有燃具前的压力总是等于或小于 p_n，但大于 $0.75 p_n$。计算结果列于表 7-7。

各月调压器出口压力表   表 7-7

月 份	1	2	3	4	5	6	7	8	9	10	11	12
p_1 (Pa)	1500	1500	1500	1500	1490	1350	1250	1255	1360	1450	1500	1500

5. 比较冬季、夏季（以八月份为例）用户燃具前的压力变化范围（取 $\beta=1$）

$P_1 = 1500\text{Pa}$，冬季 x 在 $0.3 \sim 1.0$ 变化，夏季（八月）在 $0.3 \sim 0.54$ 变化（参见图7-4）。

（1）冬季燃具前压力

$$p_b = p_1 - \Delta p_p = 1500 - 750 x^{1.75}$$

$x = 0.3$ 时，

$$p_b = 1500 - 750 \times 0.3^{1.75} = 1500 - 91.2 = 1408.8 \approx 1410 \text{Pa}$$

$x = 1.0$ 时，

$$p_b = 1500 - 750 = 750 \text{Pa}$$

燃具前压力波动范围为 $41\% \sim -25\%$。

（2）夏季（八月）燃具前压力

$x = 0.3$ 时，同冬季压力，$p_b = 1410\text{Pa}$。

$x = 0.54$ 时，

$$p_b = 1500 - 750 \times 0.54^{1.75} = 1500 - 255 = 1245 \text{Pa}$$

燃具前压力波动范围为 $41\% \sim 24.5\%$。

（3）按月调节调压站出口压力，将调压站出口压力调至 $p_1 = 1255\text{Pa}$

$x = 0.3$ 时，

$$p_b = 1255 - 91.2 = 1163 \approx 1160\text{Pa}$$

$x = 0.54$ 时，

$$p_b = 1255 - 750 \times 0.54^{1.75} = 1255 - 255 = 1000\text{Pa}$$

燃具前压力波动范围为 $16\%\sim0$。

根据以上计算画出燃具前压力随 x 的变化曲线如图 7-4 所示。

从图上可以看出，通过季节性调节起点压力可以大大缩小燃具前的压力波动范围。

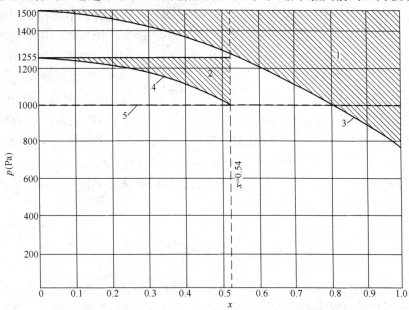

图 7-4　季节性调节起点压力的压力曲线

1—p_1 为 1500Pa 时燃具前压力的波动范围；2—p_1 为 1255Pa 时燃具前压力波动范围；

3、4—$\beta=1$ 时燃具前的压力曲线；5—燃具的额定压力 $p_n=1000\text{Pa}$

若压降利用系数 $\beta<1$，则用户处压力超过额定压力的值将增大，其范围在图 7-4 的斜线区内。

三、随管网负荷变化调节调压器出口压力时的水力工况

下面讨论根据管网负荷变化调节起点压力时，用户燃具前的压力变化情况。

在这种情况下，管网起点压力是根据在任意工况下燃具前的压力等于或接近额定压力而确定的。

因为

$$p_1 = p_b + \beta\Delta p_P = p_b + \beta\Delta p x^{1.75}$$

取 $\beta = 1$；$p_b = p_n$；$\Delta p = 0.75 p_n$，则上式可写成

$$\frac{p_1}{p_n} = 1 + 0.75 x^{1.75} \tag{7-20}$$

根据式（7-20）可画出 $\beta=1$ 时管网起点压力的最佳调节曲线和用户燃具前的压力曲线。见图 7-5 中曲线 1、2。

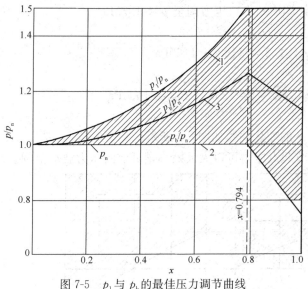

图 7-5　p_1 与 p_b 的最佳压力调节曲线

1—调压器出口压力曲线；2—$\beta=1$ 时燃具前压力曲线；

3—$\beta=0.5$ 时燃具前压力曲线

即在 $0 \leqslant x \leqslant 0.794$ 时，为保持燃具前压力 $p_b=p_n$，调压器出口压力应按曲线 1 进行调节。

当 $x=0.794$ 时，调压器出口压力 p_1 已达最大值 $1.5p_n$，并应维持 p_1 为 $1.5p_n$。之后，随着 x 的增大即 $x=0.794 \sim 1$，燃具前的压力将减小。

这种调节方法是假设所有用户的 β 值均相同的理想情况下来确定调压器出口压力的最佳曲线。当 $\beta < 1$ 时，燃具前的压力曲线将高于 $\beta=1$ 的压力曲线。图中曲线 3 为 $\beta=0.5$ 时燃具前压力曲线，斜线区表示随着 β 值的不同燃具前压力的变化范围。

使调压器的出口压力随着负荷的变化而进行调节的方法有多种，例如可采用在调压器出口安装节流孔板的方法，详见相关参考书。

第三节　高、中压环网的水力可靠性

城镇高、中压燃气管网，通常设计成环状，以保证供气的可靠性。当个别管段发生事故时，若整个系统通过能力的减少是在许可的范围以内，则认为该系统是可靠的。下面对管径 d 为常数的等管径环路和 $\dfrac{p_A^2 - p_B^2}{L}$ 为常数的等压降环路的水力可靠性进行分析。

一、管径 d 为常数时，事故工况下的供气能力

高、中压管网水力计算公式为：

$$p_A^2 - p_B^2 = k \frac{L}{d^{5.25}} Q^2 = aQ^2$$

式中　p_A、p_B——管段起点和终点的燃气压力（Pa）；

　　　k——与燃气性质和管材有关的系数；

　　　a——管段的阻抗。

在计算工况中，各管段的直径均为 d，长度均为 l，各管段的计算流量和节点流量如图 7-6 （a）所示。管段 1-4-3 和管段 1-2-3 是对称的。

下面分析半环的压力损失：

$$p_2^2 - p_3^2 = a(0.5Q)^2 = 0.25aQ^2$$

$$p_1^2 - p_2^2 = a(1.5Q)^2 = 2.25aQ^2$$

则：

$$p_1^2 - p_3^2 = (p_A^2 - p_B^2)_l = 2.5aQ^2$$

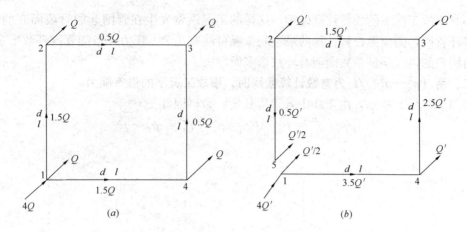

图 7-6 等管径高、中压环网的计算简图
(a) 计算工况；(b) 事故工况

式中 $(p_A^2 - p_B^2)_l$ ——计算工况下的半环的压力平方差（Pa²）。

在事故工况中，假设在最不利点即靠近供气点出现事故，则环路的气流方向是 1-4-3-2-5，各段流量如图 7-6 (b) 所示。假定所有用户的供气量都均匀下降，其流量以节点流量乘 x 表示，即 $Q' = xQ$，这样，事故情况下环的压力损失为：

$$p_2^2 - p_5^2 = a(0.5xQ)^2 = 0.25x^2aQ^2$$
$$p_3^2 - p_2^2 = a(1.5xQ)^2 = 2.25x^2aQ^2$$
$$p_4^2 - p_3^2 = a(2.5xQ)^2 = 6.25x^2aQ^2$$
$$\underline{+ \quad p_1^2 - p_4^2 = a(3.5xQ)^2 = 12.25x^2aQ^2}$$
$$p_1^2 - p_5^2 = (p_A^2 - p_B^2)_s = 21.00x^2aQ^2$$

式中 $(p_A^2 - p_B^2)_s$ ——事故工况下的总压力平方差（Pa²）。

如果计算工况和事故工况的起点压力和终点压力相同，则

$$(p_A^2 - p_B^2)_l = (p_A^2 - p_B^2)_s$$
$$2.5aQ^2 = 21.00x^2aQ^2$$
$$x = 0.345$$

这就是说，在事故工况时，用户能够得到的燃气量将减少到计算流量的 34.5%，这当然不能保证系统供应的可靠性。其解决办法是在系统中有一定的压力储备，以便在事故发生时，增加允许压力降，从而增加流量，使燃气量不低于计算流量的 70%，即所有用户的供气保证系数为 0.7。

这时计算压力降的利用程度应为：

$$\frac{(p_A^2 - p_B^2)_l}{(p_A^2 - p_B^2)_s} = \frac{25aQ^2}{21 \times 0.7^2 aQ^2} = 0.25$$

即计算压降利用系数为 25%。

压力储备值与管网布置、负荷及供气保证系数有关。对于单环管网，当供气保证系数为 1 时，计算压降利用程度的数值可取为 0.15；保证系数为 0.7 时，压降利用系数可取 0.25～0.3；保证系数为 0.5 时，压降利用系数可取 0.6。所选的压力储备是否正确，应

由最不利事故工况下的校核计算确定。这样的工况通常发生在管网起始管段断开的情况。对于多环管网，需要做校核计算的最不利工况可能有几个。压力储备随管网环数增多而减少，而用户的供气保证系数则随着环数增多而增大。

二、用 $(p_A^2 - p_B^2)/L$ 为常数计算管网时，事故工况下的供气能力

如图 7-7 (a) 所示，由于环中各管段长度一致，因此

$$p_1^2 - p_2^2 = p_2^2 - p_3^2 = p_1^2 - p_4^2 = p_4^2 - p_3^2$$

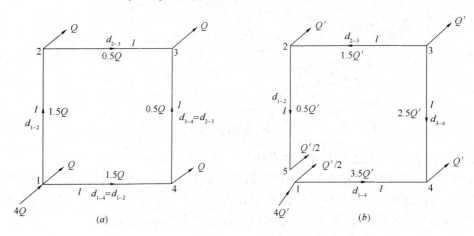

图 7-7　$(p_A^2 - p_B^2)/L$ 为常数的高、中压环网计算简图

(a) 计算工况；(b) 事故工况

由于各段管径不同，管段的阻抗也不同。

$$p_2^2 - p_3^2 = a_{2\text{-}3}(0.5Q)^2 = a_{2\text{-}3} \times 0.25Q^2$$

$$p_1^2 - p_2^2 = a_{1\text{-}2}(1.5Q)^2 = a_{1\text{-}2} \times 2.25Q^2$$

因为

$$p_2^2 - p_3^2 = p_1^2 - p_2^2$$

所以

$$0.25 \times a_{2\text{-}3} = 2.25 \times a_{1\text{-}2}$$

$$a_{2\text{-}3} = 9a_{1\text{-}2}$$

得：

$$p_1^2 - p_3^2 = (p_A^2 - p_B^2)_l = 4.5a_{1\text{-}2}Q^2$$

事故工况见图 7-7 (b)，其计算如下：

$$p_2^2 - p_5^2 = a_{1\text{-}2}(0.5xQ)^2 = 0.25x^2 a_{1\text{-}2}Q^2$$

$$p_3^2 - p_2^2 = a_{2\text{-}3}(1.5xQ)^2 = 2.25x^2 \times 9a_{1\text{-}2}Q^2$$

$$p_4^2 - p_3^2 = a_{4\text{-}3}(2.5xQ)^2 = 6.25x^2 \times 9a_{1\text{-}2}Q^2$$

$$+\ p_1^2 - p_4^2 = a_{1\text{-}4}(3.5xQ)^2 = 12.25x^2 a_{1\text{-}2}Q^2$$

$$\overline{p_1^2 - p_5^2 = (p_A^2 - p_B^2)_s = 89x^2 a_{1\text{-}2}Q^2}$$

假设事故工况和计算工况起点压力和终点压力相同，则

$$4.5a_{1\text{-}2}Q^2 = 89x^2 a_{1\text{-}2}Q^2$$

$$x = 0.225$$

这表明在事故工况中，若起点压力不变，则燃气量将减少到计算流量的 22.5%。

三、两种方法金属用量的分析

两种方法的比较应在环路的过流能力相同和总压力降相同，也就是水力可靠性相同的条件下进行。高压、中压管网的上述两种计算方法究竟哪种好，需要比较一下金属用量。

为了确定第二种方法的管段直径，把第二种方法中的 a_{1-2} 和 a_{2-3} 以 a 来表示。为此应令两种方法在事故工况下的总压力降相同，而且 x 也相同，这样可得：

$$21x^2 aQ^2 = 89x^2 a_{1-2}Q^2$$

$$a_{1-2} = 0.236a$$

$$a_{2-3} = 9a_{1-2} = 2.12a$$

现在确定其管径：

因为

$$a_{1-2} = k\frac{l}{d_{1-2}^{5.25}}; \ a = k\frac{l}{d^{5.25}}$$

所以

$$\frac{d_{1-2}}{d} = \left(\frac{a}{a_{1-2}}\right)^{\frac{1}{5.25}} = \left(\frac{a}{a_{1-2}}\right)^{0.19} = \left(\frac{a}{0.236a_0}\right)^{0.19}$$

得：

$$d_{1-2} = 1.32d$$

同样可得：

$$d_{2-3} = 0.867d$$

管道的金属用量可用下式表达：

$$M = \pi \, \mathrm{d}\delta \, l\gamma = c'ld$$

式中　δ——管壁厚度，近似地认为与管径无关；

　　　γ——金属密度；

　　　c'——常数，$c' = \pi\delta\gamma$。

图 7-6 与图 7-7 所示环的各段长度相同，则等管径环路的金属用量为：

$$M = 4c'ld$$

第二种方法的金属用量为：

$$M_{\mathrm{E}} = 2c'l(1.32 + 0.867)d = 4.37c'ld$$

比第一种方法多耗用的金属量为：

$$\frac{4.37c'ld - 4c'ld}{4c'ld} = 0.0925，即 9.25\%。$$

从上述方案的比较可知，在相同的水力可靠性情况下，按等管径计算的环路比按 $\dfrac{p_{\mathrm{A}}^2 - p_{\mathrm{B}}^2}{L}$ 为常数计算的环路金属用量要少，比较经济，因此宜按等直径设计高、中压环网。

四、保证城镇燃气输配管网可靠性的途径

为了保证和提高城镇燃气管网供气的可靠性，在确定燃气供应系统时应采取以下措施：

1. 根据城镇总体规划，做好负荷预测，正确计算出高、中压管网的计算流量，避免由于城镇发展，燃气供应能力不足造成重复建设。

2. 城镇燃气管网（特别是高、中压干管）应布置成环形，保证对调压站、大用户双侧供气，防止供气中断。

3. 设计城镇燃气管网系统时，在进行管网的高峰水力计算之后，必须进行可靠性分析。具体做法是根据可靠性理论，假设高、中压管网某一处（或几处）关键部位发生故障，校核管网的供气能力。若供气能力大于计算工况的 70%（考虑计算工况发生事故的概率、经济性以及事故时附近工业用户停气的可能性等综合因素确定），则该管网设计可靠。如达不到，则需要调整管网的结构或管径，提高其储备能力，并重新进行校核，保证可靠性。

4. 如果存在天然或人工障碍，低压管网可以分区布置，没有必要连成整体系统，但每一个独立分区至少应有两个调压站，各调压站的出口可用同径管道以最短的线路相互连接，保证当一个调压站出现故障时由另一个调压站供给必要数量的燃气。

5. 通过对低压环形管网水力可靠性的分析，等管径低压环网在事故工况下，大大超过了高、中压环网在事故工况下的过流能力，基本上满足水力可靠性的要求。供气点越多，或者由一个供气点供气时，环数越多，水力可靠性也越大。因此，在设计时没有必要进行可靠性分析和发生事故时的供气能力的校核计算，故这部分内容在本书中不予讨论。

第八章 燃气的压力调节及计量

第一节 燃气压力调节过程

一、调压器的工作原理

燃气供应系统的压力工况是利用调压器来控制的，调压器的作用是根据燃气的需用情况将燃气调至不同压力。

调压器通常安设在气源厂、燃气压送站、分配站、储配站、输配管网和用户处。

在燃气输配系统中，所有调压器均是将较高的压力降至较低的压力，因此调压器是一个降压设备，其工作原理如图 8-1 所示。

气体作用于薄膜上的力按式（8-1）计算：

$$N = F_a p = cFp \qquad (8-1)$$

式中　N——气体作用于薄膜上的移动力（N）；

　　　F_a——薄膜的有效面积（m^2）；

　　　p——作用于薄膜上的燃气压力（Pa）；

　　　c——薄膜的有效系数；

　　　F——薄膜表面在其固定端的投影面积（m^2）。

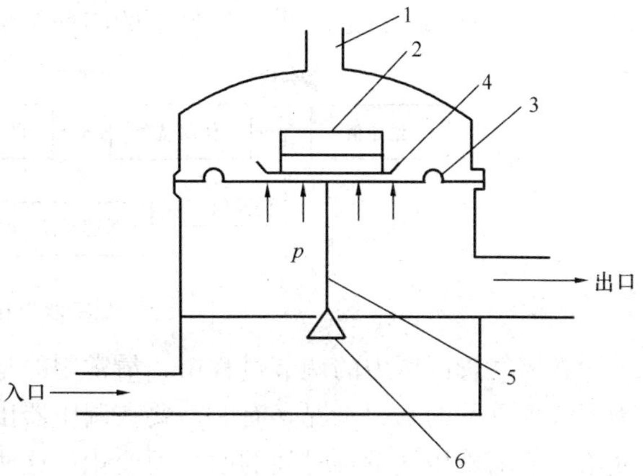

调节阀门的平衡条件可近似认为

$$N = W_g \qquad (8-2)$$

式中　W_g——重块的重量（N）。

图 8-1　调压器工作原理

1—呼吸孔；2—重块；3—悬吊阀杆的薄膜；
4—薄膜上的金属压盘；5—阀杆；6—阀芯

当出口处的用气量增加或入口压力降低时，燃气出口压力 p 降低，造成 $N<W_g$，失去平衡。此时薄膜下降，使阀门开大，燃气流量增加，使压力恢复平衡状态。

当出口处用气量减少或入口压力增加时，燃气出口压力 p 升高，造成 $N>W_g$，此时薄膜上升，带动阀门使开度减小，燃气流量减少，因此又逐渐使压力恢复到原来的状态。

可见，不论用气量及入口压力如何变化，调压器可以通过重块（或弹簧）的调节作用，自动保持稳定的出口压力。因此调压器和与其连接的管网是一个自调系统。

该自调系统由敏感元件、传动装置、调节元件和调节对象（与调压器出口连接的燃气管道）组成。该自调系统首先由薄膜测出出口压力，然后通过薄膜将这个压力与重块（或弹簧）的力进行比较，依靠两者之间的差值，通过阀杆带动阀芯上下移动，调节调压器出口处的管道压力。

为了更清楚地描述该自调系统的各个组成环节之间的相互影响和信号联系，可用方块

图 8-2 来表示调压器（图 8-1）的工作原理。

图中每个方块表示组成系统的一个环节，两个环节之间用一条带有箭头的线条表示其相互关系，线条上的文字表示相互间的作用信号，箭头表示信号的方向。调压器出口压力在此自调系统中称为被调参数，被调参数是调节对象的输出信号。引起被调参数变化的因素是用气量及进口压力的改变，统称为干扰作用，这就是作用于调节对象的输入信号。通过调节元件的流量就是作用于调节对象并实现调节作用的参数，常称为调节参数。

当外界给一个干扰信号时，则被调参数发生变化，传给敏感元件（薄膜），敏感元件发出一个信号与给定值进行比较，得到偏差信号，将其传送给传动装置（阀杆），传动装置根据偏差信号发出位移信号送至调节元件（调节阀门），阀门开始动作，并向调节对象（出口管道）输出一个调节作用信号（调节参数）克服干扰作用影响。

从图 8-2 可以看出，自调系统中的任何一个信号沿着箭头方向前进，最后又回到原来的起点，从信号的角度来说，图 8-2 是一个闭合的回路，所以叫做闭环系统。系统的输出参数——被调参数经过敏感元件又返回到系统的输入端，这种将输出信号又引回到输入端的做法叫做反馈。而且这个反馈信号总是作为负值和给定值比较，因此又称为负反馈。所以，压力的自调系统总是带有负反馈的闭环系统。

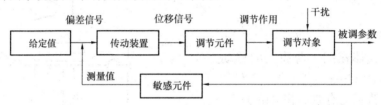

图 8-2　调压器自调系统方块图

在燃气管网压力的调节过程中，最常用的是定值调节系统，即给定值是一个常数。但为了改善管网的水力工况，有时需要在调压器出口增设孔板或在调压器处设置凸轮机构，使给定值随着用气量及时间的改变而变化。这两种压力调节系统分别称为随动调节系统及程序调节系统。

二、压力自动调节过程的过渡过程

当用气量及进口压力保持不变时（无干扰），整个系统保持一种相对静止状态，称为静态。由于用气量及进口压力的改变而破坏了这种平衡状态时，被调参数就要发生变化，偏离设定值。为了使出口压力回到设定值，调压器的调节系统就要通过自身机构的调整，控制调节元件的位移量，以克服干扰，恢复平衡状态，使出口压力回到设定值。从干扰的发生，经过调节，直到系统重新建立平衡，在这一段时间中整个系统的各个环节的参数都处于变动之中，这种状态称为动态。在燃气供应系统中，用气量及压力几乎每时每刻都在变化，所以了解压力自调系统的动态特性是很重要的。

在调压器处于动态阶段时，被调参数不断变化，它随时间变化的过程称为自调系统的过渡过程。也就是系统从一个平衡状态过渡到另一个平衡状态的过程。调节系统动态特性可以用突然干扰作用下的过渡过程曲线来描述，如图 8-3 所示。被调参数 y（出口压力）随时间 t 的变化情况有几种形式。

1. 振荡发散过程

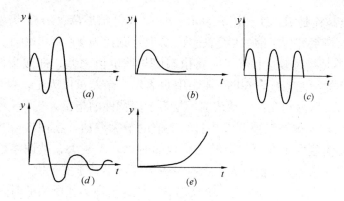

图 8-3 过渡过程的几种基本形式

（*a*）振荡发散过程；（*b*）非振荡衰减过程；（*c*）等幅振荡过程；

（*d*）衰减振荡过程；（*e*）非振荡发散过程

如曲线（*a*）所示，被调参数偏离给定值的数据逐渐增大，最后到超出限度产生事故为止，这种过程是不稳定过程。在调压器上的表现为大幅喘振，噪声很大。这种情况往往是由于负反馈信号取值不合适而造成过调，会导致调压器严重的机械故障，造成事故。

2. 非振荡衰减过程

如曲线（*b*）所示，在不允许被调参数有大幅度波动的情况下，这种过程是可以采用的。但由于这种过程变化较慢，在燃气压力的调节系统中也不被采用。

3. 等幅振荡过程

如曲线（*c*）所示，它表明系统受到干扰作用后，被调参数做上下振幅稳定的振荡，即被调参数在设定值的某一范围内来回波动。这种过程也是不稳定过程，在调压器中常见。若振幅很小，频率较慢，通常不影响使用；反之则不可使用，除了影响调节性能外，还会引起设备共振，引发危险。

4. 衰减振荡过程

如曲线（*d*）所示，它表明系统受到干扰作用后，被调参数上下波动，且波动的幅度逐渐减小，经过一段时间达到接近给定值的平衡状态。这种情况是调压器理想的调节过程，应被广泛采用。

5. 非振荡发散过程

如曲线（*e*）所示，它表明系统受到干扰作用后，被调参数单调变化偏离设定值越来越远，超出规定范围。这种情况在调压器中也有发生，会引发超压送气的事故，也是不允许出现的。

图 8-4 是表示衰减振荡过渡过程质量指标的示意图。用过渡过程来衡量一个系统的调节质量时，习惯上归纳为下列几个指标来表示：

1. 衰减比 衰减比是表示衰减过程响应曲线衰减程度的指标，数值等于前后两个峰值的

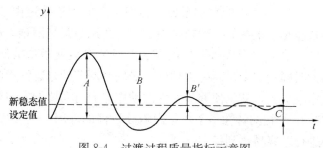

图 8-4 过渡过程质量指标示意图

比，在图 8-4 中衰减比是 $B:B'$，用 n 表示，$n=1$ 为等幅振荡；$n<1$ 为发散振荡；$n>1$ 为衰减振荡。为保持系统有足够的稳定程度，常取衰减比为 $4:1 \sim 10:1$。

2. 余差　余差是指过渡过程终了时新稳态值与设定值之差，即残余偏差。它是反映控制系统控制精度的静态指标，在图 8-4 中用 C 表示。余差可以为正，也可以为负，在调压器中，表现为出口压力的允许波动范围，是表示静特性的指标。

3. 最大偏差　最大偏差是被调参数与给定值的最大差值，在图 8-4 中用 A 表示。衰减振荡过程的最大偏差发生在第一个波峰出现的时刻，A 越大，被调参数偏离设定值越远，越不利于系统的稳定。A 值过大，会对设备损坏，不利于安全供气。

4. 过渡时间　从干扰发生时起到系统又建立了新的平衡为止所用的时间，叫过渡时间。从严格意义上讲，被调参数完全达到新的稳定状态需要无限长的时间。实际上，在可以测量的区域内，在新的稳定值上下规定一个小的范围，当指示值进入这一范围而不再越出时，就认为被调参数已达到稳定值。按这个规定，过渡时间就是从干扰开始作用之时起，直至被调参数进入稳定范围之内所经历的时间。过渡时间短，表示过渡过程进行得顺利，这时即使干扰频频出现，系统也能适应。过渡时间长，几个叠加起来的干扰影响，可能会使系统不符合要求。对于调压器来说，过渡时间就是从进口压力或用气流量发生变化时到出口压力回到设定值允许精度范围的时间。

5. 振荡周期与频率　过渡过程从一个波峰到第二个波峰之间的时间叫周期，其倒数叫振荡频率。在燃气管网压力的调节过程中，在衰减比相同的条件下，周期与过渡时间成正比，周期越短，反应越快。

一般来说，一个控制系统的优劣在静态时是难以判别的，只有在动态过程中才能充分反映出来。系统在运行过程中，会频繁受到干扰，系统自身不断调节用以克服干扰的影响，使被调参数保持在规定的技术指标之内。因此，我们对系统研究的重点应主要放在控制系统的动态过程上。对于调压器的判定也是如此，评价调压器质量最重要的因素是看它的调节性能，一个性能良好的调压器应有较小的偏差值，较短的过渡时间，较小的余差和较短的振荡周期，并尽可能将衰减比 n 控制在 4 左右。

三、影响过渡过程动特性的因素

过渡过程的动特性主要取决于系统本身，它是组成系统各环节的动特性的综合。对系统动特性影响最大的因素有以下几个方面：

1. 调节对象的自行调节特性　对象的自行调整是在平衡条件破坏后，系统不依靠调压器，而在新的调节参数上达到稳定的能力。燃气管道是能够进行自行调整的，因而有利于调节过程的稳定。

2. 调节对象的容积系数　容积系数值等于管道中增加单位压力所需的燃气量。容积系数越小、干扰的变化越剧烈时，进行调节就越困难，也越不易稳定。

3. 由于各种惯性产生的滞后　所谓滞后就是从被调参数发生变化到阀芯开始移动所需的时间，这个时间越少越好。滞后对调节的稳定性影响很大，特别是测量滞后和传送滞后影响更大，甚至使调节元件的动作方向与需要的方向相反，导致调节过程恶化。

4. 干扰的特性　干扰是影响动特性的外因。当干扰均匀而平稳时，能使调节过程平稳进行，容易达到稳定。

第二节　调压器的调节元件及敏感元件

一、调压器调节元件及流通能力计算

（一）调节元件

调节元件的作用是调节通过调压器的流量，由阀座和阀芯组成，通常称为调节阀。调节阀有不同的形式，按结构可以分为单座阀和双座阀，如图 8-5 所示。

单座阀能保证在下游流量为零时可靠地切断供气，防止出口管段压力升高。但是由于阀口两侧燃气压力不同，受力不平衡，增加了调压器进口压力变化对燃气出口压力的影响。

双座阀受力平衡，因此调压器进口压力变化对出口压力调节影响较小，但是双座阀不易关闭严密。原因是在温度变化时，阀芯和阀座的胀缩情况不能完全一致。两个阀座在加工或使用中的磨损也可能是不均匀的。在双座阀完全关闭时，漏气率可达最大流量的 4％。因此这类调节阀可安装在燃气流量总是不等于零的燃气管道上。

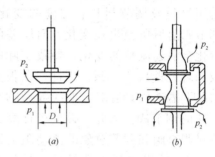

图 8-5　单座阀与双座阀阀体结构简图
（a）单座阀；（b）双座阀

调压器按气体在调节阀处的流动方向可分为轴流式和截止式两种，如图 8-6 所示。

轴流式是指气体在调节阀处的流动方向与进出口燃气流动方向一致，截止式是指气体在调节阀处的流动方向与进出口的燃气流动方向相垂直。

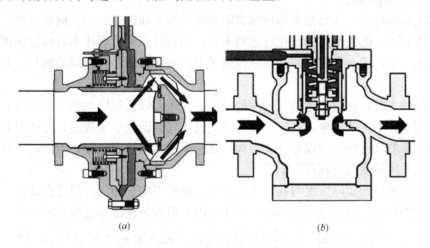

（a）　　　　　　　　　　　　　　　　（b）

图 8-6　轴流式和截止式阀体结构图
（a）轴流式；（b）截止式

调节阀的流量和开启程度的函数关系，可以用曲线来表示，称为调节阀流量特性曲线，如图 8-7 所示。

图中纵坐标表示被调介质的相对通过能力，横坐标表示调节阀的相对开启程度，这些曲线是按照燃气在调压器中的压力降为定值做出的。因此，它是理想的特性曲线。

特性曲线的曲率与调节阀断面、切口形状等有关，最常使用的是直线、抛物线和对数曲线三种。

通常希望被调介质的流量与调节阀的行程具有线性关系。然而，在实际管道中，利用线性特性的调节阀往往不可能获得线性关系，这是因为随着用气量及调节阀开启程度的变化，调节阀前后压差也在变化，而压差的变化会引起流量的变化，导致实际曲线和理论曲线不一致。因此，在很多情况下需选用具有对数曲线或抛物线特性的调节阀。为此，必须用计算方法对调节阀和调节对象的流动阻力进行分析，在此基础上选择具有最佳调节特性的调节阀。并应力求使调节阀

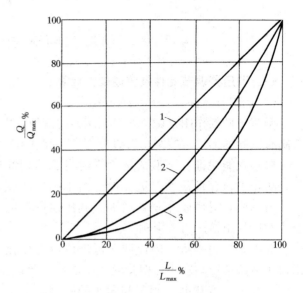

图 8-7　调节阀流量特性曲线
1—直线；2—抛物线；3—对数曲线

在最有效的区域内工作。对于具有对数曲线和抛物线特性的调节阀，最有效的区域是调节阀开启程度的最后 1/4 部分。在这个区域，当调节阀的开启程度变化很小时，被调节的燃气量变化却很大。

阀口的断面通常小于管道断面。对于少数快速作用的调节阀，其断面等于管道断面。

（二）调节元件的计算

气流通过阀口时，压力损失是由摩擦阻力和气流不断改变流动方向造成的。在通过阀口时如压降不大，燃气密度的变化可忽略不计，则在计算时可看作不可压缩流体。这时压降完全取决于节流的水力阻力，而在紊流情况下，开启着的结构相同的阀口，其阻力系数是定值。

如压降较大时，则应考虑燃气密度的变化。当压力降低时燃气的体积增大，因此在通过阀口时要损失附加的能量。在压力变化的同时燃气的温度也要改变，这就引起气流与其周围壁面之间的热交换。所以燃气流经阀口是一个复杂的物理过程，因而在计算通过阀口的流量时应采用简化的物理模型。

燃气流经阀口的实际情况与孔口出流相比，虽然不完全相同，但可在计算公式中引入经验系数予以修正。该系数可考虑燃气膨胀等因素根据理论推导近似地求出。

实际上当 $\dfrac{\Delta p}{p_1} \leqslant 0.08$ 时，忽略燃气的压缩性，误差不大于 2.5%。当 $\dfrac{\Delta p}{p_1} > 0.08$ 时，则应考虑燃气的压缩性。

1. 对于不可压缩流体的计算

气体通过调压器时压力降按式（8-3）计算：

$$\Delta p = \xi \frac{W^2}{2} \rho \tag{8-3}$$

式中　Δp——气体通过调压器的压力降（Pa）；

ξ——调节阀的局部阻力系数；

W——管道断面的燃气平均流速（m/s）；

ρ——燃气密度（kg/m³）。

则计算流量的公式为：

$$Q = WF = \frac{F}{\sqrt{\xi}} \sqrt{\frac{2\Delta p}{\rho}} \tag{8-4}$$

式中　Q——调压器的流量（m³/s）；

F——调节阀连接管的断面面积（或当量流通断面面积）（m²）。

通常在计算调压器时常采用单位：Q 为 m³/h，F 为 cm²，Δp 为 MPa 和 ρ 为 kg/m³。则可将采用国际单位制的式（8-4）写成公式（8-5）：

$$Q = 509 \frac{F}{\sqrt{\xi}} \sqrt{\frac{\Delta p}{\rho}} \tag{8-5}$$

式中　Q——调压器的流量（m³/h）；

F——调节阀连接管的断面面积（或当量流通断面面积）（cm²）；

Δp——调压器的压力降（MPa）。

在计算调节阀流量时常引入流通能力系数 C 的概念，C 是 $\rho = 1000$kg/m³，压降为 0.0981MPa 时，流经调节阀的小时流量（m³/h）。将上述数据代入式（8-5）得：

$$Q = C = \frac{5.04F}{\sqrt{\xi}} \tag{8-6}$$

C 值和流通断面、局部阻力系数有关，因此，已知调压器的 C 值可求出局部阻力系数 ξ；反之，已知局部阻力系数也可求出 C 值。

阻力系数同阀口面积与连接管断面面积之比有关，也同调节阀、壳体的构造有关，在流量甚小时还同雷诺数有关。对于单座阀的调压器阀口面积和连接管流通断面面积之比可采用式（8-7）计算：

$$\frac{F_0}{F} = \left(\frac{d}{D}\right)^2 = 0.02 \sim 0.50 \tag{8-7}$$

式中　F_0——阀口面积（cm²）；

d——阀口直径（cm）；

F——连接管流通断面面积（cm²）；

D——连接管内径（cm）。

对于双座阀的调压器，$\frac{F_0}{F}$ 值约等于 0.7～2.0（此处 F_0 为两个阀口面积之和）。阻力系数 ξ_0 是对应于阀口面积 F_0 而言的，它与对应连接管流通面积的阻力系数 ξ 成比例。

$$\frac{F}{\sqrt{\xi}} = \frac{F_0}{\sqrt{\xi_0}} \tag{8-8}$$

将式（8-8）分别代入式（8-5）和式（8-6），可得：

$$Q = 509 \frac{F_0}{\sqrt{\xi_0}} \sqrt{\frac{\Delta p}{\rho}} \tag{8-9}$$

$$Q = C = \frac{5.04F_0}{\sqrt{\xi_0}} \tag{8-10}$$

2. 对于可压缩流体的计算

在计算阀口的流量时，应考虑燃气密度的变化和对理想气体定律的偏离。此时应利用这一现象的近似物理模型，可将燃气经过阀口的流动看作孔口出流，则流量可由式(8-11)求得：

$$Q_0 = WF_0 \frac{\rho_2}{\rho_0} \tag{8-11}$$

式中　Q_0——标准状态时燃气的体积流量（Nm^3/s）；

　　　W——出流速度（m/s）；

　　　F_0——阀口面积（m^2）；

　　　ρ_2——流出孔口后的燃气密度（kg/m^3）；

　　　ρ_0——标准状态时的燃气密度（kg/Nm^3）。

出流速度可由下式求得：

$$W = \alpha \sqrt{\frac{2k}{k-1}\frac{p_1}{\rho_1}\left[1-\left(\frac{p_2}{p_1}\right)^{\frac{k-1}{k}}\right]} \tag{8-12}$$

式中　W——燃气的出流速度（m/s）；

　　　α——调节阀口的流量系数，$\alpha = \dfrac{1}{\sqrt{\xi_0}}$；

　　　k——绝热指数；

　　　p_1——阀口前的绝对压力（Pa）；

　　　p_2——阀口后的绝对压力（Pa）；

　　　ρ_1——阀口前的燃气密度（kg/m^3）。

将式（8-12）代入式（8-11），并经过换算得：

$$Q_0 = \alpha F_0 \frac{\rho_2}{\rho_0}\sqrt{\frac{2p_1}{\rho_1}}\sqrt{\frac{k}{k-1}\left[1-\left(\frac{p_2}{p_1}\right)^{\frac{k-1}{k}}\right]}\sqrt{\frac{\frac{p_1-p_2}{p_1}}{\frac{p_1-p_2}{p_1}}}$$

$$= \frac{\sqrt{2}F_0}{\sqrt{\xi_0}}\frac{\rho_2}{\rho_1}\sqrt{\frac{\rho_1}{\rho_0}\frac{\rho_1}{\rho_0}}\sqrt{\frac{\Delta p}{\rho_1}}\sqrt{\frac{k}{k-1}\frac{1-\left(\frac{p_2}{p_1}\right)^{\frac{k-1}{k}}}{1-\frac{p_2}{p_1}}} \tag{8-13}$$

如果认为燃气流动是绝热的，以压力之比取代密度之比：

$$\frac{\rho_2}{\rho_1} = \left(\frac{p_2}{p_1}\right)^{\frac{1}{k}}$$

此外，利用状态方程：

$$p = Z\rho RT;$$

$$\frac{\rho_1}{\rho_0} = \frac{p_1}{p_0}\frac{T_0}{T_1}\frac{Z_0}{Z_1}$$

其中　$Z_0 = 1$。

代入式（8-13），流量计算公式可写为：

$$Q_0 = \frac{\sqrt{2}F_0}{\sqrt{\xi_0}}\sqrt{\frac{T_0}{p_0}}\sqrt{\frac{p_1\Delta p}{\rho_0 T_1 Z_1}}\sqrt{\frac{k}{k-1}\frac{\left(\frac{p_2}{p_1}\right)^{\frac{2}{k}}-\left(\frac{p_2}{p_1}\right)^{\frac{k+1}{k}}}{1-\frac{p_2}{p_1}}} \tag{8-14}$$

将 $p_0 = 101325\text{Pa}$，$T_0 = 273.15\text{K}$ 代入式（8-14），F_0 以 cm^2 为单位，则可得计算公式（8-15）

$$Q = 1.46\times10^{-6}C\varepsilon\sqrt{\frac{p_1\Delta p}{\rho_0 T_1 Z_1}} \tag{8-15}$$

式中　ε——考虑了燃气流经调节阀时密度变化的膨胀系数，其数值为：

$$\varepsilon = \sqrt{\frac{k}{k-1}\frac{\left(\frac{p_2}{p_1}\right)^{\frac{2}{k}}-\left(\frac{p_2}{p_1}\right)^{\frac{k+1}{k}}}{1-\frac{p_2}{p_1}}} \tag{8-16}$$

如各参数采用常用单位：Q_0 为 Nm^3/h，p_1 及 Δp 为 MPa，则式（8-15）可改写成式（8-17）

$$Q_0 = 5260C\varepsilon\sqrt{\frac{p_1\Delta p}{\rho_0 T_1 Z_1}} \tag{8-17}$$

由于气体流经阀口时的流动与绝热过程有区别，其计算误差应利用系数 ε 予以补偿，ε 的值通常采用实验数据，如图 8-8 所示。

各实验曲线均近似为直线，对于空气可用式（8-18）计算：

$$\varepsilon_B = 1 - 0.46\frac{\Delta p}{p_1} \tag{8-18}$$

对于具有其他绝热指数的气体可乘以校正系数 x 求得。

$$x = \frac{\varepsilon_\Gamma}{\varepsilon_B}$$

式中　ε_Γ——燃气的膨胀系数；

ε_B——空气的膨胀系数。

当在临界状态，即

$$\nu = \frac{p_2}{p_1} \leqslant \left(\frac{p_2}{p_1}\right)_c \tag{8-19}$$

此时调压器的流量可由式（8-20）

$$Q_0 = 5260C\varepsilon_c p_1\sqrt{\frac{\left(\frac{\Delta p}{p_1}\right)_c}{\rho_0 T_1 Z_1}} \tag{8-20}$$

式中：$\left(\frac{\Delta p}{p_1}\right)_c = 1 - \left(\frac{p_2}{p_1}\right)_c = 1 - \nu_c$

对于空气　　　　　$\varepsilon_c = 1 - 0.46\left(\frac{\Delta p}{p_1}\right)_c$

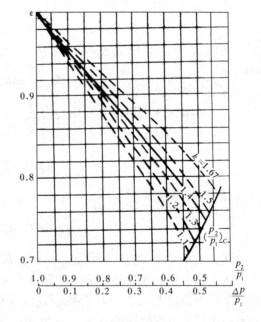

图 8-8　ε 与 $\frac{p_2}{p_1}$ 及 $\frac{\Delta p}{p_1}$ 的关系曲线

实验表明，空气流经阀门时临界压力比为 $\left(\dfrac{p_2}{p_1}\right)_c = 0.48$。而理论值 $\left(\dfrac{p_2}{p_1}\right)_c = 0.528$，其比值 $\dfrac{0.48}{0.528} = 0.91$ 作为计算 $\left(\dfrac{p_2}{p_1}\right)_c$ 公式中的校正值。

由式（8-21）可以计算出任意组分燃气的临界压力比。

$$\left(\frac{p_2}{p_1}\right)_c = 0.91\left(\frac{2}{k+1}\right)^{\frac{k}{k-1}} \tag{8-21}$$

用式（8-17）和式（8-20）计算调压器的流量时，必须知道调压器的流通能力系数 C 值。因此根据待选的调压器的实验参数进行换算，选取调压器是比较方便的。为此，式（8-17）需换算成式（8-22）形式：

$$Q_0 = 5260 C\varepsilon'\sqrt{\frac{p_2\Delta p}{\rho_0 T_1 Z_1}} \tag{8-22}$$

式中：

$$\varepsilon' = \varepsilon\sqrt{\frac{p_1}{p_2}} = \sqrt{\frac{k}{k-1}\cdot\frac{\left(\dfrac{p_2}{p_1}\right)^{\frac{2}{k}}-\left(\dfrac{p_2}{p_1}\right)^{\frac{k+1}{k}}}{\dfrac{p_2}{p_1}-\left(\dfrac{p_2}{p_1}\right)^2}} \tag{8-23}$$

在 $0.48 \leqslant \nu \leqslant 1$ 的范围内，空气 ε' 值波动范围为 $0.97\sim 1$，可取 0.98；对其他气体 ε' 值也可视为常数。

在临界状态时：

$$p_2\Delta p = (p_1 - \nu_c p_1)\nu_c p_1 = p_1^2(1-\nu_c)\nu_c$$

若取 $\nu_c = 0.5$，则 $p_2\Delta p = 0.25 p_1^2$，式（8-22）可写成如下形式：

$$Q_0 = 2630 C\varepsilon'\frac{p_1}{\sqrt{\rho_0 T_1 Z_1}} \tag{8-24}$$

如果实验调压器所用参数用 Q_0'、$\Delta p'$、p_2' 及 ρ_0' 表示，则换算公式有下列形式：

（1）亚临界状态

$$Q_0 = Q_0'\sqrt{\frac{\rho_0' p_2\Delta p}{\rho_0 p_2'\Delta p'}} \tag{8-25}$$

（2）临界状态

$$Q_0 = 0.5 Q_0' p_1\sqrt{\frac{\rho_0'}{\rho_0 p_2'\Delta p'}} \tag{8-26}$$

在上述换算过程中，假设 ε'、C、T_1 及 Z_1 为常数。

按上面介绍的阀口通过能力计算公式所得出的流量，是在可能的最小压降和阀口完全开启条件下的最大流量。在实际运行中，调压器阀口不宜处在完全开启状态，以阀口的位移不超过最大行程的 90% 为宜，这时调压器的计算流量（额定流量）与最大流量之间有如下关系：

$$Q_0^{\max} = (1.15\sim 1.20)Q_p \tag{8-27}$$

式中 $Q_0^{\max}$ ——调压器的最大流量（Nm^3/h）；

  Q_p ——调压器的计算流量（Nm^3/h）。

调压器的计算流量，应按该调压器所承担的管网计算流量的 1.2 倍确定。

　　调压器的压力降，应根据调压器前燃气管道的最低压力与调压器后燃气管道需要压力的差值确定。整个调压站的压力降还要包括室内管道、阀门及过滤器等设备的阻力损失。

　　国产 TZY-40K 型自力式调压器，阀口完全开启时系数 C 及有关数据列于表 8-1。

表 8-1

阀口完全开启时的系数 *C* 值

公称直径 （mm）	20	25	32	40	50	80	100	150	200
阀口直径 （mm）	10，12， 15，20	25	32	40	50	80	100	150	200
阀座形式	单座	单座， 双座	单座， 双座	单座， 双座	单座， 双座	单座， 双座	单座， 双座	单座， 双座	单座， 双座
系数 *C* 值	1.2，2.0， 3.2，5.0	8，10	12，16	20，25	32，40	80，100	120，160	280，400	450，630

　　【例 8-1】　试确定管道直径 $D=100\text{mm}$，阀口直径 $D_v=100\text{mm}$ 的调压器最大通过能力。

　　已知：调节机构为双座直通阀，阀口前后绝对压力 $p_1=0.32\text{MPa}$，$p_2=0.22\text{MPa}$，燃气密度 $\rho_0=0.7\text{kg/Nm}^3$，绝热指数 $k=1.3$，温度为 $10℃$。

　　【解】

　　（1）计算压力比值 $\dfrac{p_2}{p_1}$：

$$\nu=\frac{p_2}{p_1}=\frac{0.22}{0.32}=0.688>\nu_c$$

　　（2）根据表 8-1 查得 *C* 值：$C=160$

　　（3）根据 $\dfrac{p_2}{p_1}$ 查图 8-8 得：$\varepsilon=0.842$ 取 $Z_1=1$

　　（4）按式（8-17）确定调压器的最大通过能力：

$$Q_0=5260C\varepsilon\sqrt{\frac{p_1\Delta p}{\rho_0 T_1 Z_1}}=5260\times160\times0.842\sqrt{\frac{0.1\times0.32}{0.7\times283}}=9006\text{Nm}^3/\text{h}$$

　　【例 8-2】　选用调压器的阻力 $\Delta p=0.048\text{MPa}$，出口绝对压力 $p_2=0.1053\text{MPa}$。$\rho_0=0.7\text{kg/Nm}^3$；给出调压器实验值为 $Q'_0=120\text{Nm}^3/\text{h}$，$\Delta p'=0.0002\text{MPa}$，$p'_2=0.1033\text{MPa}$，$\rho'_0=0.6\text{kg/Nm}^3$。试求选用调压器的流量 Q_0。

　　【解】

　　（1）决定 ν：

$$\nu=\frac{p_2}{p_1}=\frac{0.1053}{0.1053+0.048}=0.687>\nu_c$$

因此流动速度为亚临界速度。

　　（2）按式（8-25）式决定调压器通过能力：

$$Q_0=Q'_0\sqrt{\frac{\rho'_0 p_2\Delta p}{\rho_0 p'_2\Delta p'}}=120\sqrt{\frac{0.6\times0.1053\times0.048}{0.7\times0.1033\times0.0002}}=1738\text{Nm}^3/\text{h}$$

二、敏感元件（薄膜）

薄膜在调压器中的作用是作为敏感元件感测燃气出口压力的变化，并将其与给定值比较，从而驱动传动装置，带动调节元件调节燃气调压器的出口压力。

（一）薄膜的有效系数

薄膜工作时，随着弯曲程度（挠度）的不同，有效系数也不同，其变化如图 8-9 所示。

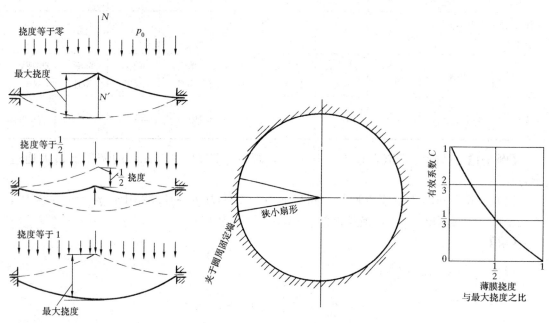

图 8-9　薄膜有效系数的变化曲线

N—薄膜上的移动总力；N'—阻止薄膜移动的总力

如果认为薄膜是完全韧性的，忽略薄膜材料的硬性，则可将从其中取出的狭小扇形看成是变断面的弹性线，其中一端固定，另一端（中心）可以移动。当薄膜的挠度为零时（挠度按薄膜移动力作用的方向计算），有效系数 $C=1$。在此情况下，薄膜的固定端并不承受移动力所产生的负荷，所有的移动力将全部传给薄膜中心。当薄膜挠度为最大挠度的一半，薄膜中心与固定端位于同一平面时，则移动力的 2/3 传到固定端，而 1/3 传到薄膜中心。在极端位置时，挠度为 1，全部移动力都将作用到固定端，此时有效系数等于零，有效系数的变化将导致燃气出口压力的波动，这对调节是不利的。如果在薄膜中心部位装上一个硬质圆盘，则可改变薄膜的敏感特性。带硬质圆盘的薄膜有效系数和挠度的关系如图 8-10 所示。硬质圆盘虽然改善了薄膜的敏感特性，但是却大大减少了薄膜

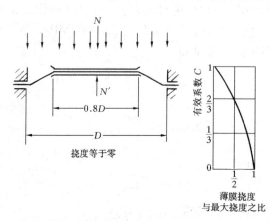

图 8-10　带有硬质圆盘的薄膜有效系数的变化

的自由行程，这是一个缺点。为此，韧性薄膜边缘的宽度一般不小于薄膜直径的十分之一。为了使有效系数不至变化太大，薄膜的工作行程要选择得使其挠度在 $0\sim0.5$ 之间，而且必须采用硬质圆盘。

（二）薄膜的特性

薄膜是一种织物和橡胶材料覆盖物组成的制品，织物用以受力，覆盖物用以保证密封性能，薄膜的常用材料为氟橡胶和丁腈橡胶，氟橡胶具有耐高温、耐油及耐多种化学药品侵蚀的特性，使用温度范围为 $-20\sim200℃$，丁腈橡胶具有优良的耐油、耐溶剂和耐多种腐蚀性介质的性能，使用的温度范围为 $-40\sim120℃$，但弹性及耐臭氧能力较差。

薄膜一般可做成平面形、碟形及波纹形，如图 8-11 所示。

平面形薄膜制造方便，但灵敏度差，行程小，有效面积变化大，多用于小型调压器。

薄膜的结构分为不带骨架及带骨架两种。前者制造简单，弹性好，但强度低；后者制造较复杂，但强度高。带骨架的薄膜结构如图 8-12 所示。

薄膜所用骨架，目前多用锦纶织物，锦纶纤维强度高，耐冲击性能好、弹性高、耐疲劳性好，经得住数万次双曲挠，但耐热性能低。

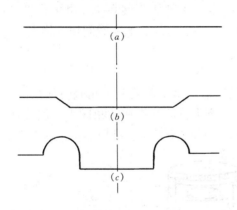

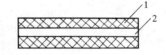

图 8-11　薄膜形状图　　　　图 8-12　带骨架的薄膜结构
（a）平面形；（b）碟形；（c）波纹形　　　1—橡胶；2—骨架

第三节　燃气调压器

一、调压器的分类

按作用原理，调压器通常可分为直接作用式和间接作用式两种。按用途或使用对象可以分为区域调压器、专用调压器及用户调压器。按进出口压力分为高高压、高中压、高低压调压器，中中压、中低压调压器及低低压调压器；按结构可以分为截止式和轴流式调压器；按阀口材质可分为金属阀口和橡胶阀口调压器；按被调参数，则有后压调压器和前压调压器。

若以调压器后的燃气压力为被调参数，则这种调压器为后压调压器。若以调压器前的压力为被调参数，则这种调压器为前压调压器。城镇燃气输配系统通常多用后压调压器调

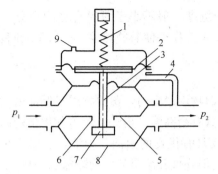

图 8-13 直接作用式调压器的工作原理图
1—调节弹簧；2—薄膜；3—阀杆；
4—导压管；5—阀座；6—阀垫；
7—阀芯；8—调压器壳体；9—呼吸孔

节燃气压力。

二、直接作用式调压器

直接作用式调压器是利用出口压力变化，直接控制传动装置（阀杆）带动调节元件（阀芯）运动的调压器，即只依靠敏感元件（薄膜）感受出口压力的变化移动阀芯进行调节，因此直接作用式调压器具有反应速度快的特点。

直接作用式调压器的结构和工作原理如图 8-13 所示，用弹簧（或重块）设定压力值。当出口压力变化时，下游出口压力通过导压管作用在薄膜的下方，当它与薄膜上方的弹簧（或重块）的设定压力不相等时，薄膜失去平衡，发生位移，带动阀芯运动，改变通过阀口的燃气量，从而恢复压力的平衡。

常用的直接作用式调压器有液化石油气减压器、用户调压器、中低压调压器、低低压调压器等。在城镇燃气输配系统中，直接作用式调压器可用于流量不大的区域调压站，直接和中压或高压管道相连，将燃气降压后送入中低压管网系统，也可直接进行居民用户、商业用户及小型工业用户的调压，具有调压性能可靠、响应时间短等优点。

（一）液化石油气减压器

1. 角阀钢瓶用调压器

目前常用的 YJ-0.6 型液化石油气减压器，是钢瓶安装了角阀时使用的调压器是国产的一种小型家用调压设备。它直接连接在液化石油气钢瓶的角阀上，流量在 $0 \sim 0.6 \mathrm{m^3/h}$ 范围内变化，能保证有稳定的出口压力，工作安全可靠。减压器构造如图 8-14 所示。

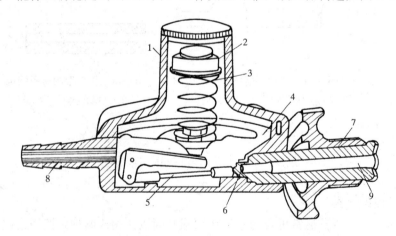

图 8-14 YJ-0.6 型液化石油气减压器
1—壳体；2—调节螺钉；3—调节弹簧；4—薄膜；5—横轴；
6—阀口；7—手轮；8—出口；9—入口

减压器的进口接头随手轮旋入角阀压紧于气瓶出口上。减压器出口用耐油橡胶软管与燃烧器相连。

当用户用气量增加时，出口压力降低，燃气作用在薄膜上的压力也就相应地降低，横轴借助于弹簧和薄膜的作用开大了阀口，使进气量增加，因而使减压器出口压力增加，经过一段过渡过程后，被调参数重新稳定在接近原给定值附近。当用气量减少时，减压器的薄膜及调节阀动作和上述相反。减压器上部的调节螺丝是确定给定值的。当需要改变被调参数时，旋动调节螺丝即可。

这种减压器是弹簧薄膜结构，随着流量的增加，弹簧伸长，弹簧力减弱，给定值降低；同时随着流量的增加，薄膜挠度减小，有效面积增加；气流直接冲击在薄膜上的力也增加，将抵消一部分弹簧力。所有这些因素都将使减压器随着流量的增加而使出口压力有所降低。这种减压器属于高低压调压器，其技术性能参数为：

进口压力　　20kPa～1000kPa

出口压力　　$2.8^{+0.5}_{-0.3}$kPa

关闭压力　　3.5kPa

使用温度　　－20～＋50℃

2. 顶装直阀钢瓶用调压器

随着技术的进步，我国的液化石油气钢瓶用直阀代替角阀已成为一种趋势。因此，原来的角阀调压器随之改用直阀调压器。顶装直阀钢瓶用调压器结构如图 8-15 所示。调压器进口和钢瓶直阀连接，出口通过胶管直接和燃具连接。

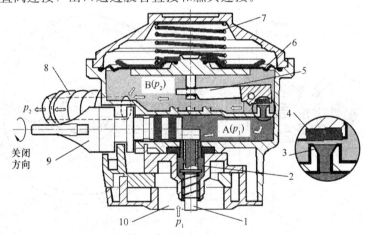

图 8-15　顶装直阀钢瓶用调压器（打开状态）

1—直阀开关顶杠；2—高压气流通道；3—调节阀口；4—调节阀瓣；5—连杆机构；6—皮膜；7—弹簧；8—户内胶管连接口；9—开关旋塞；10—钢瓶直阀连接口；A（p_1）—高压气腔；B（p_2）—低压气腔

当用户用气量增大，低压气腔 B 的压力 p_2 下降，弹簧 7 和低压腔压力 p_2 之间的平衡被打破，皮膜 6 向下移动，通过连杆机构 5 带动调节阀瓣 4 上移，调节阀瓣 4 和调节阀口 3 的通道增大，使得从高压气腔 A 补充到低压气腔 B 的燃气量增加，相应的压力 p_2 回升，达到新的动态平衡，p_2 恢复至原来的压力值。

当用户用气量减少，低压气腔 B 的压力 p_2 上升，弹簧 7 和低压腔压力 p_2 之间的平衡被打破，皮膜 6 向上移动，通过连杆机构 5 带动调节阀瓣 4 下移，调节阀瓣 4 和调节阀口 3 的通道减小，使得从高压气腔 A 补充到低压气腔 B 的燃气量减少，相应的压力 p_2 下降，达到新的动态平衡，p_2 恢复至原来的压力值。

（二）用户调压器

用户调压器具有体积小、质量轻、性能可靠、安装方便等优点。通常安装在调压柜（箱）中，适用于居民用户、集体食堂、餐饮服务行业及小型燃气锅炉等用户。

1. 单级调压用户调压器

单级调压用户调压器的工作原理如图 8-16 所示。

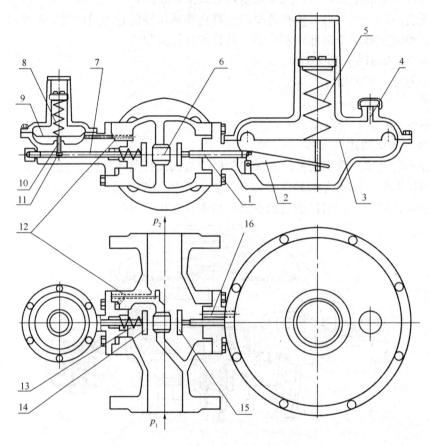

图 8-16　单级调压用户调压器

1—调压器阀杆；2—传动杆；3—调压器薄膜；4—呼吸孔；5—调压器弹簧；6—阀座；
7—切断阀阀杆；8—切断阀弹簧；9—切断阀薄膜；10—止动杆；11—切断阀阀杆上的凹槽；
12—切断阀内信号管；13—切断阀制动弹簧；14—切断阀阀芯；15—调压器阀芯；
16—调压器内信号管

当用户用气量增加时，出口压力 p_2 下降，调压器出口与调压器薄膜 3 下腔通过调压器内信号管 16 相连通，调压器薄膜 3 下腔的压力随之下降，使薄膜 3 在弹簧 5 的作用力下向下移动，传动杆 2 带动调压器阀杆 1 向右移动，使阀口开大，燃气流量增大，出口压力 p_2 逐渐回升至设定值。反之，当用气量减少时，出口压力 p_2 升高，调压器薄膜 3 向上移动，传动杆 2 带动阀杆 1 向左移动，阀口关小，使出口压力稳定在设定值。调压器正常工作时，切断阀薄膜 9 处于平衡状态，止动杆 10 卡在切断阀阀杆 7 上的凹槽 11 内，切断阀阀口完全打开，切断阀制动弹簧 13 处于压缩状态。超压事故情况下，出口压力 p_2 不断升高，调压器出口通过切断阀内信号管 12 与切断阀薄膜 9 下腔相连通，切断阀薄膜 9 下

150

腔的压力随之升高，切断阀薄膜 9 带动止动杆 10 上移，止动杆 10 从凹槽 11 内脱开，切断阀阀杆 7 在弹簧 13 的作用力下迅速右移，将阀口关闭，切断气源。切断阀切断后必须由人工手动复位。

2. 两级调压用户调压器

两级调压用户调压器由一级调压单元和二级调压单元组成，其结构如图 8-17 所示。

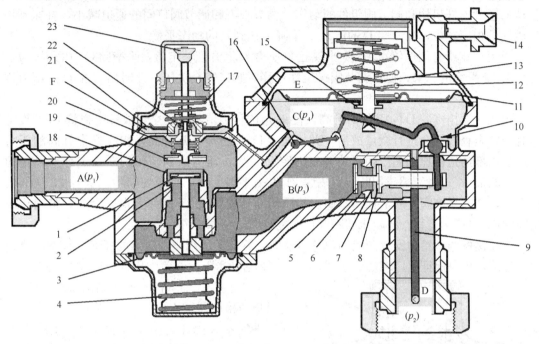

图 8-17 两级调压用户调压器

1——级调压阀阀瓣；2——级调压阀口；3——级调压皮膜；4——级调压弹簧；5—超流/欠压切断阀瓣；

6—超流/欠压切断阀口；7—二级调压阀口；8—二级调压阀瓣；9—取压信号管；10—连杆机构；

11—二级调压皮膜；12—二级调压弹簧；13—安全释放设定弹簧；14—大气平衡口；15—安全释放阀；

16—超流/欠压切断复位装置；17—超压切断设定弹簧；18—超压切断阀口；19—超压切断阀瓣；

20—超压切断动作弹簧；21—超压切断装置皮膜；22—超压切断控制弹珠；23—超压切断复位装置；

A（p_1）—进气腔；B（p_3）——级调压出口中间腔；C（p_4）—二级调压平衡腔；

D（p_2）—出气腔；E—二级调压弹簧腔；F—超压切断装置压力腔

一级调压单元由一级调压阀瓣 1、一级调压阀口 2、一级调压皮膜 3 和一级调压弹簧 4 构成，当压力 p_1 增大，一级调压皮膜 3、调压弹簧 4 下降，带动一级调压阀瓣 1 下降，一级调压阀口关小。反之，当压力 p_1 减小，一级阀口开大。无论进气腔 A 的压力 p_1 如何波动，通过一级调压单元，一级调压出口中间腔 B 都会保证一个相对稳定的中间压力 p_3，以 p_3 作为二级调压的入口压力，使得二级调压在一个恒定的入口压力下工作，确保了调压的高精确度。

当用户端用气量增大，二级调压出气腔 D 的压力 p_2 下降，二级调压平衡腔 C 通过信号管 9 与出气腔 D 连通，C 腔的压力 p_4 随 D 腔的压力 p_2 同步下降，二级调压弹簧 12 和平衡腔 C 内的压力 p_4 之间失去平衡，二级调压皮膜 11 向下移动，连杆机构 10 通过组件带动调节阀瓣 8 右移，调节阀瓣 8 和调节阀口 7 间的通道增大，使得更多的燃气补充给用户，出气腔 D 的压力 p_2 相应上升，达到新的动态平衡。

当用户端流量异常增大，调节阀瓣 8 和调节阀口 7 间的通道增大到一定限度，由于阀杆的位移距离被限制，超流/欠压切断阀瓣 5 将会完全关闭超流/欠压切断阀口 6。（该功能在低压管网发生断裂事故情况下可起到安全切断的保护作用）。

当用户端用气量减少，二级调压出气腔 D 的压力 p_2 上升，p_4 随 p_2 上升，皮膜 11 向上移动，通过连杆机构和调节阀组件的动作，调节阀瓣和调节阀口间的通道减小，补充到用户燃气量相应减少，出气腔 D 的压力 p_2 下降，达到新的动态平衡。

当用户端所有用户停止用气，出气腔 D 压力 p_2 上升到一定值，平衡腔 C 内的压力 p_4，与弹簧 12 平衡的结果，使得调节阀口组件左移，阀口完全关闭，此时出气腔 D 的压力称为关闭压力 p_b。

当调压器出气腔 D 的压力 p_2 升高，使得 p_4 的压力值超过安全释放设定弹簧13的设定值时，安全释放阀会进行微量放散，并很快复位。当 p_2 异常升高，相应异常升高的压力 p_4 通过内部通道传递到超压切断装置压力腔 F，当 p_4 压力达到超压切断设定弹簧设定的安全切断值 $p_{4,\max}$ 时，超压切断装置皮膜 21 失去平衡上移，超压切断控制弹珠 22 从卡槽里滑出，从而允许阀杆向下移动，使得超压切断动作弹簧 17 的弹力得以释放，带动超压切断阀瓣 19 快速下移，将超压切断阀口 18 关闭。

当在楼栋调压箱中安装两级用户调压器时，若该两级用户调压器的任何一级调压单元发生故障，仍可保证出口端的低压用户压力不超过 10kPa，避免中压入户。

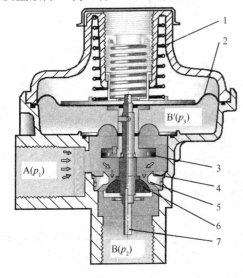

图 8-18　户内稳压器

1—调节弹簧；2—主阀皮膜；
3—安全切断阀瓣；4—安全切
断阀口；5—压力调节阀口；
6—压力调节阀瓣；7—信号管；
A—进气腔（p_1）；B—出气腔（p_2）；
B′—平衡腔（p_3）

3. 户内稳压器（低—低压调压器）

户内稳压器结构如图 8-18 所示。

进气腔 A 的压力 p_1，在弹簧 1、主阀皮膜 2、调压阀口 5、调压阀瓣 6、平衡腔 B′ 内压力 p_3 的综合调节作用下，使出气腔 B 的压力稳定在 p_2，在一定流量下达到用气的动态平衡。

当用户用气量增大，出气腔 B 的压力 p_2 下降，平衡腔 B′ 内的压力 p_3，通过信号管 7 与出气腔 B 连通，p_3 同步下降，弹簧 1 和平衡腔 B′ 压力 p_3 之间的压力失去平衡，主阀皮膜 2 向下移动，通过连杆机构带动调节阀瓣 6 下移，调节阀瓣 6 和调节阀口 5 通道增大，使得更多的燃气补充到出气腔，出气腔的压力 p_2 上升，得以达到新的动态平衡。

当用户用气量减少，出气腔 B 的压力 p_2 上升，平衡腔 B′ 内的压力 p_3 同步上升，弹簧 1 和平衡腔 B′ 压力 p_3 之间的压力失去平衡，主阀皮膜 2 向上移动，通过连杆机构带动调节阀瓣 6 上移，调节阀瓣 6 和调节阀口 5 通道减小，使得补充到出气腔的燃气量减少，出气腔的压力 p_2 下降，得以达到新的动态平衡。

当用户停止用气，出气腔 B 压力 p_2 会上升，达到一定值，使得调节阀瓣 6 上升将调节阀口 5 完全关闭，此时出气腔的压力即为关闭压力 p_b。

当用户端流量突然增加，超出设定流量值，出气腔 B 压力 p_2 突然下降，平衡腔 B′压力 p_3 降到安全切断值 $p_{3,min}$ 时，主阀皮膜 2 带动安全切断阀瓣 3 下移，将安全切断阀口 4 完全关闭，实现超流欠压切断功能（该功能可在用户胶管脱落或表具爆裂时起保护作用）。

对于高层（特别是超高层建筑）安装稳压器，可以消除附加压头的影响，保证燃具在额定压力下工作。在楼栋调压箱中安装两级用户调压器，同时每户加装稳压器是最理想、安全的措施。

三、间接作用式调压器

在城镇燃气输配系统中，间接作用式调压器多用于流量比较大的区域调压站中。间接作用式调压器的结构如图 8-19 所示。它由主调压器和指挥器组成。当下游用气量增加，出口压力 p_2 低于给定值时，指挥器薄膜 2 及阀芯 4 向下移动，阀口打开，进口压力 p_1 经指挥器阀口节流降压成为负载压力 p_3，压力为 p_3 的燃气补充到主调压器的薄膜下腔空间并作用在主调压器薄膜上，经阀杆 8 传递给阀芯 9 使主调压器阀口开大，下游流量增加，使 p_2 逐步恢复到给定值。反之，当下游用气量减少，出口压力 p_2 超

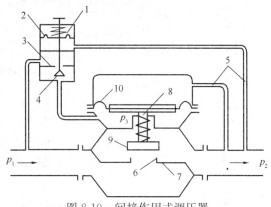

图 8-19 间接作用式调压器

1—指挥器弹簧；2—指挥器薄膜；3—指挥器阀座；
4—指挥器阀芯；5—导压管；6—主调压器阀垫；
7—主调压器阀座；8—主调压器阀杆；9—主调压器阀芯；
10—主调压器薄膜

过给定值时，指挥器阀口关小，使主调压器薄膜下腔的压力降低，主调压器的阀口关小，流量减少 p_2 也逐渐恢复到给定值。

间接作用式调压器具有调节范围大、调压性能稳定、通过流量大等特点。相同的指挥器和不同结构的主调压器或者相同的主调压器和不同的指挥器组合均可以形成不同系列的产品。由于间接作用式调压器品种很多，在此仅介绍两种有代表性的间接作用式调压器的工作原理。

（一）金属阀口轴流式调压器

该调压器结构如图 8-20 所示。进口压力为 p_1，出口压力为 p_2，进出口流线是直线，故称为轴流式。轴流式的优点为燃气通过阀口阻力损失小，所以调压器可以在进出口压力差较低的情况下通过较大的流量。调压器的出口压力 p_2 由指挥器的调节螺丝 8 给定。稳压器 13 的作用是消除进口压力变化对调压的影响，使 p_4 始终保持在一个变化较小的范围。p_4 的大小取决于弹簧 7 和出口压力 p_2，通常比 p_2 大 0.05MPa，稳压器内的过滤器主要防止指挥器流孔阻塞，避免操作故障。

在平衡状态时，主调压器弹簧 17 和出口压力 p_2 与调节压力 p_3 平衡，因此 $p_3 > p_2$，指挥器内由阀 5 流进的流量与阀 4 和校准孔 11 流出的流量相等。

当用气量减小，p_2 增加时，指挥器阀室 10 内的压力 p_2 增加，破坏了和指挥器弹簧的平衡，使指挥器薄膜 2 带动阀柱 1 上升。借助杠杆 3 的作用，阀 4 开度增大，阀 5 开度减小，使阀 5 流进的流量小于阀 4 和校准孔 11 流出的流量，使 p_3 降低，主调压器膜上、膜下压力失去平衡。主调压器阀向下移动，关小阀门，使通过调压器的流量减小，因此使

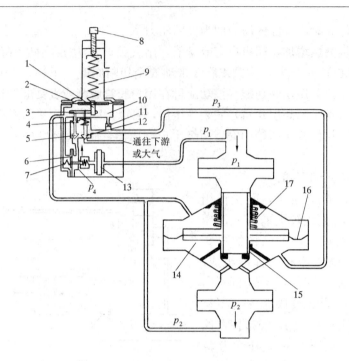

图 8-20 金属阀口轴流式间接作用调压器

1—阀柱；2—指挥器薄膜；3—杠杆；4、5—指挥器阀；6—皮膜；7—弹簧；8—调节螺丝；
9—指挥器弹簧；10—指挥器阀室；11—校准孔；12—排气阀；13—带过滤器的稳压器；
14—主调压器阀室；15—主调压器阀；16—主调压器薄膜；17—主调压器弹簧

p_2 下降。如果 p_2 增加较快时，指挥器薄膜上升速度也较快，使排气阀 12 打开，加快了 p_3 的降低速度，使主调压器阀尽快关小甚至完全关闭。当用气量增加，p_2 降低时，其各部分的动作相反。

该系列调压器流量范围为 $160 \sim 15 \times 10^4 \, \mathrm{m^3/h}$，进口压力范围为 0.01MPa～1.6MPa，出口压力范围为 500Pa～0.8MPa。

（二）橡胶套阀口轴流式调压器

该轴流式调压器如图 8-21 所示，具有运转无声、关闭严密、调节范围广、结构紧凑等优点。可供城镇燃气输配系统、配气站（门站）、区域调压及用户调压使用。

主调压器主要由外壳 1、橡胶套 2、内芯 3 及阀盖 4 组成。调压器外壳可铸造。内芯可用表面镀镍的可锻铸铁制作。在内芯的周围加工成若干个长条形缝隙作为通气孔道。调压器内腔被内芯分成两部分，一侧为进口，另一侧为出口。橡胶套用腈基橡胶制作，呈筒状，是轴流调压器的关键部件，具有耐摩擦、耐腐蚀、不易变形等性能，同时还要有很好的弹性。

根据调压器的调节参数和用途的不同，调压器配置的指挥器构造也不相同。图 8-21 中所示的指挥器由壳体、弹簧、橡胶膜片、阀杆、阀芯等零件组成。

指挥器有两个阀芯，在同一阀杆上，阀口 11 为进气口，孔口 12 排出压力为 p_3（指挥压力）的气体至环状腔室 15，余气经阀口 13 排至调压器出口侧。指挥器固定在调压器上，成为整体。

燃气从调压器的进口侧通过通气孔道流向橡胶套和内芯之间的空腔，然后穿进内芯通气孔道，从出口侧流出。

调压器尚未开始工作时，指挥器呈松开状态，阀口 11 完全打开，阀口 13 为关闭状态。燃气经阀口 11、孔口 12 流进调压器环状腔室，这时 $p_1 = p_3$，橡胶套靠自身弹性使调压器呈关闭状态。

调压器启动时，调节指挥器弹簧 6，阀杆 9 向左侧移动，阀口 11 关小，阀口 13 打开，调压器环状腔室内的指挥压力 p_3 降低，依靠压力差 $p_1 - p_3$ 使橡胶套开启，调压器启动。继续调节指挥器弹簧，将出口压力 p_2 调至所需数值。

当进口压力 p_1 降低或负荷增加时，出口压力 p_2 降低，因此作用在指挥器橡胶膜片上的压力降低，橡胶膜片带动阀杆向左侧移动，阀口 11 开度减小，阀口

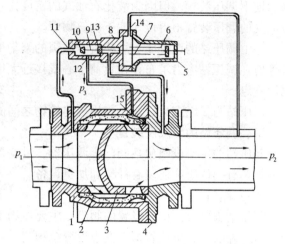

图 8-21　橡胶套阀口轴流式调压器
1—外壳；2—橡胶套；3—内芯；4—阀盖；5—指挥器
上壳体；6—弹簧；7—橡胶膜片；8—指挥器下壳体；
9—阀杆；10—阀芯；11—阀口；12—孔口；13—阀口；
14—导压管入口；15—环状腔室

13 开度增大，使得指挥器压力 p_3 减小，橡胶套和内芯之间的距离增大。流量增加，出口压力 p_2 升高，恢复到给定值。

当进口压力 p_1 升高或负荷减小时，出口压力 p_2 升高，作用在指挥器橡胶膜片上的压力也升高，橡胶膜片带动阀杆向右侧移动，阀口 11 开度增大，阀口 13 开度减小，p_3 增大，橡胶套和内芯间的距离减小，出口压力 p_2 降低，恢复到给定值。这种指挥器的导压管和出气管是分开的，称三通道指挥器，排除了导压管的压力损失，提高了调节的灵敏度。

第四节　燃气调压站

一、调压站的分类和选址

调压站按使用性质、调压作用和建筑形式，可以分为不同类型，如表 8-2 所示。

调压站的分类　　　　　　　　　　　　　　表 8-2

分类方法	类　型		
	一	二	三
按使用性质分	区域调压站	箱式调压装置	专用调压站
按调节压力分	高中压调压站	高低压调压站	中低压调压站
按建筑形式分	地上调压站	地下调压站	调压柜（箱）

区域调压站通常是布置在地上特设的房屋里。在不产生冻结、保证设备正常运行的前提下，调压器及附属设备（仪表除外）也可以设置在露天（应设围墙）或专门制作的箱式、柜式调压装置内。

只有当受到地上条件限制，且燃气管道进口压力不大于 0.4MPa 时，调压装置可设置在地下构筑物内。目前一些大城市在繁华地带设置了可以在地面上对调压站内设备进行检

修的地下调压装置。但因为液化石油气的密度比空气大，如有漏气不易排出，故气态液化石油气的调压装置不得设在地下构筑物中。

地上调压站的设置应尽可能避开城镇的繁华街道。可设在居民区的街区内或广场、公园等地。调压站应力求布置在负荷中心或接近大用户处。调压站的作用半径，应根据经济比较确定。

调压站为二级防火建筑，与周围建筑物之间的安全距离应符合相关规范的规定。

二、调压站的组成及装置

调压站的主要设施包括阀门、调压器、过滤器、安全放散阀、切断阀、旁通管及监控仪表等，有的调压站还装有计量和加臭设备。

（一）阀门

调压站进口及出口处设置的阀门，主要作用是当调压器、过滤器检修时关断燃气。在调压站之外的进、出口管道上亦应设置总阀门，此阀门是常开的，但要求必须随时可以关断，并和调压站相隔一定的距离，以便当调压站发生事故时，不必靠近调压站即可关闭总阀门，避免事故蔓延和扩大。调压站使用的阀门主要有球阀、蝶阀和闸阀。这三种阀门由于结构不同，各有特点，有其不同的适用范围。球阀与闸阀多采用双面密封的结构形式。

（二）过滤器

过滤器是除去气体中杂质的设备。燃气中常含有较大固体颗粒和液体，以及由于管道内壁锈蚀，管道带气作业、事故抢修过程中产生的粉尘和污物很容易积存在调压器、流量计和阀门中，影响其正常工作。为了保证设备的安全运行，燃气调压装置和燃气计量装置前必须安装过滤器。

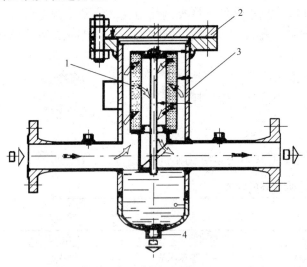

图 8-22 滤芯式过滤器
1—滤芯；2—顶盖；3—筒体；4—排污口

过滤器从原理上分为旋风分离式过滤器和滤芯式过滤器。从外形上分为立式过滤器和卧式过滤器。旋风分离式过滤器基于重力及离心力的工作原理，燃气切向进入离心体内，旋转产生离心力，推动杂质向管壁移动，形成旋流，促使杂质流向排污阀，完成杂质分离。滤芯式过滤器是当气体进入置有一定规格滤网的滤筒后，其杂质被阻挡，而清洁的气体则由过滤器出口排出。

滤芯式过滤器的结构和工作原理如图 8-22 所示。

过滤器的性能指标主要是过滤精度和过滤效率。过滤精度以微米（μm）评价，一般情况下，计量装置要求燃气中尘粒的粒径不大于 $5\mu m$，过滤效率一般要求大于 98%。

过滤器滤芯材质应有足够的抗拉伸强度。过滤器前后应设置压差计，根据测得的压力降可以判断过滤器的堵塞情况。在正常工作情况下，燃气通过过滤器的压力损失不得超过允许范围，压力损失过大时应对滤芯进行清洗，以保证过滤质量。

（三）安全装置

当负荷为零而调压器阀口关闭不严，以及调压器中薄膜破裂或调节系统失灵时，出口压力会突然增高，它会危及设备的正常工作，甚至会对公共安全造成危害。

防止出口压力过高的安全装置有安全阀、监视器装置和调压器并联装置。

1. 安全阀　安全阀可以分为安全切断阀和安全放散阀。安全切断阀的作用是当出口压力超过允许值时自动切断燃气通路的阀门。安全切断阀通常安装在箱式调压装置、专用调压站和采用调压器并联装置的区域调压站中。安全放散阀是当出口压力出现异常但尚没有超过允许范围前开始工作，可把足够数量的燃气放散到大气中，使出口压力恢复到规定的允许范围内。安全放散阀可分为水封式、重块式、弹簧式等。

无论哪一种安全放散阀，都有压力过高时保护网路不间断供气的优点。主要缺点是当系统容量很大时，可能排出大量的燃气，因此，通常不安装在建筑物集中的地方。

2. 监视器装置　它是由两个调压器串联连接的装置，如图 8-23 所示。

备用调压器 2 的给定出口压力略高于正常工作调压器 3 的出口压力，因此，正

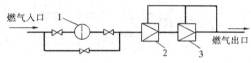

图 8-23　监视器装置

1—过滤器；2—备用调压器；3—正常工作调压器

常工作时备用调压器的调节阀是全开的。当调压器 3 失灵，出口压力上升到调压器 2 的给定出口压力时，备用调压器 2 投入运行。备用调压器也可以放在正常工作调压器之后，备用调压器的出力不得小于正常工作调压器。

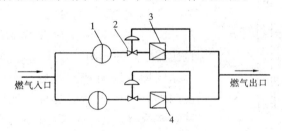

图 8-24　调压器的并联装置

1—过滤器；2—安全切断阀；3—正常工作的调压器；
4—备用调压器

3. 调压器的并联装置　这种装置如图 8-24 所示。

此种系统运行时，一个调压器正常工作，另一台备用。当正常工作调压器出故障时，备用调压器自动启动，开始工作。其原理如下：正常工作调压器的给定出口压力略高于备用调压器的给定出口压力，所以正常工作时，备用调压器呈关闭状态。当正常工作的调压器发

生故障，使出口压力增加到超过允许范围时，其线路上的安全切断阀关闭，致使出口压力降低，当下降到备用调压器的给定出口压力时，备用调压器自行启动正常工作。备用线路上安全切断阀的动作压力应略高于正常工作线路上安全切断阀的动作压力。

（四）旁通管

为了保证在调压器维修时不间断的供气，在调压站内设有旁通管。燃气通过旁通管供给用户时，管网的压力和流量由手动调节旁通管上的阀门来实现。对于高压调压装置，为便于调节，通常在旁通管上设置两个阀门。

选择旁通管的管径时，要根据燃气最低的进口压力和需要的出口压力以及管网的最大负荷进行计算。旁通管的管径通常比调压器出口管的管径小 2～3 号。

（五）测量仪表

为了判断调压站中各种装置及设备工作是否正常，需设置各种测量仪表。通常调压器入口安装指示式压力计、出口安装自记式压力计，自动记录调压器出口瞬时压力，以便监视调压器的工作状况。

专用调压站通常还安装流量计。

此外，为了改善管网水力工况，调压站出口压力应随着燃气管网用气量的改变而相应的改变，可在调压站内设置孔板或凸轮装置。当调压站产生较大的噪声时，必须有消声装置。当调压站露天设置时，如调压器前后压差较大，还应设防止冻结的加热装置。

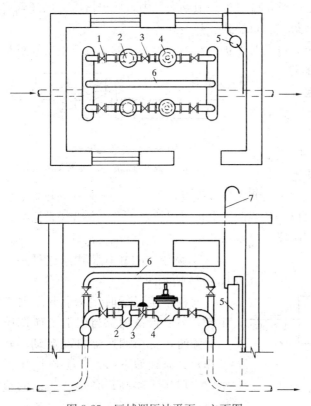

图 8-25　区域调压站平面、立面图

1—阀门；2—过滤器；3—安全切断阀；4—调压器；5—安全水封；
6—旁通管；7—放散管

三、调压站的布置

调压站内部的布置，要便于管理及维修，设备布置要紧凑，管道及辅助管线力求简短。

（一）区域调压站

区域调压站通常布置成一字形，有时也可布置成 Ⅱ 形或 L 形。调压站布置示例如图 8-25 所示。因为城镇输配管网多为环状布置，由于某一个调压站所供应的用户数不是固定不变的，因此在区域调压站内不必设置流量计。

调压站净高通常为 3.2～3.5m，主要通道的宽度及每两台调压器之间的净距不小于1m。调压站的屋顶应有泄压设施，房门应向外开。调压站应有自然通风和自然采光，通风次数每小时不宜少于两次。室内温度一般不低于 0℃，当燃气为气态液化石油气时，不得低于其露点温度。室内电器设备应采取防爆措施。

（二）专用调压站

工业企业和商业用户的燃烧器通常用气量较大，可以使用较高压力的燃气，因此，这些用户与中压或较高压力燃气管道连接较为合理。这样不仅可以减轻低压燃气管网的负荷，还可以充分利用燃气本身的压力来引射空气。因此，专用调压站的进出口都可以采用比较高的压力。

通常用与燃烧设备毗邻的单独房间作为专用调压站，如图 8-26 所示。

当进口压力为中压或低压，且只安装一台接管直径小于 50mm 的调压器时，调压器亦可设在使用燃气的车间角落处。如果设在车间内，应该用栅栏把它隔离起来，并要经常检查调压设备、安全设备是否工作正常，也要经常检查管道的气密性。

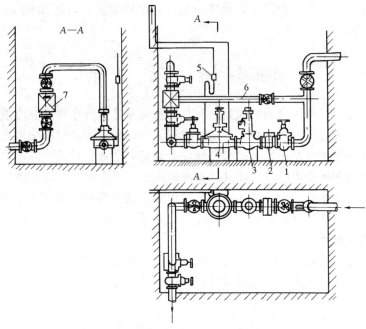

图 8-26 专用调压站布置图
1—阀门；2—过滤器；3—安全切断阀；4—调压器；5—安全放散阀；6—旁通管；7—燃气表

专用调压站要安装流量计。选用能够关闭严密的单座阀调压器，安全装置应选用安全切断阀。不仅压力过高时要切断燃气通路，压力过低时也要切断燃气通路。这是因为压力过低时可能引起燃烧器熄灭，而使燃气充满燃烧室，形成爆炸气体，当火焰靠近或再次点火时发生事故。

（三）箱式调压装置

当燃气直接由中压管网（或压力较高的低压管网）供给生活用户时，应通过用户调压器将燃气压力直接降至燃具正常工作时的额定压力。这时常将用户调压器装在金属箱中挂在墙上，如图8-27所示。当箱式调压装置设在密集的楼群中时，可以不设安全放散阀，只设安全切断阀。

在北方采暖地区，如果将箱式调压装置放在室外，则燃气必须是干燥的或者要有采暖设施。否则，冬季就会在管道中形成冰塞，影响正常供气。

现在出现的撬装调压站（通常称为

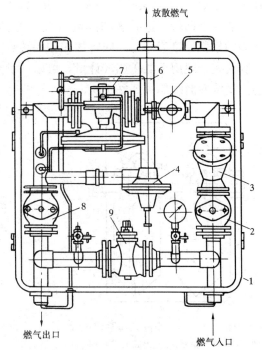

图 8-27 箱式调压装置
1—金属箱；2—关闭旋塞；3—网状过滤器；4—安全放散阀；
5—安全切断阀；6—放散管；7—调压器；8—关闭旋塞；
9—旁通管阀门

159

调压柜或撬装站）在工厂进行装配，连接质量好，结构紧凑，占地面积小，建设时间短，因此得到广泛应用。

第五节 燃气的计量

燃气的计量按其目的可分为两大类：一是用于贸易计量或作为标准流量计使用；二是用于一般性的监测或过程控制。对于贸易计量用流量计由于涉及贸易交接或税收等经济利益，流量计的准确度往往是优先考虑的特性，尤其是大宗贸易对其准确度有极其严格的要求。对于检测或过程控制用的流量计其计量准确度要求可降低，但应有良好的重复性。

根据流量计的工作原理，计量气体的流量仪表主要有容积式流量计、速度式流量计、差压式流量计、质量流量计及组合式流量计等几大类。

一、容积式流量计

容积式流量计是依据流过流量计的液体或气体的体积来测定其流量的。传统的容积式流量计量仪表有膜式燃气表、湿式流量计和腰轮流量计等。

（一）膜式燃气表

膜式表的工作原理如图 8-28 所示。

被测量的燃气从表的入口进入，充满表内空间，经过开放的滑阀座孔进入计量室 2 及 4，依靠薄膜两面的气体压力推动计量室的薄膜运动，迫使计量室 1 及 3 内的气体通过滑阀及分配室从出口流出。当薄膜运动到尽头时，依靠传动机构的惯性作用使滑阀盖向反向运动。计量室 1、3 和表内空间及入口相通，2、4 和分配室及出口相通，薄膜往返运动一次，完成一个回转，这时表的读数值就应为表的一个回转体积（即计量室的有效体积），膜式表的累积流量值即为一回转体积和回转数的乘积。

膜式表一般用于低压燃气计量，可以计量天然气、液化石油气和人工煤气。膜式表的典型流量特性曲线如图 8-29 所示。

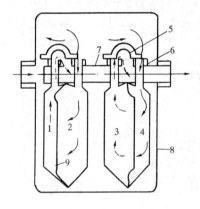

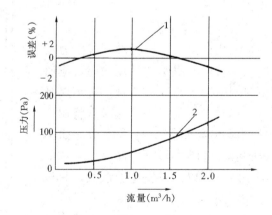

图 8-28　膜式表的工作原理

1、2、3、4—计量室；5—滑阀盖；6—滑阀座；

7—分配室；8—外壳；9—薄膜

图 8-29　膜式表的性能曲线

1—计量误差曲线；2—压力损失曲线

膜式表除可用于家庭用户计量外，也适用于低压供气的商业用户和工业用户。

为了便于收费及管理，配有智能卡的燃气表正得到广泛的应用。

（二）湿式流量计

湿式流量计结构简单、准确度高、使用压力低、流量较小。通常在实验室中用来校准家用燃气表，其结构如图 8-30 所示。

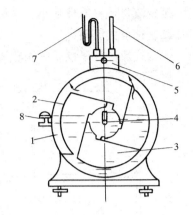

在圆柱形外壳内装有计量筒。水或其他液体装在圆柱形筒内作为液封，液面高度由液面计控制，被测气体只能存在于液面上部计量筒的小室内，当有气体通过时，由于气体进口与出口的压力差，驱使计量筒转动。计量筒内一般有四个室，也有的湿式流量计只有三个小室，小室的容积恒定，故每转一周就有一定量的气体通过。随着计量筒及轴转动，带动齿轮减速器及表针转动，记录下气体的累积流量。

图 8-30　湿式流量计

1—外壳；2—计量筒；3—计量筒小室；
4—燃气入口；5—燃气出口；6—温度计；
7—压力计；8—液面计

（三）腰轮（罗茨）气体流量计

腰轮流量计（Gas Roots Meter）也称罗茨流量计，如图 8-31 所示。这种流量计不仅可以测量气体，也可以测量液体。

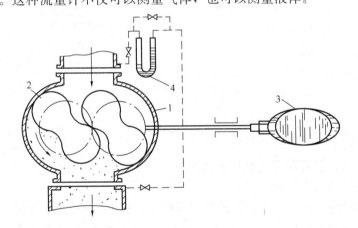

图 8-31　腰轮流量计

1—外壳；2—转子；3—计数机构；4—压差计

外壳的材料可以是铸铁、铸钢或铸铜，外壳上带有入口管及出口管。

转子是由不锈钢、铝或是铸铜做成的两个 8 字形转子。

带减速器的计数机构通过联轴器与一个转子相连接，转子转动圈数由联轴器传到减速器及计数机构上。

此外，在表的进出口安装压差计，显示表的进出口压力差。

流体由上面进口管进入外壳内部的上部空腔，由于流体本身的压力使转子旋转，使流体经过计量室（转子和外壳之间的密闭空间）之后从出口管排出。8 字形转子回转一周，就相当于流动了 4 倍计量室的体积。这样经过适当设计减速机构的转数比，计数机构就可以显示流量。

由于加工精度较高，转子和外壳之间只有很小的间隙，当流量较大时，由于间隙产生的误差被控制在计量精度的允许范围之内。

腰轮流量计具有体积小、结构紧凑、流量大并能在较高的压力下计量等特点。

二、速度式流量计

速度式流量计量仪表有涡轮流量计、涡街流量计、旋进旋涡流量计以及近年来快速发展的超声流量计。

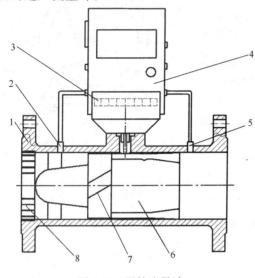

图 8-32　涡轮流量计

1—表体；2—压力传感器；3—计数器；4—体积修正仪；
5—温度传感器；6—机芯；7—涡轮；8—整流装置

（一）涡轮流量计

涡轮流量计的结构如图 8-32 所示：当被测流体通过涡轮流量计时，流体通过整流装置冲击涡轮叶片，由于涡轮叶片与流体流向间有一定夹角，流体的冲击力对涡轮产生转动力矩，使涡轮克服机械摩擦阻力矩和流动阻力矩而转动。在一定的流量范围内，涡轮的转速与通过涡轮的流量成正比。

转速和流量可以写成关系式（8-28）：

$$n = KQ_v \qquad (8\text{-}28)$$

式中　n——叶轮转速（1/s）；

K——系数（$1/m^3$）；

Q_v——流量（m^3/s）。

对于每一种固定的速度式流量计，K 为固定值，称为仪表常数，通过实验确定。

通过式（8-28）可知，如测出转速 n 即可将流量测定出来。涡轮流量计有良好的计量性能，其测量范围较宽$\left(\dfrac{Q_{max}}{Q_{min}} = 10 \sim 30\right)$，误差小，重复性好，但对制造的精度和组装技术要求较高，涡轮叶片必须达到动、静平衡，而且轴承的摩擦力必须很小。

通过轴和齿轮的传动和减速，旋转着的涡轮转子驱动机械式计数器进行计数，并由磁簧开关输出低频脉冲。另外，传动机构还可以驱动感应轮并通过光电传感器产生中频脉冲，用于精确度要求较高的场合。体积修正仪通过统计这些脉冲，可计算出流过气体的总体积量和气体流速等相关数据。

涡轮流量计目前已在燃气的计量中得到了广泛应用。

（二）超声流量计

超声流量计是一种非接触式流量仪表，20 世纪 70 年代随着集成电路技术迅速发展才开始得到实际应用。它利用超声波在流动的流体中传播时，可以载上流体流速信息的特性，通过接收和处理穿过流体的超声波信息就可以检测出流体的流速，从而换算成流量。在结构上主要由超声换能器（超声波发生器）、电子处理线路以及流量显示、积算系统三部分组成。

超声波流量计按工作原理分为传播速度法和多普勒法两大类，本书主要介绍传播速度法。

传播速度法的基本原理为在流动的流体中，测量超声波在顺流传播时与逆流传播时的速度差，从而得到被测流体的流速。速度法超声波流量计原理如图 8-33 所示。

速度法超声波流量计的技术从开始的时差法发展到现在成熟的频差法，在燃气行业中得到了广泛的应用。

1. 时差法

假定流体静止时的声速为 c，流体速度为 v，顺流时传播速度为 $c+v$，逆流时则为 $c-v$。在流体中设置两个超声波发生器 T_1 和 T_2，两个接收器 R_1 和 R_2，发生器与接收器的间距为 l，声波从 T_1 到 R_1 和从 T_2 到 R_2 的时间分别为 t_1 和 t_2：

$$t_1 = \frac{l}{c+v}, t_2 = \frac{l}{c-v} \qquad (8\text{-}29)$$

一般情况下，$c \gg v$，即 $c^2 \gg v^2$，则时差 Δt 如式（8-30）所示：

$$\Delta t = t_2 - t_1 = \frac{2lv}{c^2} \qquad (8\text{-}30)$$

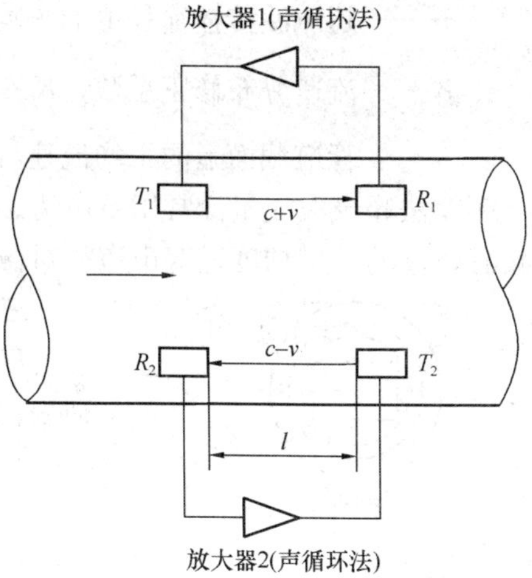

图 8-33 频差法超声波流量计原理图

若已知 l 和 c，只要测得 Δt，便可知流速 v。

由于流体流速的变化带给声波的变化量为 10^{-3} 数量级，而要得到 1% 的流量测量精度，对声速测量精度要求为 $10^{-5} \sim 10^{-6}$ 数量级。以上方法存在的问题是必须已知声速 c，而声速随温度而变化，对声速的修正和精确地测量均是很困难的，影响时差法的应用。

2. 频差法

频差法可不需要对声速进行修正和检测，在系统中接入两个反馈放大器，首先从 T_1 发射超声波，R_1 接收到的信号经放大器放大后加到 T_1 上，再从 T_1 发射，如此重复进行，重复周期为式（8-29）中的 t_1，重复频率（声循环频率）f_1 为：

$$f_1 = \frac{1}{t_1} = \frac{c+v}{l}$$

同理，逆向从 T_2 至 R_2 的声循环频率 f_2 为：

$$f_2 = \frac{1}{t_2} = \frac{c-v}{l}$$

声循环频率差 Δf 为：

$$\Delta f = f_1 - f_2 = \frac{2v}{l} \qquad (8\text{-}31)$$

由式（8-31）可知，流体流速只与顺逆流的频率差有关，与声速无关，从而消除了声速的影响，目前超声波流量计多采用此法。

用频差法测得的流速 v 是超声波传播途径上的平均流速，这与计算管道流量所需的在管道截面上的平均流速是不同的。截面平均流速和测量值之间的关系取决于截面上的流速分布是层流还是紊流状态。因此在计算流体流量时，需对流速进行修正。

$$Q_v = \frac{\pi D^2}{4} \cdot \frac{v}{K} \qquad (8\text{-}32)$$

式中　Q_v——管道体积流量（m^3/s）；

　　　D——管道内径（m）；

υ——超声波传播途径上的平均流速（m/s）；

K——流速分布修正系数，$K=\dfrac{\upsilon}{\bar{\upsilon}}$；

$\bar{\upsilon}$——管道截面上的平均流速（m/s）。

频差法超声波流量计常用单声道、双声道等几种声道，最多达到六声道。超声波流量计具有较高的计量精度，双声道相对误差可达 0.5%，五声道相对误差可达 0.15%。

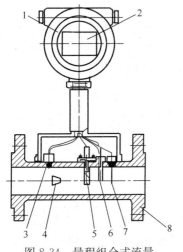

图 8-34　量程组合式流量
计结构示意图

1—智能流量积算仪；2—流量计显示屏；3—压力传感器；4—旋涡发生体；5—涡街传感器；6—温度传感器；7—热式传感器；8—流量计本体

三、组合式流量计

随着科技的进步及客观的需要，国内外的科技人员研发出了量程组合式及功能组合式流量计。

（一）量程组合式流量计

目前，随着作为能源主体的天然气的广泛使用，引起人们对计量准确性的重视，对计量精度高、工作范围宽的流量计需求就越来越多。我国自主研发的由热式质量流量计和涡街式速度流量计组合的全量程式流量计较好地满足了这种需求，这种流量计由热式质量流量计和涡街流量计组合而成。

流量计的结构如图 8-34 所示。

1. 热式质量流量计

热式气体质量流量计采用热扩散原理，典型传感元件包括一个自动补偿气体温度变化的温度传感器和一个热式传感器。当这两个传感器浸入被测介质中时，其中温度传感器用于感应介质温度（T_a），热式传感器被电子加热单元加热到比介质温度高 ΔT 的温度（T_b），并始终保持这一恒定温差（$\Delta T = T_b - T_a$）。当介质流速发生变化时，从热式传感器带走的热量随之改变，为保持 ΔT 不变，电子加热单元需要供给热式传感器的功率也随之变化。设该加热功率为 P，流体的质量流量为 q_m，则有：

$$P = \Delta T(B + A\sqrt{q_m}) \tag{8-33}$$

式中　P——电子加热单元加热热式传感器的功率（kW）；

　　　ΔT——热式传感器温度与被测介质温度的温差（K）；

　　　A、B——流体的物性参数；

　　　q_m——流体的质量流量（kg/s）。

热式质量流量计适合于低流速、小流量的测量，是小流量下非常成熟的计量技术。为了与涡街流量计组合，热式流量计在标准状态下进行标定，由输出质量流量改为标准参比条件下的体积流量。

2. 涡街流量计

涡街式流量计是速度式流量计，属于流体震荡型仪表，是旋涡流量计中的一种。涡街式流量计的原理如图 8-35 所示。

在一个二度流体场中，当流体绕流于一个断面为非流线型的物体时，在此物体的两侧将交替的产生旋涡，旋涡体长大至一定程度被流体推动，离开物体向下游运动，这样就在尾流中产生两列错排的随流体运动的旋涡阵列，称为涡街。

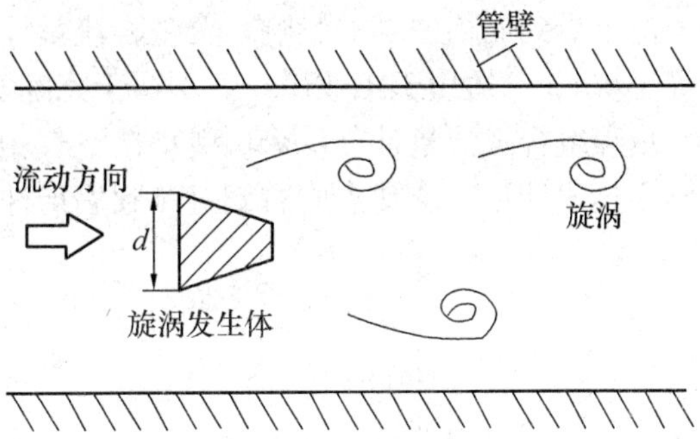

实验和理论分析表明，只有当涡街中的旋涡是错排时，涡街才是稳定的。此时：

$$f = S_t \frac{u}{d} \qquad (8\text{-}34)$$

图 8-35 涡街原理图

式中　f——物体单侧旋涡剥离频率（Hz）；

　　　u——流体场流速（m/s）；

　　　d——检测柱与流线垂直方向尺寸（m）；

　　　S_t——无因次系数，称为斯特罗哈尔数。当 Re 数大于一定值时，S_t 是常数，且大小与柱形有关。

根据卡门涡街原理，旋涡剥离频率与流体的流速或流量 q_v 成正比。把频率与流量的比值定义为仪表的 K 系数即：

$$K = \frac{f}{q_v} \qquad (8\text{-}35)$$

式中　K——单位体积流体流过流量计产生的旋涡数（$1/m^3$）；

　　　q_v——流体的体积流量（m^3/s）。

如果取流过单位体积的时间间隔为 Δt，此时式（8-35）可改写为：

$$K = \frac{f\Delta t}{q_v \Delta t} = \frac{N}{V} \qquad (8\text{-}36)$$

式中　N——Δt 时间内流体流过流量计产生的旋涡数；

　　　V——Δt 时间内流过流量计的流体体积（m^3）。

K 值一般用实流标定方法求得。涡街式流量计具有无可动部件、稳定性好、仪表常数与介质物性参数无关、适应性强以及信号便于远传等优点，缺点是小流量时抗干扰（振动）性差，不适合单独用于流量变化较大的城市燃气计量。

3. 量程组合式流量计

组合式燃气流量计采用了热式和涡街两种测量原理，将两者有机地结合在一起，避免了单一技术局限性，扩宽了流量计的量程范围，降低了测量下限，在小流量段采用热式原理计量，在大流量段采用涡街原理计量，避开了涡街流量计在小流量计量时抗震性差的缺点，自动实现两种计量方式的无缝切换，将量程比提高到远大于 100∶1，故又称为全量程组合式流量计。在流量计中还加入了温度、压力测量，用以对涡街流量传感器的体积流量值进行温度和压力修正，最后仪表输出为标准参比条件下的体积流量。

由于全量程流量计没有活动部件，而且进入管道的测量器件体积小，具有压损小、维护量低和抗冲击能力强等优点，尤其适合于用气峰谷值差较大的情况。

由于受到涡街原理的影响，全量程流量计不适合口径小的管道，一般要求管道直径大于等于 40cm。适用于工业用户，不适于家庭燃气计量。

量程组合式流量计（DN50 型）在空气中实流标定的特性曲线如图 8-36 所示，交点左侧为热式计量，从交点向右侧过渡到涡街计量。

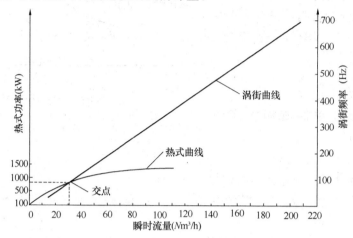

图 8-36 量程组合式流量计（DN50 型）组合特性曲线

（二）功能组合式流量计

微电脑式燃气流量计是一种新开发的功能组合式流量计，由具有计量功能的膜式表和保证安全功能的控制设备两部分组成。除保证准确计量外，在保证安全方面尚有下列功能：

1. 通常使用条件下，在一段时间内或者突然流经流量计的流量明显超出正常范围时，流量计判断有燃气泄漏，会主动关断阀门，停止使用。

2. 流量计会时刻记录流量的变化并予以计时，如有超时，则认为系统有泄漏或忘记关掉燃具，将会自动关闭阀门。

3. 室内燃气管道泄漏或燃具不完全燃烧时报警并关断阀门。

4. 发生地震时立即关闭阀门。

本节介绍的是各种气体流量计的基表测量在使用状态下的体积流量。根据输差的控制及贸易计量的需求，尚需要将工作条件下的体积流量换算为标准参比条件下的体积流量。因此，对于工业用户、商业用户等较大流量的流量计还应安装带有温压补偿的辅助仪表。辅助仪表包括温度变送器、压力变送器、体积修正仪或流量计算机（瞬时流量在 $5000m^3$/h 以上且有专用仪表间时宜选用）等。

第九章 燃气的压送

在燃气输配系统中，压缩机是用来压缩燃气、提高燃气压力或输送燃气的机器。

压缩机的种类很多，按其工作原理可分为两大类：容积型压缩机及速度型压缩机。

在容积型压缩机中，气体压力的提高是由于压缩机中气体的体积被缩小，使气体分子的密度增加而形成；而在速度型压缩机中，气体压力的提高是由于气体分子的运动速度转化的结果，即先使气体的分子得到一个很高的速度，然后又使其速度降下来，动能转化为压力能。

在以天然气为气源的城市燃气输配系统中，经常遇到的容积型压缩机主要是活塞式压缩机，多用在生产压缩天然气（CNG）的加气母站和汽车加气站中。速度型压缩机主要是离心式压缩机，多用在长输管线压气站上，由燃气轮机带动。

第一节　活　塞　式　压　缩　机

一、工作原理

在活塞式压缩机中，气体是依靠在气缸内做往复运动的活塞进行加压的。图 9-1 是单级单作用活塞式压缩机的示意图。

当活塞 2 向右移动时，气缸 1 中活塞左端的压力略低于低压燃气管道内的压力 p_1 时，吸气阀 7 被打开，排气阀 8 关闭，燃气在 p_1 的作用下进入气缸 1 内，这个过程称为吸气过程；当活塞返行时，吸气阀 7 关闭，吸入的燃气在气缸内被活塞挤压，这个过程称为压缩过程；当气缸内燃气压力被压缩到略高于高压燃气管道内压力 p_2 后，排气阀 8

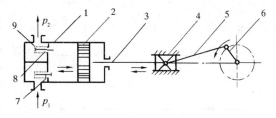

图 9-1　单级单作用活塞式气体压缩机示意图
1—气缸；2—活塞；3—活塞杆；4—十字头；5—连杆；
6—曲柄；7—吸气阀；8—排气阀；9—弹簧

即被打开，被压缩的燃气排入高压燃气管道内，这个过程称为排气过程。至此，完成一个工作循环。活塞再继续运动，上述工作循环将周而复始地进行，不断地压缩燃气。

在理论循环中，活塞一个行程所吸进的气体，在吸气压力 p_1 状态下的体积为：

$$V_1 = FS \tag{9-1}$$

式中　V_1——活塞一个行程的吸气量（m^3）；

　　　F——活塞面积（m^2）；

　　　S——活塞行程（m）。

如规定活塞对气体做功为正，气体对活塞做功为负，则压缩机完成一个循环所消耗的功为：

$$W = -W_1 + W_2 + W_3 = -p_1V_1 + \int_2^1 p\mathrm{d}V + p_2V_2$$

$$= p_2V_2 - \int_1^2 p\mathrm{d}V - p_1V_1 \tag{9-2}$$

式中　W——一个循环消耗的功（J）；

$\quad\quad W_1$——吸气功（J）；

$\quad\quad W_2$——压缩功（J）；

$\quad\quad W_3$——排气功（J）；

$\quad\quad p_1$——燃气吸气绝对压力（Pa）；

$\quad\quad p_2$——燃气排气绝对压力（Pa）；

$\quad\quad V_1$——燃气吸气容积（m³）；

$\quad\quad V_2$——燃气排气容积（m³）。

理论循环中的压缩过程，可按等温、绝热或多变过程进行。相应地称这些循环为等温循环、绝热循环或多变循环。

根据式（9-2）和各过程状态方程式可推导出三种不同压缩过程的理论消耗功的公式，见表 9-1 所示。

压缩机理论功的计算公式　　　　　　　　　　　　　　　　表 9-1

压缩过程	气体状态变化方程式	指数	一个循环的理论功（J）
等温	$pV = $ 常数	$m=1$	$W_t = p_1V_1\ln\dfrac{p_2}{p_1}$
绝热	$pV^k = $ 常数	$m=k$	$W_p = p_1V_1\dfrac{k}{k-1}\left[\left(\dfrac{p_2}{p_1}\right)^{\frac{k-1}{k}}-1\right]$
多变	$pV^m = $ 常数	$k>m>1$	$W_p = p_1V_1\dfrac{m}{m-1}\left[\left(\dfrac{p_2}{p_1}\right)^{\frac{m-1}{m}}-1\right]$

二、排气量

压缩机的排气量，通常是指单位时间内压缩机最后一级排出的气体量换算到第一级进口状态时的气体体积值。常用单位为"m³/min"或"m³/h"。

压缩机的理论排气量：

对于单作用式压缩机

$$Q_l = V_1n = FSn \tag{9-3}$$

对于双作用式压缩机

$$Q_l = (2F - f)Sn \tag{9-4}$$

对于多缸单作用式压缩机

$$Q_l = FSni \tag{9-5}$$

式中　Q_l——压缩机理论排气量（m³/min）；

F——一级活塞面积（m^2）；

f——一级活塞杆面积（m^2）；

S——一级活塞行程（m）；

n——主轴转速（r/min）；

i——气缸数。

压缩机实际排气量由式（9-6）确定：

$$Q = \lambda_V \lambda_P \lambda_t \lambda_l Q_l = \lambda_0 Q_l \tag{9-6}$$

式中　Q——压缩机实际排气量（m^3/min）；

λ_0——排气系数，$\lambda_0 = \lambda_V \lambda_P \lambda_t \lambda_l$；

λ_V——考虑余隙容积影响的容积系数；

λ_P——考虑由于吸气阀的压力损失使排气量减少的压力系数；

λ_t——由于吸入气体在气缸内被加热，使实际吸入气体减少的温度系数；

λ_l——考虑机器泄漏影响的泄漏系数。

三、压缩级数的确定

所谓多级压缩就是将气体依次在若干级中进行压缩，并在各级之间将气体引入中间冷却器进行冷却。多级压缩除了能降低排气温度，提高容积系数之外，还能节省功率的消耗和降低活塞上的气体作用力。

多级压缩时，级数越多，越接近等温过程，越节省功率的消耗。但是结构也越复杂，造价也越高，发生故障的可能性也就越大。表 9-2 是当进气压力为大气压时，终了压力和级数的统计值，可供参考。

进气压力为大气压时，终了压力 p_2（MPa）与级数 z 的关系　　　　表 9-2

p_2	0.5~0.6	0.6~3	1.4~15	3.6~40	15~100
z	1	2	3	4	5

多级压缩节省的功，随着中间压力的不同而改变。显然，最有利的中间压力应是使各级所消耗的功的总和为最小时的压力。多变过程两级压缩所消耗的功为：

$$W = \frac{m}{m-1} p_1 V_1 \left[\left(\frac{p_x}{p_1}\right)^{\frac{m-1}{m}} - 1 \right] + \frac{m'}{m'-1} p_x V_x \left[\left(\frac{p_2}{p_x}\right)^{\frac{m'-1}{m'}} - 1 \right] \tag{9-7}$$

当两级进气温度相等时，$m' = m$；$p_1 V_1 = p_x V_x$，则

$$W = \frac{m}{m-1} p_1 V_1 \left[\left(\frac{p_x}{p_1}\right)^{\frac{m-1}{m}} + \left(\frac{p_2}{p_x}\right)^{\frac{m-1}{m}} - 2 \right] \tag{9-8}$$

令 $\dfrac{\mathrm{d}W}{\mathrm{d}p_x} = 0$，即可求得 W 达到最小值时的中间压力：

$$p_x = \sqrt{p_1 p_2}$$

亦即：

$$\frac{p_2}{p_x} = \frac{p_x}{p_1} \tag{9-9}$$

从上式可以推知，对于多级压缩机，各级压力比相等时，所消耗的总功最少。对于 z 级压缩机来说，压缩比 ε 应满足式（9-10）：

$$\varepsilon = \sqrt[z]{\frac{p_2}{p_1}} \tag{9-10}$$

实际上，为了保证较高的容积系数和防止最终压力过高，通常第一级和最末一级压缩比 ε_1 和 ε_z 取得稍小些。

一般情况下，

$$\varepsilon_1 = \varepsilon_z = (0.9 \sim 0.95)\sqrt[z]{\frac{p_2}{p_1}} \tag{9-11}$$

$$\varepsilon_2 = \varepsilon_3 = \cdots = \varepsilon_{z-1} = \sqrt[z-2]{\frac{p_2}{p_1}\frac{1}{\varepsilon_1\varepsilon_z}} \tag{9-12}$$

四、活塞式压缩机的分类

活塞式压缩机可按排气压力的高低、排气量的大小及消耗功率的多少进行分类，但通常是按照结构形式进行分类。

1. 立式　立式压缩机的气缸中心线和地面垂直。由于活塞环的工作表面不承受活塞的重量，因此气缸和活塞的磨损较小，能延长机器的使用年限。机身形状简单、重量轻、基础小，占地面积少。但厂房高、稳定性差。大型立式压缩机安装、维修和操作都比较困难。

2. 卧式　卧式压缩机的气缸中心线和地面平行，分单列卧式和双列卧式。由于整个机器都处于操作者的视线范围内，管理维护方便，安装、拆卸较容易。主要缺点是惯性力不能平衡，转速受到限制，导致压缩机、原动机和基础的尺寸及重量较大，占地面积大。

3. 角度式　角度式压缩机的各气缸中心线彼此成一定的角度，结构比较紧凑，动力平衡性较好。而按气缸中心线相互位置的不同，又区分为 L 形、V 形、W 形和扇形等，如图 9-2 所示。

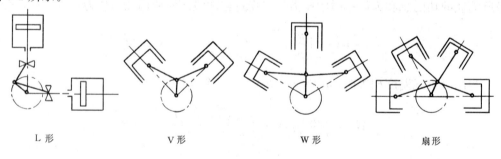

L 形　　　　　V 形　　　　　W 形　　　　　扇形

图 9-2　角度式压缩机的结构

L 形压缩机相邻两列气缸中心线夹角为 90°，分别作垂直和水平布置。机身受力情况比其他角度式有利，机身运转更平稳，中间冷却器和级间管道更易于直接安装在机器上。如果同时采用两级压缩，可使大直径气缸成垂直布置，小气缸成水平布置，因而可避免较重的活塞对气缸磨损的影响。

4. 对置型 对置型压缩机是卧式压缩机的发展，其气缸分布在曲轴的两侧。对置型压缩机的各种结构形式如图 9-3 所示。

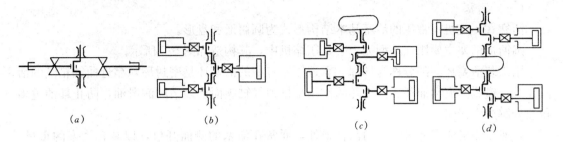

（a）　　　　　（b）　　　　　　（c）　　　　　（d）

图 9-3　对置型压缩机的结构

（a）非平衡式；（b）非对称平衡式；（c）、（d）对称平衡式

对置型压缩机除具有卧式压缩机的优点外，还有本身独特的优点，特别是图 9-3 中的（c）、（d）两种。这两种压缩机的曲柄错角为 $180°$，活塞做对称运动。即曲柄两侧相对两列的活塞对称地同时伸长，同时收缩，因而称为对称平衡式。这种压缩机惯性力可以完全平衡，机器的转速可以大大提高，因此压缩机和电机的外形尺寸和重量，大约可减少 $50\%\sim60\%$。

五、活塞式压缩机的部件

（一）气缸

气缸是活塞式压缩机中的主要部分，气缸因工作压力不同而选用不同的材料：工作压力低于 6MPa 的气缸用铸铁制造；工作压力低于 20MPa 的气缸用铸钢或稀土球墨铸铁制造；工作压力更高的气缸则用碳钢和合金钢制造。

为了减少活塞环和气缸表面的摩擦功及磨损、带走摩擦面上的部分热量和改善活塞环的密封能力，通常气缸都要润滑。润滑点在气缸上的布置对润滑油的消耗量以及工作表面的磨损有很大影响。

气缸冷却时应特别注意对气缸盖及吸气阀的冷却，可采用风冷和水冷。压缩湿度较大的气体时，应使水套冷却水的温度比吸气温度高 $5\sim10℃$，避免在气缸中形成冷凝液。

压缩液化石油气一类重碳氢化合物时，气体在气缸内更易析出冷凝液，因此水套中冷却水温度取得更高，可达 $60\sim80℃$。而当压力比不高、排气温度不超过 $80\sim100℃$ 时，可以不加水套。此外，为了避免液击和便于排液，这类卧式压缩机的排气阀和出气管应布置在气缸下部。

（二）气阀

现代活塞式压缩机使用的气阀，都是随着气缸内气体压力的变化而自行开闭的自动阀，它是由阀座、运动密封件（阀片或阀芯）、弹簧、升程限制器等零件组成，如图 9-4 所示。

自动阀在阀片两边压差作用下开启，在弹簧力作用下关闭。

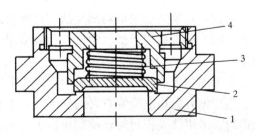

图 9-4　活塞式压缩机自动阀的组成

1—阀座；2—阀片；3—弹簧；4—升程限制器

171

压缩机自动阀按运动密封元件的特点可以分为：环状阀、网状阀、孔阀及直流阀。其中环状阀及网状阀使用比较普遍。

（三）活塞

活塞式压缩机中常用的活塞基本结构形式为圆筒形和盘形。

圆筒形活塞主要用在小型无十字头压缩机中，其构造如图9-5所示。

用来装活塞环的部分称为环部，靠近压缩容积的活塞环是密封环，靠近曲轴箱侧的活塞环有一道或两道刮油环。刮油环的作用是排掉气缸表面上多余的润滑油，防止耗油过多和油分解产生积碳。

高速压缩机活塞材料除采用铝合金外，通常在活塞的侧面开口，以减轻活塞的重量，同时减少活塞的摩擦功。

盘形活塞用于低、中压气缸中，其构造如图9-6所示。

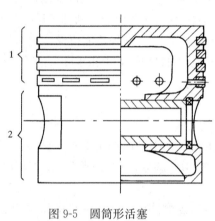

图9-5 圆筒形活塞
1—环部；2—裙部

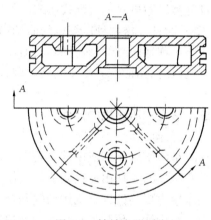

图9-6 铸铁盘形活塞

为了减轻活塞的重量，一般铸成空心的，两个端面用加强筋互相连接，以增加刚性。

（四）活塞杆与气缸的密封

活塞杆有贯穿和不贯穿两种。不贯穿的活塞杆由十字头和活塞支撑并导向。带悬挂活塞的贯穿活塞杆，由两端的十字头导向。活塞杆与气缸的贯通处最易漏气。密封填料是阻止气缸内气体自活塞杆与气缸贯穿处泄漏的组件。对填料的基本要求是密封性能良好并耐用。

目前，自紧式金属填料函是活塞杆密封的主要形式。这种填料函主要有平面和锥形两类密封圈，前者多用于低、中压，后者多用于高压。密封圈材料为灰铸铁、合金铸铁、青铜等。

在少油和无油润滑的压缩机中，广泛采用塑料（聚四氟乙烯、尼龙）密封圈。

当压缩有爆炸危险或有害的气体时，不允许气体泄漏到机器间里，往往用软填料或油膜密封。采用油膜密封时，使油压高于气压，用油泵提供循环密封油。也可将从填料函泄漏的气体导入压缩机第一级的吸入管道中或排放到机器间外面去。因此在气体导出处，应再增加一个额外小室收集通过填料函泄漏的气体。

第二节 离心式压缩机

离心式压缩机的工作原理及构造如图 9-7 所示。

压缩机的主轴带动叶轮旋转时，气体自轴向进入并以很高的速度被离心力甩出叶轮，进入扩压器中。在扩压器中由于有宽的通道，气体的部分动能转变为压力能，速度降低而压力提高。接着通过弯道和回流器又被第二级吸入，通过第二级进一步提高压力。依次逐级压缩，一直达到额定压力。

气体经过每一个叶轮，相当于进行一级压缩，单级叶轮的叶顶速度越高，每级叶轮的压缩比就越大，压缩到额定压力所需的级数就越少。由于材料极限强度的限制，用普通钢制造的叶轮，其叶顶速度为 $200\sim300\mathrm{m/s}$；用高强度钢制造的叶轮，叶顶速度在 $300\sim450\mathrm{m/s}$。为了得到较高的压力，需将多个叶轮串联起来压缩。通常在一个缸内叶轮级数不应超过 10 级，如果叶轮级数较多时，可用两个或两个以上的缸串联。

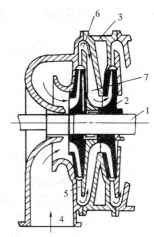

图 9-7 离心压缩机
1—主轴；2—叶轮；3—固定壳；
4—气体入口；5—扩压器；
6—弯道；7—回流器

离心式压缩机的扩压器分无叶扩压器和叶片扩压器两种。无叶扩压器结构简单，在变工况的流动条件下具有良好的适应性，因此，工况变化较大时采用无叶扩压器较好。叶片扩压器是由等厚度薄板或机翼型叶片组成，其效率比无叶扩压器高，但稳定工作范围比采用无叶扩压器时窄，而且随着流量的增加，压缩比迅速下降，流量偏离最佳工况越远，效率下降也越显著。在工况变化较小时，为提高效率，采用叶片扩压器较好。

离心式压缩机最常使用的轴封装置有两种：迷宫密封和油膜密封。

迷宫密封是在密封体上嵌入（或铸入）或用堵缝线固定多圈翅片，构成迷宫衬垫。翅片的材质有黄铜片、磷青铜片、铝青铜片、铝片或铂合金片等。采用什么材质需根据气体的性质、有无灰尘以及气体的湿度而定。迷宫衬垫与旋转轴不接触，其间有微小间隙，适用于高速旋转的离心式压缩机。

当压缩机的操作压力较高时，一般采用油膜密封。其结构特点是用金属密封环与轴保持极小的间隙，密封环间注以高于机内气体压力 $0.03\sim0.1\mathrm{MPa}$ 的高压密封油，通过间隙中形成的油膜防止气体向外部漏失。

压缩机的冷却通常有两种方法：一种是在定子的圆筒内装置有许多空腔组成的冷却套，空腔浇铸在环状室的壁上，叶轮在环状室内旋转，空腔之间用沟槽连通以使冷却水循环。这种装置由于空腔外形复杂，使得压缩机的制造、安装以及冷却表面的清扫都很困难，除等温机组外，一般不用。另一种是在机器壳体外安装中间冷却器，将叶轮分段，气体从第一段的最后一个叶轮流进中间冷却器，再进入第二段的第一个叶轮。

离心式压缩机润滑系统由油箱、油过滤器、油冷却器、安全阀、单向阀和油泵组成。油泵包括主油泵、启动油泵和备用油泵。主油泵由压缩机的主轴通过齿轮箱带动，在正常生产时由主油泵向各注油点提供润滑油。由于压缩机启动和停车时转速较低，主油泵的油压不足，由启动油泵注油。启动油泵也称作辅助油泵。备用油泵是手摇式活塞泵，当发生停电事故时，用人工摇动手摇泵注油，避免发生烧坏轴瓦的现象。也可以采用高位油箱代替备用油泵。当用汽轮机驱动压缩机时，主油泵和启动油泵是共用的，既润滑压缩机，又润滑汽轮机。

离心式压缩机的优点是输气量大且连续，运转平稳，机组外形尺寸小，占地面积少；设备的重量轻，易损部件少，使用年限长，维修工作量小；由于转速很高，可以用汽轮机直接带动，比较安全；缸内不需要润滑，气体不会被润滑油污染；实现自动控制比较容易。

因为离心式压缩机有上述优点，所以在天然气远距离输气干管的压气站及天然气的液化厂中，由燃气轮机驱动的离心式压缩机被广泛使用。

离心式压缩机的缺点是高速下的气体与叶轮表面有摩擦损失，气体在流经扩压器、弯道和回流器的过程中也有摩擦损失，因此效率比活塞式压缩机低，对压力的适应范围也较窄，有喘振现象。

第三节　压缩机的排气温度及功率计算

一、压缩机的排气温度

（一）容积式压缩机的排气温度

容积式压缩机的排气温度可按绝热压缩公式（9-13）计算：

$$T_2 = T_1 \varepsilon^{\frac{k-1}{k}} \qquad (9\text{-}13)$$

式中　T_2——排气温度（K）；

　　　T_1——吸气温度（K）；

　　　ε——压缩比；

　　　k——绝热指数。

混合气体的绝热指数可按式（9-14）计算：

$$\frac{1}{k-1} = \sum \frac{y_i}{k_i - 1} \qquad (9\text{-}14)$$

式中　k——混合气体的绝热指数；

　　　k_i——混合气体中 i 组分的绝热指数；

　　　y_i——混合气体中 i 组分的摩尔分数。

排气温度 T_2 也可以由图 9-8 查得。

（二）离心式压缩机的排气温度

离心式压缩机的排气温度可按多变压缩公式（9-15）计算：

$$T_2 = T_1 \varepsilon^{\frac{m-1}{m}} \qquad (9\text{-}15)$$

式中　m——多变指数。

多变指数和绝热指数之间有如下关系：

$$\eta_p = \frac{\dfrac{m}{m-1}}{\dfrac{k}{k-1}} \qquad (9\text{-}16)$$

式中　η_p——多变效率。

根据多变效率和绝热指数，可由图 9-9 查得多变指数 m。

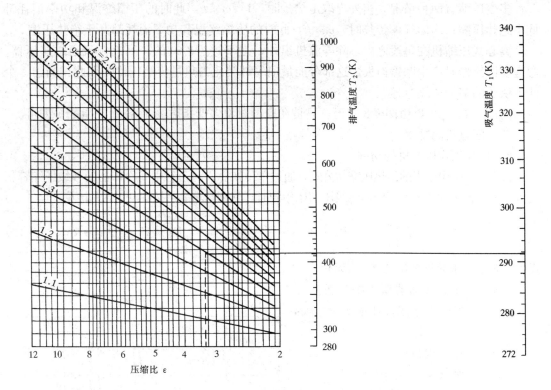

图 9-8 压缩机排气温度计算图

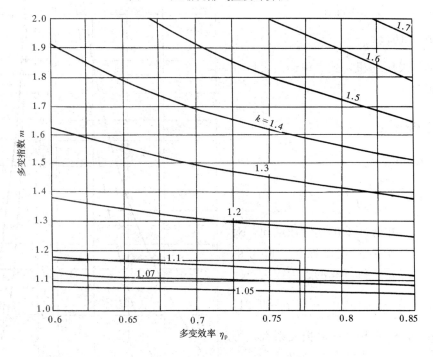

图 9-9 多变指数和绝热指数的关系图

多变压缩有两种情况，当外界取走热量时，$1<m<k$，此时的压缩终温和功率消耗都低于绝热压缩；当向气体传热时，$m>k$，此时的压缩终温和功率消耗都高于绝热压缩。

离心式压缩机在每段之内，除等温机组外，是不进行冷却的。高速气流通过扩压器、弯道和回流器时产生摩擦损失，这部分能量损失都转化为热量传给气体，因此相当于一个外界供热的多变压缩过程。

同样，T_2 也可以由图 9-8 查得。只是在查图时将多变指数 m 代替绝热指数 k 即可。

二、压缩机的功率

（一）容积式压缩机的功率

根据表 9-1 中给出的绝热压缩功公式，通过单位换算，对于有中间冷却器的多级压缩容积式压缩机，各级入口温度相同，各级压缩比相同时，其理论功率可按式（9-17）计算：

$$P = 16.34 F z p_1 V_1 \frac{k}{k-1} (\varepsilon^{\frac{k-1}{zk}} - 1) = F \Phi p_1 V_1 \qquad (9-17)$$

式中　P——压缩机理论功率（kW）；

F——中间冷却器压力损失校正系数，对于二段压缩 $F=1.08$，三段压缩 $F=1.10$；

z——压缩级数；

p_1——吸气压力（MPa）；

V_1——吸入气体体积（m³/min）；

ε——实际总压缩比。

$$\Phi = 16.34 \frac{zk}{k-1} (\varepsilon^{\frac{k-1}{zk}} - 1) \quad (9-18)$$

对于单级压缩机，式（9-19）可以简化成下面形式

$$P = 16.34 \frac{k}{k-1} p_1 V_1 (\varepsilon_a^{\frac{k-1}{k}} - 1)$$

$$= \Phi p_1 V_1 \qquad (9-19)$$

$$\Phi = 16.34 \frac{k}{k-1} (\varepsilon_a^{\frac{k-1}{k}} - 1) \quad (9-20)$$

式中　ε_a——单级压缩的实际压缩比，对于活塞式压缩机，应考虑进、排气阀的阻力损失。

$$\varepsilon_a = \frac{p_2}{p_1 (1-a_1)(1-a_2)} \quad (9-21)$$

式中　a_1、a_2——相对压力损失系数，可由图 9-10 查出。

图 9-10 是根据空气或密度接近于空气的气体，活塞平均线速度为 3.5m/s 的

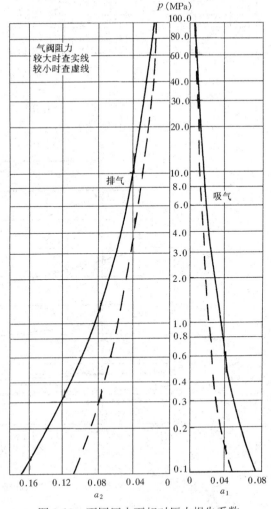

图 9-10　不同压力下相对压力损失系数

压缩机作出的。当气体密度不同或活塞速度不同时，应考虑修正。当活塞平均速度改变时，a 值按式（9-22）修正：

$$a' = a \left(\frac{C_\mathrm{m}}{3.5} \right)^2 \tag{9-22}$$

式中　C_m——压缩机的活塞速度（m/s）。

当气体的密度和空气相差较远时，a 值按式（9-23）修正：

$$a' = a \left(\frac{\rho}{1.293} \right)^{\frac{2}{3}} \tag{9-23}$$

式中　ρ——实际气体密度（kg/Nm³）。

根据实际压缩比 ε_a 和绝热指数 k，由图 9-11 可以查得 Φ 值。代入公式（9-19）可以算出压缩机的理论功率。

压缩机实际功率消耗可按式（9-24）计算：

$$P_\mathrm{s} = \frac{P}{\eta_\mathrm{q} \eta_\mathrm{c}} \tag{9-24}$$

式中　P_s——压缩机实际功率（kW）；

η_q——机械效率，对于大、中型压缩机 $\eta_\mathrm{q} = 0.9 \sim 0.95$；对于小型压缩机 $\eta_\mathrm{q} = 0.85 \sim 0.90$；

η_c——传动效率，对于皮带传动，$\eta_\mathrm{c} = 0.96 \sim 0.99$；对于齿轮传动，$\eta_\mathrm{c} = 0.97 \sim 0.99$；对于直联 $\eta_\mathrm{c} = 1.0$。

选原动机的功率时，应留 $10\% \sim 25\%$ 的余量。

$$P_\mathrm{d} = (1.10 \sim 1.25) P_\mathrm{s} \tag{9-25}$$

式中　P_d——原动机功率（kW）。

（二）离心式压缩机的功率

离心式压缩机的功率用以下方法计算较为方便。对于多级压缩：

$$P = \frac{F \Phi p_1 V_1}{\eta_\mathrm{p}} \tag{9-26}$$

式中　η_p——离心式压缩机多变效率。

$$\Phi = 16.34 \frac{zm}{m-1} \left(\varepsilon^{\frac{m-1}{zm}} - 1 \right) \tag{9-27}$$

对于单级压缩：

$$P = \frac{16.34 \dfrac{m}{m-1} p_1 V_1 \left(\varepsilon_\mathrm{a}^{\frac{m-1}{m}} - 1 \right)}{\eta_\mathrm{p}} = \frac{p_1 V_1 \Phi}{\eta_\mathrm{p}} \tag{9-28}$$

$$\Phi = 16.34 \frac{m}{m-1} \left(\varepsilon_\mathrm{a}^{\frac{m-1}{m}} - 1 \right) \tag{9-29}$$

Φ 可由图 9-11 查得，只要将图中的 k 值用 m 值代替即可。

离心式压缩机的实际功率计算式同式（9-24）。η_q 和 η_c 值如下：

当 $P > 2000\mathrm{kW}$ 时，$\eta_\mathrm{q} = 97\% \sim 98\%$；

$P = 1000 \sim 2000\mathrm{kW}$ 时，$\eta_\mathrm{q} = 96\% \sim 97\%$；

$P < 1000\mathrm{kW}$ 时，$\eta_\mathrm{q} = 94\% \sim 96\%$。

当直接传动时，$\eta_\mathrm{c} = 1.0$；齿轮传动时，$\eta_\mathrm{c} = 0.94 \sim 0.96$。

【例 9-1】 压缩机型号为 DA220-72，气体入口绝对压力为 0.115MPa，气体出口绝对压力为 0.95MPa，气体工作状态的绝热指数 $k=1.130$，多变效率 $\eta_p=0.773$，计算压缩机的功率。

【解】 根据绝热指数及多变效率，在图 9-9 上查得多变指数 $m=1.175$。此机的压缩比 $\varepsilon=\dfrac{p_2}{p_1}=\dfrac{0.95}{0.115}=8.26$

根据 $m=1.175$，$\varepsilon=8.26$，由图 9-11 查得 $\Phi=4.06$。

从压缩机型号可知其排气量为 220m³/min。压缩机的理论功率为：

$$P=\frac{p_1 V_1 \Phi}{\eta_p}=\frac{0.115\times220\times4.06}{0.773}=133\text{kW}$$

DA220-72 压缩机与汽轮机通过齿轮连接，取传动效率 $\eta_c=0.93$，机械效率 $\eta_q=0.96$，则压缩机的实际功率为：

$$P_s=\frac{P}{\eta_q \eta_c}=\frac{133}{0.93\times0.96}=149\text{kW}$$

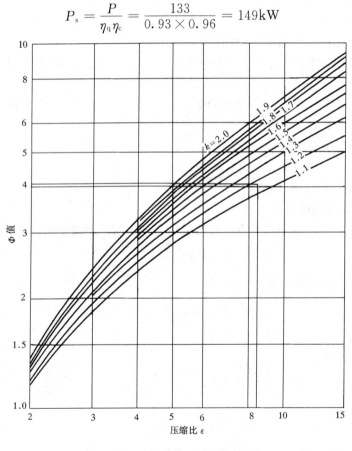

图 9-11　Φ 值计算图

第四节　变工况工作与流量的调节

每台压缩机都是根据一定条件设计的，运转过程中某些参数或者是气体组成的变化，都会对压缩机的性能产生影响。此外，在燃气输配系统中，要求压缩机的负荷经常变化，因此对流量要进行调节。

一、活塞式压缩机的变工况工作与流量调节

（一）变工况对压缩机性能的影响

1. 吸气压力改变　随着吸气压力的降低，活塞完成一个循环后所吸入的气体体积（折算为标准状况下）就减少。此外当吸气压力降低，排气压力不变时，压缩比升高，使容积系数 λ_V 下降，排气量降低。对于单级压缩机，这种影响要大一些。由于吸气量降低所引起的压缩机功率的变化与压缩机的设计压缩比有关。对于多级压缩机，由于压缩比升高由各级分摊，第一级压缩比升高不多，因而对容积系数 λ_V 影响不大。

2. 排气压力改变　如果吸气压力不变，而排气压力增加，则压缩比上升，容积系数 λ_V 减小。对单级压缩机，这种影响明显，对多级压缩机则影响较小。排气压力增加后，功率一般都是增加的。

3. 压缩介质改变　压缩不同绝热指数的气体时，压缩机所需要的功率随着绝热指数的增加而增大。另一方面，在相同的相对余隙容积下，压缩机的容积系数 λ_V 随着绝热指数增加而增大，因此排气量也将有所增加。

气体容重的改变对容积型压缩机的压缩比没有很大影响，对于低分子量的气体压缩来说，这是它的一个重要优点。另一方面，密度大的气体，在经过管道和气阀时，压降较大，使气缸吸气终了压力下降，排气量略有降低，轴功率有所增加。

4. 转速改变　在一定的条件下，提高转速是提高压缩机生产能力的一种手段，转速提高，排气量会相应增加。但在不改变气阀、气道、中间冷却器及其他中间管道的情况下把转速增加过多，则功率的增加速度要大大超过排气量增加速度，是很不经济的。这是因为转速增加，气体流动速度增加，而压降和流速的平方成正比，因此气缸的实际压缩比将因压缩机的转速增加而明显上升，这将导致容积系数 λ_V 下降；气体阻力增加会使气缸温度上升，导致温度系数 λ_t 下降，因此增加转速后排气量不会成比例地增加。而且当转速增加过多时，应对压缩机有关气体流通部件进行改造。

（二）活塞式压缩机排气量的调节

1. 停转调节　根据用气工况来决定压缩机的停转和启动的时间和台数。这种方法只能用于功率较小的电动机带动的压缩机上。对于中等功率压缩机，可以采用离合器使原动机和压缩机脱开，避免频繁地启动原动机。

2. 改变转速的调节　通过改变转速来改变单位时间的排气量。这种方法用于由蒸汽机、内燃机驱动的压缩机。以直流电机作为原动机时，改变转速也比较方便。这种调节方法的优点是：转速降低时，气体在气阀及管路上的速度相应减小，气体在气缸中停留时间增长，因而获得较好的冷却效果，使功率消耗降低。

3. 停止吸入的调节　所谓停止吸入，即压缩机后的高压管道压力超过允许值时，自动关闭吸入通道。停止吸入在中型压缩机上采用较多。当停止吸入时，压缩机处于空转，因而实际上是间断调节。停止吸入的调节对于无十字头的单作用压缩机是不适用的，因为气缸内形成真空，润滑油会从曲轴箱吸入气缸。

4. 旁路调节　采用这种方法调节排气量，从装置的结构上来说简便易行，但功率消耗巨大。

旁路调节方式，亦可作为压缩机卸荷之用，所以压缩机启动时经常采用此种方式。所采用的旁通管线有两种形式如图 9-12 所示。

图 9-12 中（a）型为末级与第一级节流旁通，它能在保证各级的工况（压力、温度）均不改变的情况下工作，而且可以连续地调节气量。此种调节一般在短期运转下以及作为辅助微量调节之用。但是采用这种调节方法，在高压时旁通阀在高速气流的冲击下经常损坏，会影响正常工作时管线的严密性。此外，在旁通阀处节流可能产生冻结现象。

在大型多级压缩机中，经常配置（b）型旁通管路，可作为压缩机启动时卸荷之用，也可用来调节各级压缩比。用作气量调节时，当第Ⅰ级导出部分气量至吸入管以后，第Ⅰ级压缩比降低，中间各级压缩比保持原状，而末级压缩比会随着排气量的降低程度成比例上升，所以当排气量降低得太大时，末级中的温度会上升到不允许的范围。

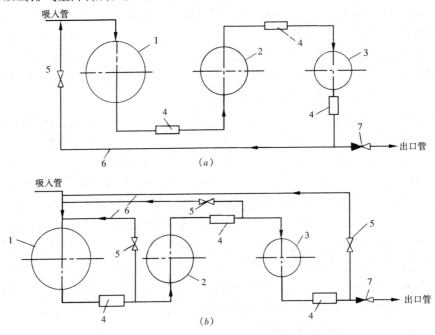

图 9-12　旁通管线的连接形式

（a）末级与第一级旁通；（b）各级均与第一级旁通

1—Ⅰ级缸；2—Ⅱ级缸；3—Ⅲ级缸；4—冷却器；5—旁通阀；6—旁通管；7—单向阀

5. 打开吸气阀的调节　这种方法目前采用得较普遍，主要用在中型和大型压缩机上，除调节流量外也可作为卸荷空载启动之用。

打开吸气阀的调节作用是：气体被吸入气缸后，在压缩行程时，又将部分或全部已吸入缸内的气体通过吸气阀推出气缸。这样可以通过改变推出气体量实现压缩机排气量的调节。

6. 连接补助容积的调节　这种方法是借助于加大余隙，使余隙内存有的已被压缩了的气体在膨胀时压力降低，体积增加，从而使气缸中吸入的气体减少，排气量降低。图 9-13

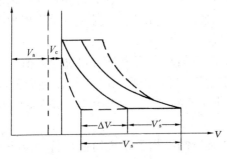

图 9-13　增加补助容积后的示功图

中的虚线表示全排气量时的示功图，V_c 为气缸原有的余隙容积，此时吸入容积为 V_s，连通补助容积 V_a 后的示功图如实线所示，吸入容积由 V_s 减少到 V'_s，压缩机吸入的气量减少了 ΔV。

利用这种补助容积以降低排气量的装置，有固定余隙腔和可变余隙腔两种，都称为余隙调节。前者的排气量只能调到一个固定的值，后者可以分级调节。补助容积的大小由需要调节的排气量来决定，近年来采用部分行程中连通补助容积的调节装置，更进一步改善了调节工况。

在实际应用中，将根据对压缩机的使用要求、驱动方式及操纵条件的不同，来选择各种调节方法。确定调节方法时应尽可能满足所要求的调节特性（间歇调节、分级调节或是无级调节）、经济性及操作的可靠性。

二、离心式压缩机的变工况工作与流量调节

（一）离心式压缩机变工况的性能换算

基本换算公式：

$$Q = \frac{n}{n'}Q' \tag{9-30}$$

$$G = \frac{n}{n'}\frac{\rho}{\rho'}G' \tag{9-31}$$

$$P = \left(\frac{n}{n'}\right)^3 \frac{\rho}{\rho'}P' \tag{9-32}$$

$$\varepsilon = \left[\left(\frac{n}{n'}\right)^2 \frac{p'_1 m'(m-1)\rho}{p_1 m(m'-1)\rho'}\left(\varepsilon'^{\frac{m'-1}{m'}}-1\right)+1\right]^{\frac{m}{m-1}} \tag{9-33}$$

式中　Q、Q'——原始工况和改变工况的气体体积流量（m^3/min）；

G、G'——原始工况和改变工况的气体质量流量（kg/min）；

P、P'——原始工况和改变工况的压缩机功率（kW）；

ε、ε'——原始工况和改变工况的气体压缩比；

n、n'——原始工况和改变工况的压缩机转速（r/min）；

p_1、p'_1——原始工况和改变工况的入口气体压力（MPa）；

ρ、ρ'——原始工况和改变工况的气体密度（kg/m^3）；

m、m'——原始工况和改变工况的气体多变指数。

1. 只有入口压力不同时的换算公式　入口压力改变和密度的改变成正比，因此：

$$Q' = Q$$

$$G' = \frac{p'_1}{p_1}G \tag{9-34}$$

$$P' = \frac{p'_1}{p_1}P \tag{9-35}$$

$$\varepsilon' = \varepsilon$$

2. 只有转速不同时的换算公式：

$$Q' = \frac{n'}{n}Q \qquad (9-36)$$

$$G' = \frac{n'}{n}G \qquad (9-37)$$

$$P' = \left(\frac{n'}{n}\right)^3 P \qquad (9-38)$$

$$\varepsilon' = \left[\left(\frac{n'}{n}\right)^2 (\varepsilon^{\frac{m-1}{m}} - 1) + 1\right]^{\frac{m'}{m'-1}} \qquad (9-39)$$

3. 只有气体分子量不同时的换算公式 气体分子量的改变和密度的改变成正比，因此：

$$Q' = Q$$

$$G' = \frac{M'}{M}G \qquad (9-40)$$

$$P' = \frac{M'}{M}P \qquad (9-41)$$

$$\varepsilon' = \left[\frac{M'}{M}(\varepsilon^{\frac{m-1}{m}} - 1) + 1\right]^{\frac{m'}{m'-1}} \qquad (9-42)$$

式中 M、M'——原始工况和改变工况的气体分子量。

有时伴随着一个参数的改变，另一个参数也有变化，两个或两个以上的参数同时发生变化时，根据基本换算公式也可以推导出相应的运算公式。

（二）离心式压缩机使用中的异常现象——喘振

喘振又叫飞动，是离心式压缩机的一种特殊现象。任何离心式压缩机按其结构尺寸，在某一固定的转速下，都有一个最高的工作压力，在此压力下有一个相应的最低流量。当离心式压缩机出口的压力高于此数值时，就会产生喘振。

从图 9-14 可见 OB 为飞动线，A 点为正常工作时的操作点，此时通过压缩机的流量为 Q_1。

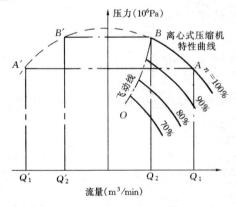

图 9-14 离心式压缩机的喘振原因分析

由于某一个因素使工作点 A 沿操作曲线向左移动到超过 B 点时，则压力超过了离心式压缩机最高允许的工作压力，流量也小于最低的流量 Q_2，这时的工作点就开始移入压缩机的不稳定区域，即喘振范围。压缩机不能产生预先确定的压力，在短时间里发生了气体以相反方向通过压缩机的现象，这时压缩机的操作点将迅速移至左端操作线的 A' 点，使流量变成了负值。由于气体以相反方向流动，使排气端的压力迅速下降，而出口压力降低后，就又可能恢复正常供气量，因此操作点又由 A' 点迅速右移至右端正常工作点 A。如果操作状态不能迅速改变，操作点

A 又会左移，经过 B 点进入不稳定区域，这样的反复过程就是压缩机的喘振过程。

发生喘振时，机组开始强烈振动，伴随发生异常的吼叫声，这种振动和叫声是周期性地发生的；和机壳相连接的出口管线也随之发生较大的振动；入口管线上的压力表和流量计发生大幅度的摆动。

喘振对压缩机的迷宫密封损坏较大，严重的喘振很容易造成转子轴向窜动，损坏止推轴瓦，叶轮有可能被打碎。极严重时，可使压缩机遭到破坏，损伤齿轮箱和电动机等，并会造成各种严重的事故。

为了避免喘振的发生，必须使压缩机的工作点离开喘振点，使系统的操作压力低于喘振点的压力。当生产上实际需要的气体流量低于喘振点的流量时，可以采用循环的方法，使压缩机出口的一部分气体经冷却后，返回压缩机入口，这条循环线称为反飞动线。由此可见，在选用离心式压缩机时，负荷选得过于富裕是无益的。

（三）离心式压缩机的流量调节

1. 改变转速　如图 9-15 所示，随着转速的改变，压缩机的特性曲线相应改变，与管道特性曲线的交点也随之改变，离心式压缩机的流量也相应改变。

改变转速的调节方法，是几种调节方法中最省功率的方法，但要受原动机的限制。用汽轮机或燃气轮机作原动机时，这种调节方法较适宜。用交流电动机作原动机时，由于变速困难，常采用其他调节方法。

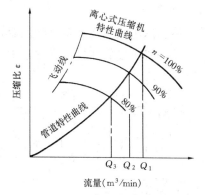

图 9-15　改变转速调节方法

2. 排气管节流　这是在压缩机排气管上安装阀门改变压缩机出口处的压力，以调节压缩机的流量的方法，如图 9-16 所示。

这种调节方法不改变压缩机的特性曲线，但要增加功率消耗。

3. 吸气管节流　在压缩机的吸气管上装调节阀比排气管节流操作更稳定，调节气量范围更广，可以降低功率消耗。用电动机带动的压缩机一般常用此方法调节气量。

吸气管节流后，在转速不变时，离心式压缩机的体积流量和压缩比不变。但由于吸入压力减小，离心式压缩机的质量流量、排气压力将与吸入压力成比例地减少。

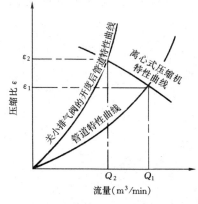

图 9-16　排气管节流调节方法

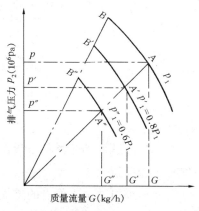

图 9-17　吸气管节流调节方法

如图 9-17 所示，随吸气管的节流，离心式压缩机的排气压力和质量流量的关系将在连接工作点 A 和原点的直线上变化。

4. 进气管装导向片 在压缩机的叶轮进口处安装导向片，使气流旋绕以变更流向，可以改变机组的排气压力和流量。这种方法比进口节流效率高，但结构要复杂一些。多级压缩机上只能在第一级叶轮进口前设置导向片。

5. 旁路调节（抽气调节法） 当生产要求的气量比压缩机排气量小时，将其多余部分经冷却后返回到压缩机进口的方法叫做旁路调节。旁路调节使压缩机增加了循环量部分所消耗的功，因此专门为了调节流量很少采用这个方法。如前所述，这种方法一般作为反飞动措施使用。

第五节 压 缩 机 室

一、压缩机的选型及台数的确定

压缩机排气量和排气压力必须和管网的负荷及压力相适应，同时在设计中还必须考虑将来的发展。

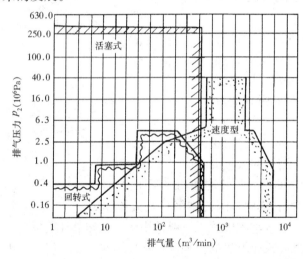

图 9-18 各类压缩机的应用范围

各种类型压缩机目前所能达到的排气压力及排气量的大致范围如图 9-18 所示。

如果压缩机间的容量较大，宜选用排气量较大的压缩机。数量过多的机组需要较多的建筑面积和维修费用，因此相同参数的压缩机在站内不超过四台为宜。当负荷波动较大，最低小时用气量小于单机的排气量时，可以选用排气量大小不同的机组。但同一压力参数的压缩机最好不超过两种型号。

压缩机型号选定后，压缩机台数可按式（9-43）或式（9-44）计算：

$$n = \frac{Q_p k_V}{Q_q k_1 K} + C \tag{9-43}$$

$$n = \frac{Q_{max} k_V}{Q_q k_1 K} + C_2 \tag{9-44}$$

式中 n——实际选用的压缩机台数；

Q_p——压缩机室的平均容量（Nm^3/h）；

Q_q——压缩机选定工作点的排气量（Nm^3/h）；

k_1——压缩机允许误差系数，根据规定产品性能试验的允许误差（压力值或排气量值）为$-5\%\sim+10\%$，通常选-5%，因此，$k_1=0.95$；

K——压缩机并联系数，对于新建压缩机室的设计，通常 $K=1$，对于扩建的压缩机室，由于增加了压缩机，燃气输送管网压力降增加，压缩机的设计流量应按新工作点定；

C——按压缩机平均排气量确定的压缩机备用台数，工作台数为 1～2 台时取 1 台，3～5 台时取 2 台；

Q_{max}——压缩机室最大容量（Nm^3/h）；

C_2——按压缩机最大排气量确定的压缩机备用台数，工作台数 1～5 台时取 1 台；

k_V——体积修正系数，一般按下式计算：

$$k_v = \left(1 + \frac{d_1}{0.833}\right)\left(\frac{273+t_1}{273}\right)\left(\frac{101325}{p_1+p_0}\right) \tag{9-45}$$

式中 d_1——压缩机设计入口燃气含湿量（kg/Nm^3）；

t_1——压缩机设计入口燃气温度（℃）；

p_1——压缩机设计入口燃气压力（Pa）；

p_0——建站地区平均大气压（Pa）。

二、压缩机的驱动设备

（一）电动机

活塞式压缩机和一部分离心式压缩机都广泛采用交流电动机驱动。交流电动机一般有三种：鼠笼式异步电动机、绕线式异步电动机和同步电动机。鼠笼式异步电动机结构简单、紧凑，价格较低，管理方便，但功率因数较低。同步电动机能改善电网的功率因数，但价格高，管理要求也较高，一般适用于功率在 400kW 以上的场合。绕线式异步电动机的特点是启动电流小，因此，在启动条件困难的场合，如电网容量不大或需要用高速的电动机降速以带动有大飞轮的压缩机时，应采用绕线式异步电动机。

当压缩有爆炸危险的各种燃气时，电动机要有防爆性能。在功率较小的场合下可选用标准型的封闭式防爆电动机；当采用非防爆电动机时，应将电动机放在用防火墙和压缩机间隔开的厂房内，电动机的轴穿过防火墙处应以填料密封。大型压缩机采用封闭式的防爆电机有困难时，电动机可做成正压通风结构。

（二）汽轮机

汽轮机的投资比电动机高，结构和维修都比电动机复杂，但汽轮机有以下优点：

（1）转速高，可达 10000r/min 以上，可直接与离心式压缩机连接。

（2）汽轮机的转速可在一定的范围内变动，增加了调节手段和操作的灵活性。

（3）适应输送易燃易爆的气体，即使有泄漏也不会引起爆炸事故。

一般离心式压缩机用汽轮机驱动较为合适。活塞式压缩机的转速低，如果用汽轮机带动，还需要复杂的减速装置，因此都用电动机驱动。

（三）燃气轮机

由于燃料价格昂贵，一般不采用。但是在长输管线上的压气站及天然气的液化厂，由于燃料来源方便，故被广泛采用。

（四）柴油机

柴油机主要用来作为备用原动机，当突然停电，而压缩机又不允许停车的情况下，可临时开动柴油机。不易获得电源的场合，有时也用它来驱动压缩机，如用来驱动移动式压缩机等。

三、工艺流程

活塞式压缩机室的工艺流程如图 9-19 所示。

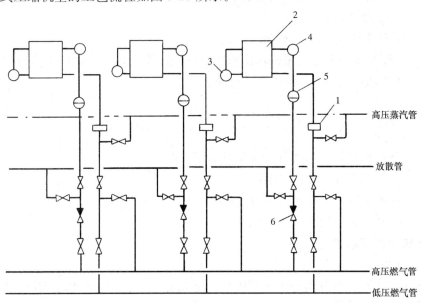

图 9-19　活塞式压缩机室的工艺流程

1—过滤器；2—压缩机；3—中间冷却器；4—最终冷却器；5—油气分离器；6—单向阀

需要压缩的低压燃气先进入过滤器，除去所带悬浮物及杂质，然后进入压缩机。在压缩机内经过一级压缩后进入中间冷却器，冷却到初温再进行二级压缩并进入最终冷却器冷却，经过油气分离器最后进入储气罐或干管。

此外，压缩机室的进、出口管道上，应安设阀门和旁通管。高压蒸汽主要用于清扫管道及设备。

对于高压、大容量的压缩机室，单独选用活塞式或离心式压缩机均各有其局限性。活塞式压缩机排气量较小，离心式压缩机排气量虽较大，但压缩比小，且排气压力也随着燃气密度的变化而变化，单独使用任何一种压缩机都不能经济、合理地达到高压、大容量的目的。为此，采用活塞式压缩机和离心式压缩机串联使用，可以收到较好的效果。气体首先进入离心式压缩机被压缩，达到 0.1～0.2MPa 的出口压力，再进入活塞式压缩机，使两种机器都能在合适的范围内运转。这样的做法提高了整个运转效率。但是，对于出口压力不高、容量较小的压缩机室宜选用同一型号的压缩机，以便于维修和管理。

四、平面及立面布置

压缩机在室内宜单排布置，当压缩机台数较多、单排布置使压缩机室过长时，可双排布置，但两排之间的净距应不小于 2m。室内的主要通道，应根据压缩机最大部件的尺寸确定，一般应不小于 1.5m。

压缩机室内应留有适当的检修场地，一般设在室内的发展端。当压缩机室较长时，检修场地也可以考虑放在中间，但应不影响设备的操作和运行。

布置压缩机时，应考虑观察和操作方便。同时也需考虑到管道的合理布置，如压缩机进气口和末级排气口的方位等。

压缩机室宜设置起重设备，其起重能力应按压缩机组的最重部件确定。检修时需要吊装的设备，应布置在起重设备的工作范围内。

对于带有卧式气缸的压缩机，应考虑抽出活塞和活塞杆需要的水平距离。

设置卧式列管式冷却器时，应考虑在水平方向抽出其中管束所需的空间。立式列管式冷却器的管束可垂直吊出，也可卧倒放置抽出。

辅助设备的位置应便于操作，不妨碍门、窗的开启和不影响自然采光和通风。

压缩机之间的净距及压缩机和墙之间的距离不应小于 1.5m，同时要防止压缩机的振动影响建筑物的基础。

压缩机室的高度：当不设置吊车时，为临时起重和自然通风的需要，一般屋架下弦高度不低于 4m，对于机身较小的压缩机可适当缩小。当设置吊车时，吊车轨顶高度可参照吊钩自身的长度、吊钩上限位置与轨顶间的最小允许距离及设备需要起吊的高度确定。

压缩机排气量和设备较大时，为了方便操作、节省占地面积和更合理地布置管道，压缩机室可双层布置。压缩机、电动机及变速器设在操作层（二层），中间冷却器及润滑油系统均放在底层。

第十章 燃气的储存

燃气的储存是保证城镇燃气供需平衡的重要手段，燃气种类不同，储存方式也不尽相同。以人工煤气为气源时，多采用低压储存；以天然气为气源时，多采用高压储存。在我国，虽然以人工煤气作为主气源的城市正逐渐减少，但低压储存设施还在部分城市和焦化工厂被使用，因此本章对于低压储气罐仍做简要介绍。关于压缩天然气、液化天然气和液化石油气供应系统采用的储存方式，将分别在相关章节中介绍。

第一节 低压储气罐

低压储气罐储存的是低压气体（储气压力小于 10kPa），按其密封方式可以分为湿式罐和干式罐。

一、低压湿式罐

低压湿式罐是以水封方式密封的储罐，按结构形式不同可分为直立罐和螺旋罐。直立罐依靠钟罩和塔节的垂直升降改变储气容积，如图 10-1 所示。螺旋罐依靠钟罩和塔节的螺旋升降改变储气容积，如图 10-2 所示。

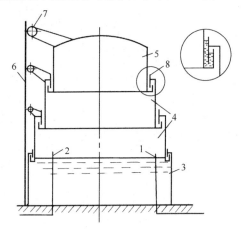

图 10-1 直立罐简图

1—燃气进口；2—燃气出口；3—水槽；4—塔节；
5—钟罩；6—导向装置；7—导轮；8—水封

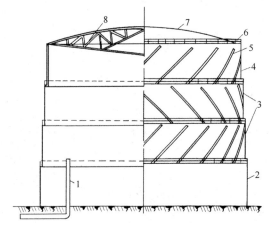

图 10-2 三节螺旋罐示意图

1—进气管；2—水槽；3—塔节；4—钟罩；5—导轨；
6—平台；7—顶板；8—顶架

二、低压干式罐

大型低压干式罐有阿曼阿恩型、可隆型和威金斯型，干式罐是以活塞的升降改变储气容积。阿曼阿恩型干式罐依靠活塞外周的油杯密封，如图 10-3 所示。可隆型干式罐依靠密封垫圈密封，如图 10-4 所示。威金斯型干式罐依靠内、外层密封帘密封，如图 10-5 所示。

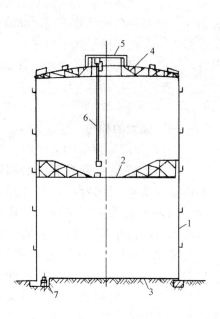

图 10-3 阿曼阿恩型干式罐示意图

1—外筒；2—活塞；3—底板；4—顶板；
5—天窗；6—梯子；7—燃气入口

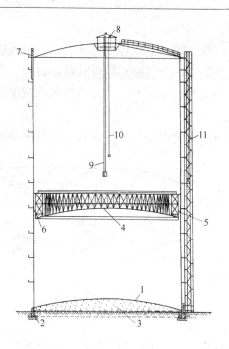

图 10-4 可隆型干式罐示意图

1—底板；2—环形基础；3—砂基础；4—活塞；5—密
封垫圈；6—加重块；7—燃气放散管；8—换气装置；
9—内部电梯；10—电梯平衡块；11—外部电梯

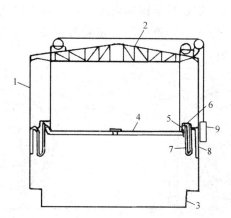

图 10-5 威金斯型干式罐示意图

1—侧板；2—罐顶；3—底板；4—活塞；5—活塞护栏；6—套
筒式护栏；7—内层密封帘；8—外层密封帘；9—平衡装置

第二节 高压储气罐

高压储气罐储存燃气的原理与低压储气罐不同，即其几何容积固定不变，通过改变其中燃气的压力进行燃气的储存，故称定容储罐。定容储罐没有活动的部分，因此结构比较简单。

高压储罐可以储存气态燃气，也可以储存液态燃气。根据储存的介质不同，储罐设有不同的附件，燃气储罐均设有进出口管、安全阀、压力表、人孔、梯子和平台等。

当需要以较高的压力将燃气送入城镇燃气管网时，一般采用高压储罐或高压管线进行储气。

高压储罐按形状可分为圆筒形和球形两种。

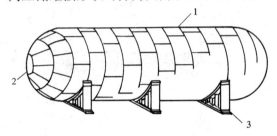

图 10-6　圆筒形罐
1—筒体；2—封头；3—鞍式支座

一、储罐的构造

（一）圆筒形罐的构造

圆筒形罐是由钢板制成的圆筒体和两端封头构成的容器，其外形如图10-6 所示。封头可为半球形、椭圆形和碟形。圆筒形罐根据安装的方式可分为立式和卧式。前者占地面积小，但对防止罐体倾倒的支柱及基础要求较高。后者占地面积较大，但支柱和基础做法较为简单。如果罐体直接安装在混凝土基础上，其接触面之间由于容易积水会加速罐体的腐蚀，故卧式储罐的罐体都设钢制鞍式支座。支座与基础之间应能滑动，以防止罐体热胀冷缩时产生局部应力。

（二）球形罐的构造

球形罐通常由分瓣压制的钢板组装拼焊而成。储罐瓣片的分布形式颇似地球仪，一般分为极板、南北极带、南北温带、赤道带等。储罐瓣片的分布形式也有的类似足球外形。这两种球形罐如图 10-7 所示。

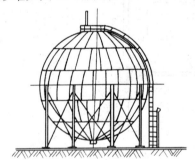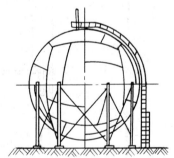

图 10-7　球形罐

球形罐的支座一般采用赤道正切式支柱和拉杆支撑体系，以便把水平方向的外力传到基础上。设计支座时应考虑到罐体自重、风压、地震力以及试压充水的重量，并应有足够的安全系数。

燃气的进出气管一般安装在罐体的下部，为了使燃气在罐体内混合良好，有时也将进气管从储罐底部延长至罐顶附近。

为了排除积存于储罐内的冷凝水，在储罐的最下部，应安装排污管。

在储罐的顶部必须设置安全阀。

储罐除安装就地指示压力表外，还应安装远传指示控制仪表。此外根据需要可设置温度计。储罐必须设防雷防静电接地装置。

储罐上的人孔应设在维修管理及制作储罐均较方便的位置，一般在储罐顶部和底部各设置一个人孔。

容量较大的圆筒形罐与球形罐相比较，圆筒形罐单位容量的金属耗量大，但是球形罐制造较为复杂，制造安装费用较高，所以一般小容量的储罐多选用圆筒形罐，大容量的储罐则多选用球形罐。

二、罐体的强度计算

（一）圆筒形储罐筒体壁厚的计算公式

根据应力分析可知，三个主应力分别为：

$$\left.\begin{array}{l} \sigma_1 = \dfrac{pD}{2S'} \\[2mm] \sigma_2 = \dfrac{pD}{4S'} \\[2mm] \sigma_3 = 0 \end{array}\right\} \tag{10-1}$$

将其代入第三强度理论的强度条件得：

$$\sigma_1 - \sigma_3 = \frac{pD}{2S'} \leqslant [\sigma]^{\mathrm{t}} \tag{10-2}$$

式中　σ_1、σ_2、σ_3——第 1、2、3 主应力（MPa）；

p——储罐的设计压力（MPa）；

D——筒体的平均直径（mm）；

S'——筒体的理论壁厚（mm）；

$[\sigma]^{\mathrm{t}}$——设计温度下的许用应力（MPa）。

用 D_i 表示筒体内径，则得式（10-3）：

$$D = D_i + S' \tag{10-3}$$

将式（10-3）代入式（10-2），得到公式（10-4）或（10-5）

$$\frac{p(D_i + S')}{2S'} \leqslant [\sigma]^{\mathrm{t}} \tag{10-4}$$

或

$$S' \geqslant \frac{pD_i}{2[\sigma]^{\mathrm{t}} - p} \tag{10-5}$$

在实际工程中，由于考虑焊缝对罐体强度的削弱，以及介质和大气对罐壁的腐蚀等因素，实际壁厚计算公式为：

$$S = \frac{pD_i}{2[\sigma]^{\mathrm{t}}\varphi - p} + c \tag{10-6}$$

式中　S——筒体的实际壁厚（mm）；

φ——焊缝系数；

c——壁厚附加量（mm）。

应力校核公式为：

$$\sigma^{t} = \frac{p[D_i + (S-c)]}{2(S-c)} \leqslant [\sigma]^{t}\varphi \qquad (10\text{-}7)$$

式中 σ^{t}——设计温度下筒体壳壁的计算应力（MPa）。

（二）球形罐壳体或球形封头壁厚计算公式

根据应力分析可知任意一点的三个主应力分别为：

$$\left.\begin{aligned}\sigma_1 = \sigma_2 &= \frac{pD}{4S'} \\ \sigma_3 &= 0\end{aligned}\right\} \qquad (10\text{-}8)$$

将其代入第三强度理论的强度条件得：

$$\sigma_1 - \sigma_3 = \frac{pD}{4S'} \leqslant [\sigma]^{t} \qquad (10\text{-}9)$$

将平均直径 D 换算成 $D_i + S'$，得：

$$S' \geqslant \frac{pD_i}{4[\sigma]^{t} - p} \qquad (10\text{-}10)$$

考虑焊缝对罐体强度的削弱以及腐蚀等因素的影响，实际壁厚的计算公式为：

$$S = \frac{pD_i}{4[\sigma]^{t}\varphi - p} + c \qquad (10\text{-}11)$$

应力校核公式为：

$$\sigma' = \frac{p[D_i + (S-c)]}{4(S-c)} \leqslant [\sigma]^{t}\varphi \qquad (10\text{-}12)$$

（三）椭圆形封头和碟形封头壁厚的计算公式

椭圆形封头和碟形封头如图 10-8 所示。

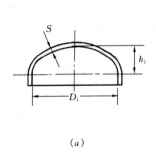
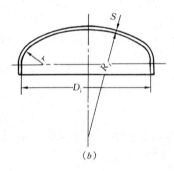

(a) $\qquad\qquad\qquad\qquad\qquad\qquad\qquad$ (b)

图 10-8 封头

(a) 椭圆形封头；(b) 碟形封头

D_i—封头内直径；h_i—封头内壁曲面高度；S—封头壁厚；

R_i—碟形封头球面部分内半径；r—碟形封头过渡区转角内半径

（1）受内压椭圆形封头的计算　封头壁厚（不包括壁厚附加量）应不小于封头内直径的 0.25%。

封头壁厚按式（10-13）计算：

$$S = \frac{pD_iK}{2[\sigma]^t\varphi - 0.5p} + c \tag{10-13}$$

式中　K——椭圆形封头形状系数。

$$K = \frac{1}{6}\left[2 + \left(\frac{D_i}{2h_i}\right)^2\right] \tag{10-14}$$

对于标准椭圆形封头 $K=1$，其壁厚按式（10-15）计算：

$$S = \frac{pD_i}{2[\sigma]^t\varphi - 0.5p} + c \tag{10-15}$$

椭圆形封头的许用应力按式（10-16）计算：

$$[p] = \frac{2(S-c)[\sigma]^t\varphi}{KD_i + 0.5(S-c)} \tag{10-16}$$

式中　$[p]$——椭圆形封头的许用应力（MPa）。

（2）受内压碟形封头的计算　碟形封头球面部分的内半径 R_i 应不大于封头的内直径。过渡区半径 r 应不小于封头内直径的 10%，且应不小于封头厚度的三倍。封头壁厚（不包括壁厚附加量）应不小于封头内直径的 0.25%。

封头壁厚按式（10-17）计算：

$$S = \frac{MpR_i}{2[\sigma]^t\varphi - 0.5p} + c \tag{10-17}$$

其中：
$$M = \frac{1}{4}\left(3 + \sqrt{\frac{R_i}{r}}\right) \tag{10-18}$$

式中　M——碟形封头形状系数。

碟形封头的许用应力按式（10-19）计算：

$$[p] = \frac{2(S-c)[\sigma]^t\varphi}{MR_i + 0.5(S-c)} \tag{10-19}$$

（四）许用应力及安全系数

在强度计算中，应正确选用钢材的许用应力。对已有成功使用经验的钢材的许用应力，一般按各项强度数据分别除以表 10-1 中的安全系数，取其中的最小值。

安　全　系　数　　　　　　　　　　　　　　　表 10-1

材　料	对常温下的最低抗拉强度 σ_b	对常温或设计温度下的最低屈服强度 σ_s 或 σ'_s	对设计温度下的持久强度（经 10^5h 断裂）		对设计温度下的蠕变极限 σ_n^t（在 10^5h 下蠕变率为 1%）
			σ_D^t 平均值	σ_D^t 最小值	
碳素钢、低合金钢	$n_b \geq 3$①	$n_s \geq 1.6$	$n_D \geq 1.5$	$n_D \geq 1.25$	$n_n \geq 1$
奥式体不锈钢	—	$n_s \geq 1.5$②	$n_D \geq 1.5$	$n_D \geq 1.25$	$n_n \geq 1$

注：① 当已有 $n_b < 3$ 的设计经验时，可采用 $n_b \geq 2.7$；

　　② 当容器的设计温度未及蠕变温度范围，且允许有较大的变形时，许用应力值可适当提高，但最高不超过 0.9σ_s^t（此时可能产生 0.1%永久变形），且不超过 2/3σ_s。此规定不适用于法兰或其他有少许变形就会产生泄漏的场合。

（五）壁厚附加量 c

壁厚附加量 c 也称腐蚀余量或腐蚀增量。c 依靠经验确定，由下面三部分组成，即

$$c = c_1 + c_2 + c_3 \tag{10-20}$$

式中　c_1——材料的负公差附加量，材料生产时厚薄不均匀或出厂后由于机械等原因引起的材料减薄，其大小和钢板厚度有关，一般 c_1 不大于 1mm；

　　　c_2——根据介质对材质的腐蚀性能及使用寿命确定的腐蚀余量，一般地上储罐 $c_2 = $ 1mm，地下钢壁储罐 $c_2 = 3$mm；

　　　c_3——封头冲压加工减薄量，通常取计算厚度的 10%，但不大于 4mm。

（六）焊缝系数

焊缝系数是考虑焊接时罐体强度削弱的因素，如焊缝缺陷、焊接应力及焊条材料的影响等。焊缝系数用焊缝的强度与壳体部分强度的比值表示。焊缝系数 φ 应根据焊接接头的形式和焊缝的无损探伤检验要求按下列规定选取。

双面焊的对接焊缝：

100%无损探伤　　　　　　　　　　　$\varphi = 1.00$

局部无损探伤　　　　　　　　　　　$\varphi = 0.90$

不做无损探伤　　　　　　　　　　　$\varphi = 0.70$

单面焊的对接焊缝，在焊接过程中沿焊缝根部全长有紧贴金属本体的垫板：

100%无损探伤　　　　　　　　　　　$\varphi = 0.90$

局部无损探伤　　　　　　　　　　　$\varphi = 0.80$

不做无损探伤　　　　　　　　　　　$\varphi = 0.65$

单面焊的对接焊缝，无垫板：

局部无损探伤　　　　　　　　　　　$\varphi = 0.70$

不做无损探伤　　　　　　　　　　　$\varphi = 0.60$

三、储气量的计算

高压储气罐的有效储气容积可按式（10-21）计算：

$$V = V_C \frac{p_{\max} - p_{\min}}{p_0} \tag{10-21}$$

式中　V——储气罐的有效储气容积（m³）；

　　　V_C——储气罐的几何容积（m³）；

　　　$p_{\max}$——最高工作压力（MPa）；

　　　$p_{\min}$——储气罐最低允许压力（MPa），其值取决于与储罐出口连接的调压器最低允许进口压力；

　　　p_0——大气压（MPa）。

储罐的容积利用系数，可用式（10-22）表示：

$$\varphi = \frac{V}{V_C p_{\max}/p_0} = \frac{V_C(p_{\max} - p_{\min})/p_0}{V_C p_{\max}/p_0} = \frac{p_{\max} - p_{\min}}{p_{\max}} \tag{10-22}$$

通常储气罐的工作压力已定，欲使容积利用系数提高，只有降低储气罐的剩余压力，

而后者又受到管网中燃气压力的限制。为了使储气罐的利用系数提高，可以在高压储气罐站内设置引射器，当储气罐内燃气压力接近管网压力时，启动引射器，利用进入储气罐站的高压燃气的能量把燃气从压力较低的储气罐中引射出来，这样可以提高整个罐站的容积利用系数。但是利用引射器时，要装设自动开闭装置，否则管理不妥，会影响正常工作。

第三节　燃气储配站

鉴于我国城镇燃气的现状和发展趋势，新发展的燃气气源基本上是高压的天然气，原有的低压气源也逐渐改用了高压燃气，因此本节只介绍高压储配站。

图 10-9 所示是以天然气为气源的高压储配站，由于比一般的燃气高压储配站多设置一个清管器接收筒，也可以兼做城镇燃气门站。

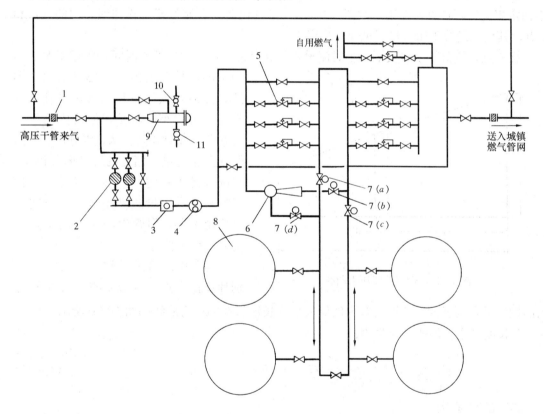

图 10-9　天然气高压储配站工艺流程图

1—绝缘法兰；2—过滤器；3—加臭装置；4—流量计；5—调压器；6—引射器；7—电动球阀；8—储罐；
9—清管器接收筒；10—放散阀；11—排污阀

在用气低峰时，由燃气高压干线来的燃气一部分经过一级调压进入高压球罐，另一部分经过二级调压进入城镇燃气管网；在用气高峰时，高压球罐所储存的燃气与经过一级调压后的高压干管来气汇合，经过二级调压送入管网。为了提高储罐的利用系数，在站内安装了引射器，当储气罐内的燃气压力接近管网压力时，可以利用高压干管的高压燃气把燃气从压力较低的储罐中引射出来，以提高整个罐站的容积利用系数。为了保证引射器的正常工作，球阀 7(*a*)、(*b*)、(*c*)、(*d*) 必须能迅速开启和关闭，因此应设为电动阀门。引射器工作时，7(*b*)、7(*d*) 开启，7(*a*)、7(*c*) 关闭。引射器除了能提高高压储罐的利用系数之外，当需要开罐检查时，可以把准备检查的储罐内压力降到最低，以减少开罐时所必须放散到大气中的燃气量，提高经济效益，减少大气污染。

为了保证储配站正常运行，高压干管来气在进入调压器前还需过滤、加臭和计量。

第四节　长输管线及高压管道储气能力的计算

确定长输管线末端的储气能力，可以按照不稳定流动计算方法利用计算机进行精确的计算，国内外均有成熟的计算软件。在此仅介绍近似计算方法。

确定管道储气容积的近似方法是以供气量与用气量平衡瞬间的稳定工况代替燃气流动不稳定工况进行计算。在第二章图 2-1（用气量变化曲线和储气罐工作曲线）中的 *b* 点和 *a* 点，其供气量等于用气量，可视为稳定工况。

在 *b* 点，负荷等于昼夜平均小时流量。从 *b* 点到 *a* 点为用气低谷时间，管道工况是不稳定的，是管道内储存燃气阶段，到达 *a* 点时，供气量与用气量平衡，流量等于平均小时流量，但管内的压力比 *b* 点工况时要高。从 *a* 点到 *b* 点为高峰期间用气量，储存的燃气向外供出，工况也是不稳定的。到 *b* 点时用气量又重新与供气量达到平衡，该瞬间又为稳定工况，但管内的压力比 *a* 点工况时的压力低。

为了确定管道的储气能力，需分别计算在 *a* 点工况及 *b* 点工况时管道内的燃气量，两者的差值即为管内的储气量。长输管线的压力曲线如图 10-10 所示。

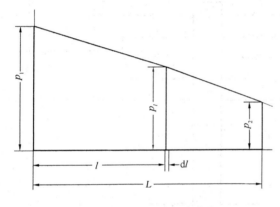

图 10-10　燃气管线压力曲线

L 长度管道内的燃气质量为：

$$G = \int_0^L \rho F \, \mathrm{d}l \tag{10-23}$$

燃气的密度为：

$$\rho = \frac{p}{RT} \tag{10-24}$$

因为是近似计算，故不考虑压缩因子 *Z*。

由水力计算公式得：

$$\frac{p^2 - (p + \mathrm{d}p)^2}{\mathrm{d}l} = aQ^2 \tag{10-25}$$

整理式（10-25）：

$$\mathrm{d}l = -\frac{2}{aQ^2}p\mathrm{d}p \tag{10-26}$$

将式（10-24）和式（10-26）代入式（10-23）得：

$$G = -\frac{2F}{RTaQ^2}\int_{p_1}^{p_2}p^2\mathrm{d}p = \frac{2}{3}\frac{F}{RTaQ^2}(p_1^3 - p_2^3) \tag{10-27}$$

以 $aQ^2 = \dfrac{p_1^2 - p_2^2}{L}$，$G = \rho_0 V_0$，$R = \dfrac{p_0}{\rho_0 T_0}$ 代入式（10-27）得：

$$V_0 = FL\frac{1}{p_0}\frac{T_0}{T}\frac{2}{3}\frac{(p_1^3 - p_2^3)}{p_1^2 - p_2^2} \tag{10-28}$$

式中　V_0——管道中燃气量（$\mathrm{Nm^3}$）。

$\dfrac{2}{3}\dfrac{(p_1^3 - p_2^3)}{p_1^2 - p_2^2}$ 是管道中的平均绝对压力，可改写成：

$$p_m = \frac{2}{3}\left(p_1 + \frac{p_2^2}{p_1 + p_2}\right) \tag{10-29}$$

取 $\dfrac{T_0}{T} = 1$，则式（10-28）可写成：

$$V_0 = V\frac{p_m}{p_0} \tag{10-30}$$

式中　V——管道的几何容积（$\mathrm{m^3}$）；

　　　p_m——管道中的平均绝对压力（MPa）；

　　　p_0——大气压力（MPa）。

通过改变燃气管道内压力的可储气量用式（10-31）计算：

$$V_0' = V\frac{p_{m,max} - p_{m,min}}{p_0} \tag{10-31}$$

式中　V_0'——改变燃气管道内压力的储气量（$\mathrm{Nm^3}$）；

　　　$p_{m,max}$——管道中燃气量最大时的平均绝对压力（MPa）；

　　　$p_{m,min}$——管道中燃气量最小时的平均绝对压力（MPa）。

【例 10-1】　天然气长输管线末端钢管 $D720\times10$，管长 $L=150\mathrm{km}$，管道中燃气最大允许绝对压力为 5.5MPa，进入城镇前管道中燃气最小允许绝对压力为 1.3MPa，正常情况下管道流量为每日 1100 万 $\mathrm{m^3}$，求管道的储气量。

【解】

1. 确定在管道中燃气量最大时的平均绝对压力。计算采用摩擦阻力系数公式（6-22），代入水力计算基本公式（6-15）后计算公式为：

$$p_1^2 - p_2^2 = 1.62\times0.11\left(\frac{\Delta}{d} + \frac{68}{Re}\right)^{0.25}\frac{Q^2}{d^5}\rho_0 p_0 L$$

省略上式括号中的第二项，并将 p_0 以 $0.1013\times10^6\mathrm{Pa}$ 代入，则计算公式为

$$p_1^2 - p_2^2 = 0.181\times10^5\Delta^{0.25}\frac{Q^2}{d^{5.25}}\rho_0 L$$

取 $\Delta = 0.0001\mathrm{m}$，$Q = \dfrac{11000000}{24\times3600} = 127.3\mathrm{m^3/s}$，$d = 0.7\mathrm{m}$，$\rho_0 = 0.73\mathrm{kg/Nm^3}$，$L =$

150000m 代入上式得

$$p_1^2 - p_2^2 = 2.089 \times 10^{13}$$

因为 $$p_1^{max} = 5.5\text{MPa}$$

所以 $$p_2^{max} = \sqrt{(5.5 \times 10^6)^2 - 2.089 \times 10^{13}} = 3.06 \times 10^6\text{Pa} = 3.06\text{MPa}$$

则 $$p_{m.max} = \frac{2}{3}\left(p_1 + \frac{p_2^2}{p_1 + p_2}\right) = \frac{2}{3}\left(5.5 + \frac{3.06^2}{5.5 + 3.06}\right) \times 10^6 = 4.4 \times 10^6\text{Pa} = 4.4\text{MPa}$$

2. 确定管道中燃气量最小时的平均绝对压力

$$p_2^{min} = 1.3\text{MPa} = 1.3 \times 10^6\text{Pa}$$

$$p_1^{min} = \sqrt{(1.3 \times 10^6)^2 + 2.089 \times 10^{13}} = 4.75 \times 10^6\text{Pa} = 4.75\text{MPa}$$

$$p_{m.min} = \frac{2}{3}\left(4.75 + \frac{1.3^2}{4.75 + 1.3}\right) \times 10^6 = 3.35 \times 10^6\text{Pa} = 3.35\text{MPa}$$

3. 管道的几何容积

$$V = \frac{\pi}{4} \times 0.7^2 \times 150000 = 57697.5\text{m}^3$$

4. 管道的储气量

$$V_0' = 57697.5 \times \frac{4.4 - 3.35}{0.1013} = 598049.11\text{Nm}^3$$

$$\frac{V_0'}{Q} = \frac{598049.11}{11000000} = 5.4\%$$

末端管道储存燃气能力约为日流量的 5.4%。

第五节 燃气的地下储存

燃气的地下储存通常有下列几种方式：利用枯竭的油气田、含水多孔地层、盐矿层建造的储气库以及岩穴储气。其中利用枯竭的油气田储气最为经济，利用岩穴储气造价较高，其他两种在有适宜地质构造的地方可以采用。

利用地下储气方式可以大量储存天然气。

一、利用枯竭油气田储气

为了利用地层储气，必须准确地掌握地层的下列参数：孔隙度、渗透率、有无水浸现象、构造形状和大小、油气岩层厚度、有关井身和井结构的准确数据以及地层和邻近地层隔绝的可靠性等。以前开采过而现在枯竭的油气层，经过长期开采已掌握地层的相关参数，因此已枯竭的油田和气田是最好和最可靠的地下储气库。

二、含水多孔地层中的地下储气库

这种储气库的原理如图 10-11 所示，天然气储气库由含水砂层及一个不透气的背斜覆盖层组成。其性能和储气能力由于不同的地质条件有很大差别。

储气岩层的渗透性对于用天然气置换水的速度起决定作用，对储气库的最大供气能力也具有一定意义。

如果储气库渗透性很高，天然气扩散时水位呈平面形；如渗透性很低，则天然气扩散时使水位形成一个弧形，如图 10-12 所示。对于渗透性高的储气库，在排气时水能够很快压回，还可回收一部分用于注气的能量。

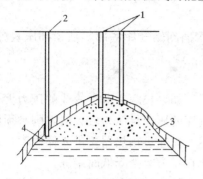

图 10-11 多孔地层中地下储气库的原理
1—生产井；2—检查（控制）井；
3—不透气覆盖层；4—水

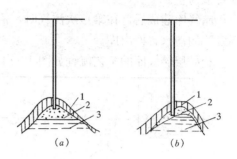

图 10-12 天然气的分布与岩层渗透性的关系
(a) 渗透性高；(b) 渗透性低；
1—不透气覆盖层；2—天然气；3—水

储气岩层的渗透性对于工作气和垫层气的比例也有很大影响。工作气是指在储存周期内储进和重新排出的气体，而垫层气是指在储气库内持续保留或作为工作气和水之间的缓冲垫层的气体。岩层的渗透性越小，工作气与垫层气的比例就越小，因而越不利。

含水砂层的地质结构只有在合适的深度，才能作为储气库，一般为 400～700m。深度超过 700m，由于管道太长而不经济，太浅则在连续排气时，储气库不能保证必要的压力。

不透气覆盖层的形式对工作气和垫层气的比例也有很大影响，特别是当储气岩层的渗透性很小时，平面盖层的结构不适宜，因为需要非常多的垫层气。

三、利用盐矿层建造储气库

图 10-13 所示是利用盐矿层建造人工地下储气库时排盐设备的工作流程。

将井钻到盐层后，把各种管道安装至井下。由工作泵将淡水通过内管 1 压到岩盐层。饱和盐水从管 1 和管 2 之间的管腔排出。当通过几个测点测出的盐水饱和度达到一定值时，排除盐水的工作即可停止。

为了防止储气库顶部被盐水冲溶，要加入一种遮盖液，它不溶于盐水而浮于盐水表面。

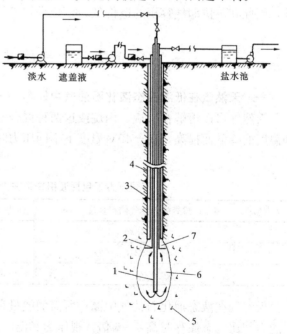

图 10-13 排盐设备的工作流程示意图
1—内管；2—溶解套管；3—遮盖液输送管；
4—套管；5—盐层；6—储穴；7—遮盖液垫

不断地扩大遮盖液量和改变溶解套管长度，使储气库的深度和直径不断扩大，直至达到要求为止。

储气库建成后，在第一次注气时，需把内管再次插到储气库底部，从顶部压入燃气，将残留的盐水置换出库。

盐矿层储气库的工艺流程如图10-14所示。

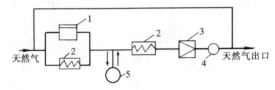

图10-14 盐矿层储气库工艺流程示意图
1—压缩机；2—预热器；3—调压器；
4—干燥器；5—储气库

如果长距离输气管线的压力大于储气库的压力且压差较大时，则必须使天然气先通过预热器再进入储气库，以防止在压力突然降低时结冻。

如果储气库的压力和管线压力相近，则必须使天然气经压缩机加压，达到需要的压力送入储气库。储气库则依靠自身的压力将天然气输出。输出的天然气在进调压器前也需经过预热器。此外，至少在储气库工作的第一年中，需要将含有盐水的天然气进行干燥处理。

将建造在含水层和盐岩层的地下储气库进行比较，前者的储气容积较大，但采气率较低，因此其单位储气容积的造价低，单位采气量的造价却较高。

第六节 燃气的其他储存方法

一、天然气在低温液态液化石油气中储存

天然气可以溶解在丁烷、丙烷或这两种混合物的溶剂中，而且溶解度随着压力的增加和温度的降低而提高。在$-40℃$温度下不同压力时，每立方米罐容的天然气储存容量见表10-2。

不同压力下包括液相增量在内的天然气储存容量　　　　　　　表10-2

压力（MPa）	每 m^3 罐容的天然气储存容量（Nm^3）	压力（MPa）	每 m^3 罐容的天然气储存容量（Nm^3）
1.5	43.5	3.0	85.8
2.0	52.6	3.5	99.2
2.5	71.9	3.9	110.0

天然气在液态液化石油气中储存所需的能量远少于天然气液化后储存所需的能量，储存能力却比气态储存时高4~6倍（视压力和温度而定）。这种系统操作简单、安全，而且经济。

在这种储存系统中，当用气高峰时，储罐内压力较低，天然气将自动地掺混一部分液化石油气供入管网。这样天然气管道可以长期均衡地供气，提高管道的利用系数。这种装置的流程如图10-15所示。

从输气管线送来的天然气经调压器7和限流阀5，一部分送入城镇管网，另一部分经换热器冷却进入储罐（供气量大于用气量时，储罐进行储气），限流阀5的作用是使输气管线的流量保持不变。液态液化石油气由循环泵2送入换热器，与天然气逆流换热，温度

略有升高的液化石油气，经另一换热器冷却返回储罐1。当供气量小于用气量时，从储罐向外补充供气，直到储罐内压力降到 1MPa 以下，储罐内蒸气压减小，液化石油气将自动地掺混到天然气中送入管网，此时燃气的热值将会改变，为保证燃具正常工作，系统设有热值调节器 6 自动掺混空气对热值进行调整。上述系统具有储存和混气两个功能。

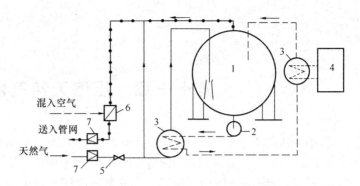

图 10-15 在低温液态液化石油气中储存天然气的流程图
1—储罐；2—循环泵；3—换热器；4—制冷装置；
5—限流阀；6—热值调节器；7—调压器

二、天然气的固态储存

这种储存方法是将天然气（主要是甲烷）在一定的压力和温度下，转变成固体的结晶水合物，储存于钢制的储罐中。

甲烷能否形成水合物同它的温度和压力有关。压力越高、温度越低，越易形成水合物。

当甲烷内掺有少量较重的烃，可使水合物的分解或形成压力显著下降。例如，2℃时甲烷形成水合物的压力为 3.1MPa；当掺有 1% 的异丁烷时，压力为 1.35MPa。

甲烷水合物的化学式为 $CH_4 \cdot 6H_2O$ 或 $CH_4 \cdot 7H_2O$。当水合物是 $CH_4 \cdot 6H_2O$ 时，1kg 甲烷水合物含有 0.128kg 甲烷和 0.872kg 水。$100m^3$ 甲烷在水分充足的条件下，生成大约 600kg 水合物，体积为 $0.6m^3$。气体体积与相应体积水合物的体积比约为170∶1。如考虑到结晶水合物不应充满储罐的全部容积，可认为甲烷水合物所占体积约为气态甲烷体积的百分之一。因此在固态下储存甲烷气体所需的储存容积，约为液态下储存同量气体所需容积的六倍。

通常天然气水合物在温度为－40℃左右、稍高于大气压力的情况下储存在储罐内。

在水合物状态下储存天然气有下列优点：工艺流程可以大为简化，不需要复杂的设备，只需一级冷却装置；在水合物状态下储存天然气的装置不需要承受压力，比较安全，设备可用普通钢制造。

以上两种储存方法，目前还处于研究阶段，尚未得到实际应用。

第十一章 压缩天然气供应

压缩到压力大于或等于 10MPa 且不大于 25MPa（表压）的气态天然气称为压缩天然气（Compressed Natural Gas，简称 CNG）。压缩天然气在 25MPa 压力下体积约为标准状态下同质量天然气体积的 1/250，一般充装到高压容器中储存和运输。压缩天然气能储密度低于液化石油气和液化天然气，但由于生产工艺、技术设备较为简单且运输装卸方便，广泛用于汽车替代燃料或作为缺乏优质燃料的城镇、小区的气源。

压缩天然气供应系统泛指以符合国家标准的二类天然气作为气源，在环境温度为 −40～50℃ 时，经加气母站净化、脱水、压缩至不大于 25MPa 的条件下，充装入气瓶转运车的高压储气瓶组，再由气瓶转运车送至城镇 CNG 汽车加气站，供汽车发动机作为燃料，或送至 CNG 供应站（CNG 储配站或减压站），供入居民、商业、工业企业生活和生产的燃料系统。压缩天然气的生产、运输供应系统流程见图 11-1。

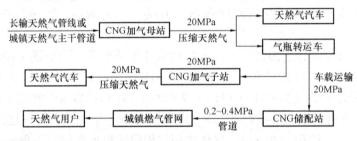

图 11-1 压缩天然气供应系统流程图

城镇压缩天然气供应系统的优势在于：

（1）在长输天然气管道尚未敷设的区域，运输距离一般在 200km 左右的范围内，较适合采用压缩天然气作为气源实现城镇气化，并可节省大量建设投资；

（2）以天然气替代车用汽油，减少汽车尾气排放量，改善城区大气环境质量，利于环境保护；

（3）以天然气替代车用汽油，由于价格相对便宜，可以节省交通运输费和公交车、出租车等的运营成本。

第一节 压缩天然气加气母站

加气母站是指通过气瓶转运车向汽车加气子站或压缩天然气储配站供应压缩天然气的加气站，此外，母站还可根据需要与 CNG 汽车加气站合建，具有直接给天然气汽车加气的功能。进入加气母站的天然气一般来自天然气长输管线或城镇燃气主干管道，因此母站多选择建设在长输管线、城镇燃气干线附近或与城镇门站合建。

压缩天然气加气母站一般由天然气管道、调压、计量、压缩、脱水、储存、加气等主要生产工艺系统及控制系统构成。

一、加气母站的工艺流程

来自城镇高、中压燃气管道的天然气，首先进行过滤、计量、调压，经缓冲罐进入压缩机将压力提高至 20～25MPa，然后进入高压脱水装置，脱除天然气中多余的水分。加气母站与 CNG 汽车加气站合建的典型工艺流程见图 11-2。

经过处理的压缩天然气在压力、质量等条件满足加气要求时，通过顺序控制盘完成储气或加气作业。一般加气母站在顺序控制盘的控制下可完成以下三种作业：

（1）通过加气柱为气瓶转运车的高压储气瓶组加气。

（2）将压缩天然气充入站内储气瓶组（或储气井）。为便于运行操作，降低压缩费用，储气瓶组（或储气井）一般按起充压力分为高、中、低三组，充气时按照先高后低的原则对三组气瓶分别充气。

（3）为天然气汽车加气。有两种方式：一是直接经压缩机为天然气汽车加气；二是利用储气瓶组（或储气井）内的压缩天然气为天然气汽车加气。

若加气母站仅作为城镇气源向气瓶转运车加气，而后由其将 CNG 运输至 CNG 储配

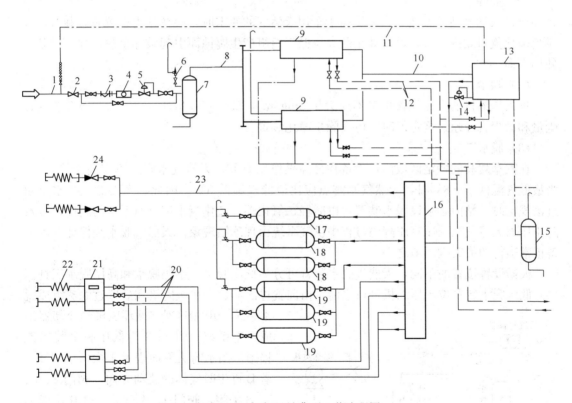

图 11-2　加气母站典型工艺流程图

1—天然气进气管（0.2MPa～4MPa）；2—球阀；3—过滤器；4—流量计；5—调压器；6—安全放散阀；7—缓冲罐；8—压缩机进气管；9—压缩机；10—压缩机出气管（25MPa）；11—再生气回收管；12—冷却水给水、回水管；13—高压脱水装置；14—干燥器再生调压器；15—回收罐；16—顺序控制盘；17—高压起充储气瓶组；18—中压起充储气瓶组；19—低压起充储气瓶组；20—加气机加气管；21—加气机；22—加气软管；23—CNG 气瓶转运车加气管线；24—单向阀

站，则可不设控制盘、储气瓶组（或储气井）和加气机，只需设置压缩机和加气柱等主要工艺设备。

加气母站压缩机的进气压力根据进站天然气压力确定，并经调压器稳压。压缩机排气压力一般设定为 25MPa，当只为气瓶转运车加气时，压缩机出口压力可设定为 20MPa。

二、加气母站的主要工艺设备

对于仅向气瓶转运车加气的 CNG 母站，由于功能相对单一，其主要工艺设备也较天然气汽车加气站简单。一般可包括以下几部分：

1. 调压计量装置

对于气源来自城镇燃气主干管道的加气母站，其进口压力取决于天然气进气压力。由于城镇燃气主干管道在运行中压力是波动的，为保证压缩机进口处天然气的压力稳定，需在压缩机前设置调压装置，调压装置出口压力根据压缩机要求确定。

天然气进入加气站后需设置计量装置，一般采用具有一定计量精度的涡轮流量计。

2. 天然气净化装置

（1）脱硫

当进入加气站的天然气含硫量高于车用天然气的要求时，应在站内设置脱硫装置，以避免硫化氢对站内管线、设备和车载高压储气瓶组产生腐蚀而引起破坏事故，保证设备的使用寿命。

（2）除尘

进入压缩机的天然气含尘量不应大于 $5mg/m^3$，微尘直径应小于 $10\mu m$。当天然气含尘量和微尘直径超过规定值时，应设除尘净化装置。

（3）脱水

在汽车驾驶的特定区域内，设备在最高操作压力下，天然气水露点不应高于 $-13℃$；当最低气温低于 $-8℃$ 时，天然气水露点应比最低气温低 $5℃$。因此，当天然气含水量超过该规定时，站内必须设脱水装置，以减轻二氧化碳、硫化氢水溶物对系统的腐蚀，以及防止压缩天然气在减压膨胀降温过程中供气系统出现冰堵现象。天然气脱水是保证站内设备正常运行的最关键环节之一。

根据设置位置的不同，天然气脱水装置可分为低压脱水、中压脱水和高压脱水三种。

低压脱水装置位于压缩机进口之前，由前置过滤器、干燥吸附塔和后置过滤器组成脱水系统；由加热器、循环风机和冷却器组成再生系统。图 11-3 为低压脱水装置流程图。图示箭头方向表示干燥塔 A 工作、塔 B 再生时气体的流动方向，阀门 2、3、5、8 关闭，阀门 1、4、6、7 打开；当干燥塔 B 工作、塔 A 再生时，各阀门开关状态相反。

低压脱水装置为闭式循环再生方式，占地面积较大，投资费用高，能耗大；但维修费用较低，对压缩机具有一定保护作

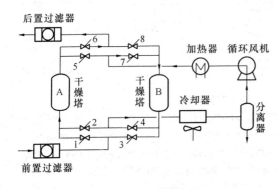

图 11-3　低压脱水装置流程图

用。一般国外进口压缩机在运行中限制凝水量，常选用低压脱水装置。

高压脱水装置位于压缩机之后，由前置过滤器、分离器、干燥吸附塔和后置过滤器组成脱水系统；由调压器、加热器和冷却器组成再生系统。再生气来自压缩后的成品气，经调压器减压后依次进入加热器、再生塔，带走再生塔中解析的水分，进入冷却器将水冷凝，再生气回压缩机进口或进入燃气管网。图 11-4 为中、高压脱水装置流程图。图示箭头方向表示干燥塔 A 工作、塔 B 再生时气体的流动方向，阀门 2、3、5、8 关闭，阀门 1、4、6、7 打开；干燥塔 B 工作、塔 A 再生时，阀门开关状态相反。

高压脱水装置结构紧凑，占地面积小，投资费用低，能耗小，脱水效果好，是较为常用的脱水方式。

中压脱水装置位于压缩机中间级出口与下一级进口的管路中，压力在 4.0MPa 左右。其工作流程与高压脱水装置流程相同。该装置投资费用较低，能耗和维修费用较高。

压缩天然气加气站脱水装置采用的吸

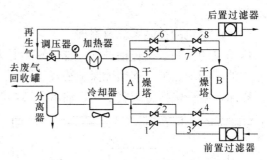

图 11-4　中、高压脱水装置流程图

附剂多为 4Å 分子筛。在处理含水量较高的天然气时，也可用硅胶脱除部分水分，再利用分子筛进一步脱水，以降低脱水成本。

天然气经脱水装置后，需采用在线露点仪或便携式露点仪检测脱水后的天然气水露点是否达到要求。

3. 天然气压缩系统

天然气压缩系统主要由进气缓冲罐、压缩机、润滑系统、冷却系统、控制系统及附件等组成。

（1）压缩机

压缩机是加气站最重要的设备，其性能好坏直接影响加气站运行的可靠性和经济性。CNG 加气站使用的压缩机排气压力高、排气量小，一般采用往复活塞式压缩机，按结构形式可分为立式、卧式、角度式和对称平衡式。

压缩机总排气量与加气站功能、规模、储气容积、充装速度以及工作时间等因素有关，一般可根据各类用途的平均日用气量总和与压缩机每日工作的小时数（一般 10～12h），并考虑储气设施可能补充的气量确定压缩机总排气量。由于 CNG 汽车车载气瓶承压的规定所限，压缩机排气压力不应大于 25MPa（表压），出口温度不应大于 40℃。多台并联运行的压缩机单台排气量，应按公称容积流量的 80%～85% 计。

（2）润滑系统

根据气缸与活塞之间的润滑方式又可将压缩机分为有油润滑与无油润滑两种。

压缩机一般使用润滑油泵将集油池中的润滑油强制输送到各润滑点，润滑点经循环油路进行过滤、冷却后返回集油池，如此循环往复。当采用有油润滑压缩机时，润滑油可能被带入压缩天然气中，因此压缩机各级级间、级末及高压脱水装置前应设置油气分离器或除油过滤器。

无油润滑是指活塞环具有自润滑功能。国外进口压缩机多为无油润滑方式。

（3）冷却系统

根据冷却方式一般可将压缩机冷却系统分为风冷和水冷两种形式。水冷系统由冷却塔、水池或水箱、循环泵、压缩机级间、级后冷却器及气缸夹套等组成。冷却循环水升温后，送至冷却塔、水池进行冷却，然后再通过水泵循环使用。风冷压缩机的气缸一般设置散热翅片，排出的高温气体进入冷却器的散热管束后，经风扇吹风冷却，风冷压缩机噪声较大，需采取隔声措施。压缩机的冷却除包括气缸、压缩天然气的冷却外，还包括润滑油的冷却等。

（4）压缩机的控制系统及附件

压缩机的控制系统包括进气、排气压力越限报警、连锁；排气温度越限报警、连锁；水压、油压越限报警、连锁等保护装置。

压缩机附件包括各级安全阀、油水分离器等。为保证吸气压力稳定，压缩机入口前一般设有缓冲罐。此外，为回收压缩机排污、卸载释放的天然气，还应设有收集罐，也可利用缓冲罐回收释放的天然气。

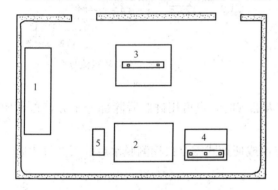

图 11-5　压缩天然气加气母站总平面图
（含 CNG 汽车加气站）

1—综合楼；2—压缩机房；3—汽车加气岛；
4—CNG 气瓶转运车加气柱；5—储气瓶组（井）

三、加气母站的平面布置

加气母站多选择建设在长输管线、城镇燃气干线附近或与城镇门站合建，具备适宜的交通、供电、给水排水、通信及工程地质条件。

压缩天然气加气母站的总平面应分区布置，即分为生产区和辅助区，压缩天然气工艺设施与站内外建、构筑物应具有安全的防火间距。加气母站总平面布置示例如图 11-5 所示。

第二节　压缩天然气的运输

压缩天然气通常采用气瓶转运车运输，也可采用船载运输。目前较为常用、技术相对成熟的为气瓶转运车公路运输方式。

一、公路运输

压缩天然气主要采用公路运输方式，即将压缩天然气用装载有大容积无缝钢瓶的气瓶转运车（国外一般称长管拖车）运输到汽车加气子站或城镇小型 CNG 储配站。该种运输方式机动灵活，运输成本较低，风险小，见效快，适用于短途压缩天然气的转运。

常用的压缩天然气气瓶转运车多采用集装管束的形式，即由牵引车、拖车、框架式储气瓶束构成，整车如图 11-6 所示。储气瓶束一般为 8 管、15 管等大容积无缝锻造压力钢瓶组，总几何容积为 $10\sim20m^3$。我国目前常用的压缩天然气气瓶转运车型号及主要技术规格见表 11-1。

图 11-6　压缩天然气气瓶转运车

常用压缩天然气气瓶转运车型号及主要技术规格　　　　　表 11-1

项　目	规格及名称		项　目	规格及名称	
	8管	15管		8管	15管
公称工作压力（MPa）	20	20	单瓶质量（kg）	2700	1692
工作环境温度（℃）	−40～60	−40～60	框架质量（kg）	3450	4000
水压实验压力（MPa）	33.3	33.3	集装管束质量（kg）	25660	29380
气密实验压力（MPa）	20	20	充装总容积（Nm³）	4550	4542
钢瓶规格（mm）	D559×10975	D406×11000	充装质量（kg）	3200	3258
单瓶水容积（m³）	2.24	1.2	充气后总质量（kg）	28860	32638
总容积（m³）	17.92	18	外形尺寸（mm）	12192×2438×1400	12192×2438×1580

1. 行走机构

压缩天然气气瓶转运车的牵引车和拖车既是运输部件又是主要的承载部件，合称为行走机构。行走机构要求既能承受装载气瓶和介质的压力又应具有运输平稳特性。行走机构多采用骨架式结构，车架为 16Mn 高强度贯穿梁及鹅颈加强型设计，并加装 ABS 防抱死制动系统，以提高车辆运行的安全性。行走机构的重心尽量降低，以提高车辆的侧向稳定性。

2. 集装管束

集装管束由框架、端板、大容积无缝钢瓶、安全仓、操作仓几部分组成。框架尺寸执行国家集装箱标准。安全仓设置在拖车前端，由瓶组安全阀、爆破片、排污管道组成。为便于操作，操作仓设置在拖车尾端，由高压管道将各气瓶汇集在一起，进行加气和卸气作业，并设有温度、压力仪表及安全阀、加气卸气快装接头等。

二、水路运输

压缩天然气的水路运输，是采用专门的设备——CNG 运输船实现水上短途的 CNG 转运。在接收端，天然气可直接利用，而不必像液化天然气那样还需将液态转换为气态，节省了高昂的建设投资。由于 CNG 船在短途运输的经济性优于 LNG 船，因此，有望成为水上短途运输天然气的主要交通工具。

第三节　压缩天然气储配站

压缩天然气储配站的功能是接收压缩天然气气瓶转运车从加气母站运输来的压缩天然气，经卸气、加热、调压、储存、计量、加臭后送入城镇燃气输配管道供用户使用。对于距离燃气长输管线较远，建设天然气高压支线不经济的小城镇或距现有城镇燃气管网较远的小城镇或区域，适合采用压缩天然气供应。

一、压缩天然气储配站的工艺流程

采用压缩天然气供气的城镇，一般用气规模较小，城镇燃气输配管网多采用中-低压二级系统，因此，压缩天然气气瓶转运车进入 CNG 储配站后，需要将高压天然气经过三级调压，压力降至 $0.2MPa \sim 0.4MPa$ 直接进入城镇管网。当城镇较大、用气量较多或距气源较远、运距较长时，城镇需要的储气能力只依靠气瓶转运车储气瓶组及站内固定高压瓶组储气（储气量不应小于本站计算月平均日用气量的 1.5 倍）不能满足要求时，储配站可以采用二级调压，根据需要可以调到小于 4.0MPa 压力出站。城镇采用三级管网系统，充分利用压力能，利用城镇外围高压管道储气，是经济合理的，可以节约大量投资。

由于进站的天然气从高压 20MPa 降压至城镇燃气管网压力，压力下降较大，在气体减压膨胀过程中会伴随温度降低。温度过低则有可能对燃气管道、调压器皮膜及储罐等设备造成破坏，从而引发事故，因此对于减压幅度较大的天然气，站内分别在两级调压器前设置换热器对气体进行加热升温。为防止加热后的天然气温度过高或过低，可采用以下两种控制方式：

（1）在换热器进口处设置与调压器出口温度连锁的温控阀；

（2）每台换热器对应安装一台热水循环变频泵，该泵与调压器前后的温度变送器连锁，并与调压器出口压力连锁，对热水流量进行调节。

为防止调压器失效时出口压力超高，调压器前应设置快速切断阀，或选用内置切断阀的调压器。切断阀的切断压力根据调压器后设施的工作压力确定，一般应小于调压器后设施工作压力的 0.9 倍或小于其最大工作压力。

压缩天然气储配站多为管道天然气来气之前的过渡气源，因此一般采用气瓶转运车储气瓶组作为储气设施进行直供。储配站的工艺设备组成如下：压缩天然气气瓶转运车、调压器、流量计、换热器及配套设施。当天然气无臭味或臭味不足时，还需设加臭装置。通常将调压器、流量计、换热器及配套阀门、仪表组成一个撬装体，称为 CNG 撬装调压计量站。常用压缩天然气储配站的工艺流程见图 11-7。

二、压缩天然气储配站的平面布置

1. 站址选择

压缩天然气储配站站址选择应符合下列要求：

（1）应具有适宜的地形、工程地质、交通、供电、给排水及通信条件；

（2）少占农田、节约用地并注意与城镇景观的协调；

（3）符合城镇总体规划的要求。

2. 总平面布置

压缩天然气储配站总平面布置应与工艺流程相适应，做到功能区分合理、紧凑统一，

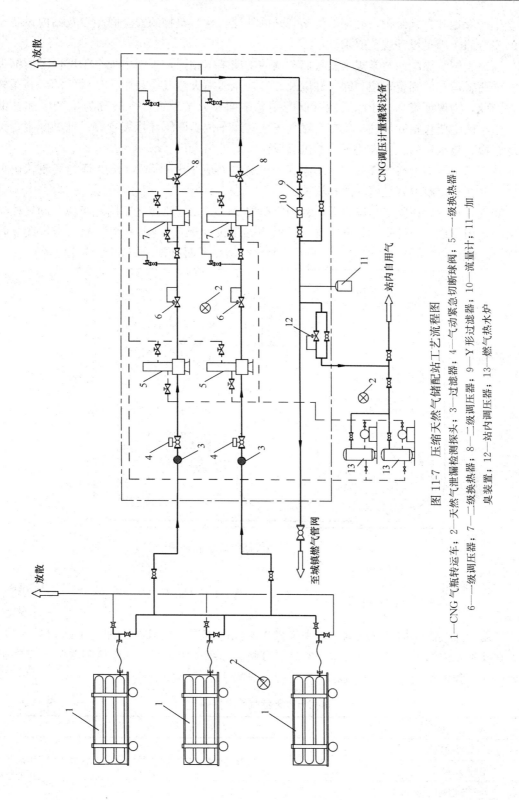

图 11-7　压缩天然气储配站工艺流程图

1—CNG 气瓶转运车；2—天然气泄漏检测探头；3—过滤器；4—气动紧急切断球阀；5——一级换热器；
6——一级调压器；7—二级换热器；8—二级调压器；9—Y 形过滤器；10—流量计；11—加
臭装置；12—站内调压器；13—燃气热水炉

便于生产管理和日常维护，确保储配站与站内外建（构）筑物的安全间距以及站内设备布置的安全间距满足设计规范要求。

压缩天然气储配站与常规天然气储配站的功能基本相同，不同之处在于增设了压缩天然气气瓶转运车的固定车位、卸气柱以及卸气柱至压缩天然气撬装调压计量站的超高压管路。因此，为保证安全，压缩天然气储配站总平面应分区布置，一般分为生产区和辅助区。生产区主要包括卸气柱、压缩天然气气瓶转运车位、调压计量装置等；辅助区主要包括综合楼、热水炉间、仪表间等。站区宜设两个对外出入口。

站内每个压缩天然气气瓶转运车固定车位宽度不应小于 4.5m，长度宜为气瓶转运车长度，并在车位前留有足够的回车场地。

卸气柱宜设置在固定车位附近，距固定车位 2～3m。气瓶转运车固定车位、卸气柱与站内外建构筑物之间的安全距离应符合《城镇燃气设计规范》GB 50028 和《建筑设计防火规范》GB 50016 的相关规定。压缩天然气储配站总平面布置示例如图 11-8 所示。

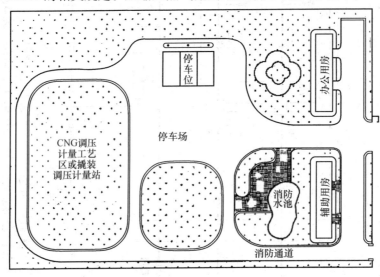

图 11-8　压缩天然气储配站总平面图

第四节　压缩天然气汽车加气站

压缩天然气汽车加气站根据气源来气方式不同等因素一般可分为加气子站和常规站。引入常规站站内的天然气需经脱水、脱硫、计量、压缩等工艺后为压缩天然气汽车充装压缩天然气。我国车用压缩天然气各项技术指标见表 11-2。

车用压缩天然气技术指标　　　　　　　　　　　　　表 11-2

项　目	技　术　指　标
高位发热量（MJ/m³）	＞31.4
总硫（以硫计）（mg/m³）	≤200
硫化氢（mg/m³）	≤15
二氧化碳 y_{CO_2}（%）	≤3.0

续表

项　目	技 术 指 标
氧气 y_{O_2}（%）	≤0.5
水露点（℃）	在汽车驾驶的特定地理区域内，在最高操作压力下，水露点不应高于−13℃；当最低气温低于−8℃，水露点应比最低气温低5℃。

注：本标准中气体体积的标准参比条件是 101.325kPa，20℃。

一、压缩天然气汽车加气站的分类

1. 加气子站

加气子站是指利用气瓶转运车从母站运输来的压缩天然气为天然气汽车进行加气作业的加气站。当存在以下客观情况时，常采用加气子站：

(1) 站址远离城镇燃气管网；

(2) 燃气管网压力较低，中压 B 级及以下不具备接气条件；

(3) 建设加气站对燃气管网的供气工况将产生较大影响。

通常一座加气母站根据规模可供应几座加气子站。

2. 常规站

常规站是指由城镇燃气主干管道直接供气为天然气汽车进行加气作业的加气站。此类加气站适用于距压力较高的城镇燃气管网较近、进站天然气压力不低于中压 A 级、气量充足的情况。常规站工艺流程如图 11-9 所示。

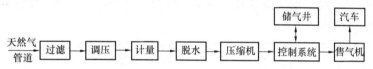

图 11-9　常规站工艺流程图

二、压缩天然气汽车加气站的工艺流程

压缩天然气汽车加气站一般由天然气引入管、调压、计量、压缩、脱水、储存、加气等主要生产工艺系统及控制系统构成。进站的天然气应达到二类天然气气质标准，并满足压缩机运行要求，否则还应进行脱水、脱硫等相应处理，使其符合车用压缩天然气的使用标准。

1. 加气子站工艺流程

加气子站气源为来自母站的气瓶转运车的高压储气瓶组，一般由压缩天然气的卸气、储存和加气系统组成，其典型工艺流程如图 11-10 所示。

为避免压缩机频繁启动对设备使用寿命产生影响，同时为用户提供气源保障，CNG 加气站应设有储气设施，通常采用高压、中压和低压储气井（或储气瓶组）

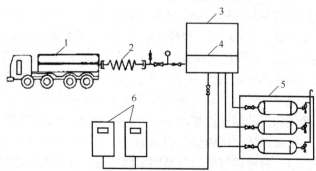

图 11-10　加气子站典型工艺流程图

1—气瓶转运车；2—高压软管；3—压缩机；

4—顺序控制盘；5—储气瓶组；6—加气机

分级储存方式，由顺序控制盘对其充气和取气过程进行自动控制。充气时，车载高压储气瓶组内的压缩天然气经卸气柱进入压缩机，将 20MPa 加压至 25MPa 后按照起充压力由高至低的顺序向站内储气井（或储气瓶组）充气，即先向高压储气井充气，当压力上升到一定值时，开始向中压储气井充气，及至中压储气井压力上升到一定值时，再开始向低压储气井充气，随后三组储气井同时充气，待上升到最大储气压力后充气停止。储气井（或储气瓶组）向加气机加气的作业顺序与充气过程相反。为汽车加气时，按照先低后高的原则，先由低压储气井（或储气瓶组）取气，当压力下降到一定值时，再逐次由中压、高压储气井（或储气瓶组）取气，直至储气井（或储气瓶组）的压力下降到与汽车加气压力相等时，加气停止。如仍有汽车需要加气，则由压缩机直接向加气机供气。这种工作方式可以提高储气井（或储气瓶组）的利用率，同时提高汽车加气速度。

当车载高压储气瓶组内压力降至 2.0MPa 时，气瓶转运车返回加气母站加气。

2. 常规站工艺流程

常规站的气源来自城镇燃气管道，仅为 CNG 汽车供气，而不具备为气瓶转运车加气的功能，因此其工艺流程中无需设置为气瓶转运车高压储气瓶组充气的燃气管路系统和加气柱，其余与加气母站工艺流程类似。

三、压缩天然气汽车加气站的主要设备

CNG 汽车加气站一般需要设置调压计量装置、天然气净化装置、天然气压缩系统、高压储气系统、加气设备、控制调节装置及仪表、消防、给排水、电气等辅助设施。在此主要介绍高压储气系统、加气设备及控制调节装置，其余设备可参考加气母站。

1. 高压储气系统

目前 CNG 汽车加气站常用的储气设施有地上储气瓶和地下储气井两种，设计压力一般为 25MPa。

地上储气瓶按单瓶水容积大小分为小容积储气瓶和大容积储气瓶。小容积储气瓶单瓶水容积有 60、80、90L 等规格，多个气瓶组成储气瓶组。该种储气设施初投资费用低，但漏点较多，使用维护费用高。大容积储气瓶单瓶水容积有 250、500、1000、1750、2000L 甚至更大，为大型无缝锻造压力容器。每个气瓶上设有排水孔，无定期检查要求，初投资费用高，但使用维护费用相对较低。

地下储气井是利用石油钻井技术将套管打入地下，并采用固井工艺将套管固定，管口、管底采用特殊结构形式封闭而形成的一种地下储气设施。储气井具有占地面积小、运行费用低、安全可靠、操作维护简便和事故影响范围小等优点，是 CNG 加气站较为常用的储气方式。目前已建成并运行的储气井规模为：储气井井筒直径：$\phi 177.8 \sim \phi 298.4$mm；井深：$80 \sim 200$m；储气井水容积：$2 \sim 4$m³；最大工作压力：25MPa。

储气设施的容积大小与储气压力和压缩机向储气设施充气时间等因素有关。我国压缩天然气加气站储气设施的总容积应根据加气汽车数量、每辆汽车加气时间等因素综合确定，在城镇建成区内储气设施的总容积应符合下列规定：

(1) 管道供气的加气站固定储气瓶（井）不应超过 18m³；

(2) 加气子站的站内固定储气瓶（井）不应超过 8m³，包括气瓶转运车高压储气瓶组的总容积不应超过 18m³。

2. 加气设备

压缩天然气加气设备分为快充式加气机和加气柱，分别为天然气汽车和气瓶转运车加气。

加气机由计量仪表、加气控制阀组、拉断安全阀、加气枪、微机显示屏、压力保护装置和远传装置等构成。加气机的微机控制器自动控制加气过程，并对流量计在计量过程中输出的流量信号和压力变送器输出的电信号进行监控、处理和显示。加气机气路系统负责对售气过程的顺序进行控制并在售气结束后自动关闭电磁阀。此外，一般加气机还配有压力温度补偿系统，也称防过充系统，以保证在加气时根据温度调节充装压力。加气柱一般由阀门组构成，可根据情况配备计量仪表和压力温度补偿装置。

加气机流量计量仪表常采用质量流量计，以避免天然气密度、黏度、压力、温度等变化对体积流量的影响。测定的质量流量可通过设定的计算程序转换为体积流量，在加气机显示屏上显示。

汽车加气站内加气机设置数量应根据加气站规模、高峰期加气汽车数量等因素确定。

3. 控制调节装置

加气站内的控制调节装置主要指顺序控制盘，其作用是控制站内设备的正常运转和对有关参数进行监控，并在设备发生故障时自动报警或停机。

压缩机按起充压力高、中、低压为储气井（或储气瓶组）充气过程的顺序由充气控制盘控制；从储气设施向汽车加气过程的顺序由加气控制盘控制。目前，国外进口压缩机常将加气控制盘和充气控制盘合二为一，采用 PLC 实现设备的全自动化操作。

四、压缩天然气加气站的平面布置

压缩天然气加气站的站址宜靠近气源，并应具有适宜的交通、供电、给水排水、通信及工程地质条件，且应符合城镇总体规划的要求。

压缩天然气加气站的总平面应分区布置，即分为生产区和辅助区。生产区一般包括压缩机房、储气瓶组或储气井、汽车加气岛、CNG 气瓶转运车加气柱等；辅助区指用于实现生产作业以外的建构筑物，如综合楼、花坛等。加气站车辆出口和入口应分开设置。

压缩天然气加气站和加油加气合建站的压缩天然气工艺设施与站内外建、构筑物的安全防火间距应符合国家相关规范的规定。

第五节　压缩天然气绝热节流过程

气体在管道中流过突然缩小的截面，如阀门或孔口等，而又未及与外界进行热量交换的过程称为绝热节流。在压缩天然气供应系统中除设置调压器等装置外，还采用了较多阀门，压缩天然气在通过这些节流设备后产生较大的压力降，温度相应也出现明显降低，即发生焦耳-汤姆逊效应。实践证明，节流后温度下降可能导致压缩天然气气相组分出现结露冰堵问题，这也是压缩天然气供应系统中需设置加热装置的原因。

为了确定天然气是否需要进行加热，首先要计算天然气降压后的温度。

1. 计算焦耳-汤姆逊系数

绝热节流温度效应常用绝热节流系数 μ_J（也称焦耳-汤姆逊系数）来表示，定义式为：

$$\mu_J = \left(\frac{\partial T}{\partial p} \right)_h \tag{11-1}$$

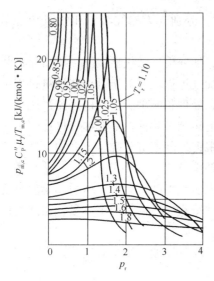

图 11-11 确定节流效应的关系曲线

其物理意义为单位压力降下的温度变化值。根据天然气的组分、调压前压力 p_1、调压前温度 T_1、调压后的压力 p_2 可计算焦耳-汤姆逊系数。

此外，工程上常采用图解法确定焦耳-汤姆逊系数，如图 11-11 所示，该图横坐标为天然气对比压力，纵坐标为临界压力和临界温度下的关系式（11-2）的值：

$$\frac{p_{m,c}c_p''\mu_J}{T_{m,c}} \qquad (11-2)$$

式中　μ_J ——焦耳-汤姆逊系数（K/Pa）；

c_p'' ——调压前状态下天然气的定压摩尔比热（kJ/(kmol·K)）；

$p_{m,c}$ ——天然气的平均临界压力（Pa）；

$T_{m,c}$ ——天然气的平均临界温度（K）。

根据天然气组分由式（1-9）和式（1-10）计算天然气的平均临界压力 $p_{m,c}$ 和平均临界温度 $T_{m,c}$；天然气的压力取调压前的压力 p_1（绝对压力），天然气的温度取调压前的温度 T_1（K），再由式（1-12）计算对比压力 p_r 和对比温度 T_r；查图 11-11 得到对应的纵坐标值 $\dfrac{p_{m,c}c_p''\mu_J}{T_{m,c}}$；代入天然气的 $p_{m,c}$、$T_{m,c}$、c_p'' 值，即可得到焦耳-汤姆逊系数 μ_J。

2. 计算节流降压后天然气的温度

根据焦耳-汤姆逊系数的定义，即可根据式（11-3）求得调压降温后天然气的温度：

$$T_2 = T_1 - \mu_J(p_1 - p_2) \qquad (11-3)$$

式中　T_2 ——未加热的天然气调压降温后的温度（K）；

p_1 ——调压降温前天然气的压力（MPa）；

p_2 ——调压降温后天然气的压力（MPa）。

3. 判断是否需要加热

根据计算所得调压降温后的天然气温度，判断是否需要加热以及加热后的温度。

（1）如图 11-12 所示，根据给定的天然气进站压力下的水露点 T_{s1}，在图上查得天然气相应的含水量，再以相同含水量查得调压后压力 p_2 下的饱和温度，即水露点 T_{s2}。

如果计算所得未加热的天然气调压降温后的温度 T_2 低于露点 T_{s2}，则需要加热。一般加热后的天然气在调压降温后其温度应比水露点 T_{s2} 高 3~5℃。

（2）根据场站所处的外部环境和气象条件，若未加热的天然气调压降温后的温度 T_2 低于 0℃，须防止管外大量结冰，因此需要加热。加热后的天然气经调压后温度应保持在 3~5℃。

4. 计算所需加热量

为了提高调压降温后天然气的温度，一般需在调压前对天然气进行加热处理。加热前、后天然气的温度关系如式（11-4）：

$$T_1' = T_1 + \Delta t \qquad (11-4)$$

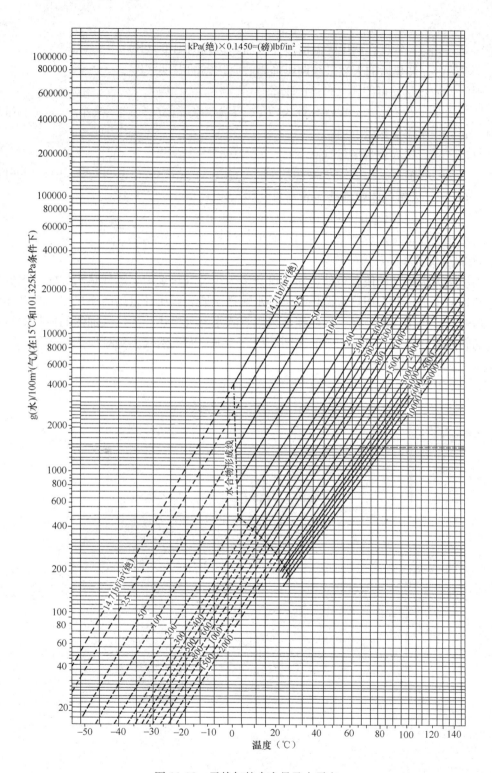

图 11-12 天然气的水含量及水露点

其中：

$$\Delta t = T'_2 - T_2 \tag{11-5}$$

式中　T'_1——天然气在调压降温前需要被加热达到的温度（K）；

T'_2——加热后的天然气经调压降温后应达到的温度（K）。

则所需加热量 q 可按式（11-6）计算：

$$q = G_s c_p (T'_1 - T_1) = G_s c_p \Delta t \tag{11-6}$$

式中　q——所需加热量（kW）；

G_s——天然气质量流量（kg/s）。

$$G_s = Q_s \rho \tag{11-7}$$

式中　Q_s——天然气体积流量（m³/s）；

ρ——天然气密度（kg/m³）。

天然气的流量按加热季节日平均小时流量计算。

5. 加热设备和换热器的选择

利用站内天然气的便利条件，加热设备多采用燃气热水炉。燃气热水炉能够根据换热量自动调节火焰，并采用热水循环泵将热水输送至撬装调压计量站的换热器。当循环水发生损耗时，系统可自动补充。换热器多采用管式水—气换热。天然气加热的换热器与不加热时的管路并联设置并设有相应的关断阀门，不加热时天然气不经过换热器运行。

第十二章　液化天然气供应

液化天然气（Liquefied Natural Gas，简称 LNG）是将天然气经过预处理，脱除重质烃、硫化物、二氧化碳和水等杂质后，在常压下深冷到 $-162℃$ 液化得到的产品。

液化后的液态天然气体积仅为气态天然气体积的 $1/600$，主要特点为低温、杂质少、气态液态体积比大。由于液化天然气具有储存量大、运输灵活等特点，作为气源是天然气利用的一种有效形式。

气田开采出来的天然气在天然气液化工厂进行处理并液化，国产液化天然气经过陆路运输送到气化站、汽车加气站等地，进口液化天然气经过海上运输送到大型接收站。

液化天然气在大型接收站气化成为气态天然气后进入输气管道，作为管道气源供应大中城市。液化天然气也可通过槽车运至中小城镇、小区作为气化气源，另外还可作为城镇的调峰及应急气源。液化天然气除气化后供应居民、商业、工业等用户外，也可直接用做汽车、船舶、飞机燃料。

LNG 主要供应链如图 12-1 所示。

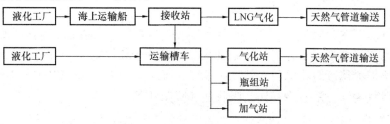

图 12-1　LNG 主要供应链

第一节　液化天然气生产

LNG 生产工艺主要包括天然气预处理和液化。预处理是将天然气中水分、硫化氢、二氧化碳、重烃、汞等杂质脱除，以免杂质腐蚀或冻结堵塞管道和设备。液化是采用外部冷源或膨胀制冷工艺，将天然气加工为 $-162℃$ 的低温液体。LNG 主要生产过程如图 12-2 所示。

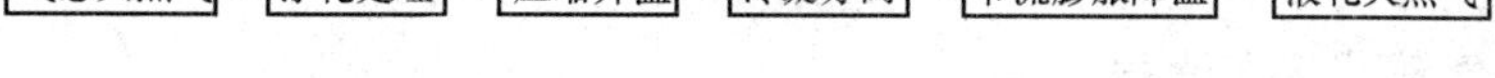

气态天然气 → 净化处理 → 压缩升温 → 冷凝分离 → 节流膨胀降温 → 液化天然气

图 12-2　LNG 主要生产过程

天然气液化装置有基本负荷型液化装置和调峰型液化装置。

基本负荷型液化装置是指生产液化天然气供当地使用或外运的大型液化装置。

调峰型液化装置是为燃气调峰而建设的天然气液化装置，通常将低峰负荷时过剩的天然气液化储存，在高峰时或紧急情况下再气化使用。调峰型液化装置在匹配峰荷和增加供气的可靠性方面发挥着重要作用，可以极大地提高输气管道的经济性。与基本负荷型液化装置相比，调峰型液化装置的液化能力较小，不是常年连续运行，储存容量较大。其液化能力一般为日高峰负荷量的1/10左右。对于调峰型液化装置，其液化工艺常采用膨胀制冷流程和混合制冷流程。

一、天然气预处理

由于原料气来源不同和组分的差异，天然气液化工厂预处理方法、工艺过程及预处理指标也不相同。天然气液化工厂预处理指标见表12-1。

天然气液化工厂预处理指标

表 12-1

杂 质	预处理指标	限制依据
水	$<0.1 \times 10^{-6} m^3/m^3$	A
CO_2	$(50 \sim 100) \times 10^{-6} m^3/m^3$	B
H_2S	$4 \times 10^{-6} m^3/m^3$	C
COS	$<0.5 \times 10^{-6} m^3/m^3$	C
硫化物总量	$10 \sim 50 mg/Nm^3$	C
汞	$<0.01 \mu g/Nm^3$	A
芳香族化合物	$(1 \sim 10) \times 10^{-6} m^3/m^3$	A 或 B

注：A为无限制生产下的累积允许值；B为溶解度限制；C为产品规格。

（一）脱水

若天然气含有水分，当低于0℃时水分会在换热器和节流阀上结冰，即使在0℃以上，天然气和水也有可能形成水合物，堵塞管线、喷嘴及分离设备等。为避免出现堵塞，需要在高于水合物形成温度时将原料天然气中的游离水脱除，使水露点达到－100℃以下。目前常用的天然气脱水方法有冷却法、吸收法和吸附法等。

（二）脱酸性气体

原料天然气中常含有一些酸性气体，如H_2S、CO_2和COS等，酸性气体对设备、管道有腐蚀作用，而且沸点较高，在降温过程中易呈固体析出，必须脱除。常用的脱除方法有醇胺法、热钾碱法、砜胺法，目前主要采用醇胺法。

（三）脱烃

烃类物质的分子量由小到大变化时，其沸点也由低到高相应变化，在冷凝天然气的循环中，重烃先被冷凝出来。如果不脱除重烃，可能冻结堵塞设备。在用分子筛、活性氧化铝或硅胶吸附脱水时，重烃可被部分脱除，余下的重烃通常在低温区中的一个或多个分离器中除去，也称深冷分离法。

其他需要脱除的杂质还有汞、氦气、氮气和苯等。

二、天然气液化工艺流程

天然气的液化是一个深度制冷的过程，只经过一级制冷基本达不到液化的目的。天然气制冷液化主要有三种方法：阶式循环制冷、混合制冷和膨胀制冷。

（一）阶式循环（或称级联式循环）制冷

图12-3所示为阶式循环制冷流程。为使天然气液化并达到－162℃，需经过三段冷却，制冷剂为丙烷（也可用氨）、乙烯（也可用乙烷）和甲烷。在丙烷通过蒸发器7冷却

乙烯和甲烷的同时，天然气被冷却到−40℃左右；乙烯通过蒸发器8冷却甲烷的同时，天然气被冷却到−100℃左右；甲烷通过蒸发器9把天然气冷却到−162℃，天然气最后经节流降温达到−162℃而液化，经气液分离器10分离后，液态天然气进入低温储罐6储存，气态天然气被回收再液化。三个相互独立的制冷剂循环制冷过程都包括压缩、冷凝和蒸发三个步骤。

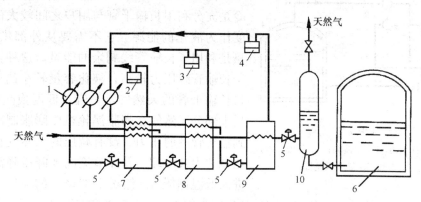

图 12-3 阶式循环制冷流程

1—冷凝器；2—丙烷压缩机；3—乙烯压缩机；4—甲烷压缩机；5—节流阀；
6—低温储罐；7—丙烷蒸发器；8—乙烯蒸发器；9—甲烷蒸发器；10—气液分离器

阶式制冷工艺的制冷系统与天然气液化系统相互独立，制冷剂为单纯组分，各系统相互影响少，操作稳定，能耗低，较适合高压气源。但该工艺制冷机组多，流程长，对制冷剂纯度要求高，且不适用于含氮量较多的天然气，因此该工艺在天然气液化装置上已较少使用。

（二）混合（或称多组分）制冷

图 12-4 所示为混合制冷流程。这种方法的制冷剂是烃的混合物，并含有一定数量的氮气组分。丙烷、乙烯及氮的混合蒸气经压缩机6压缩和冷却器5冷却后进入丙烷储罐1。储罐压力为3MPa，丙烷呈液态，乙烯和氮气呈气态。丙烷在低温换热器4中蒸发，使天然气被冷却到−70℃，同时也冷却了乙烯和氮气，制冷剂进入乙烯储槽2后乙烯呈液态，氮气仍呈气态。液态乙烯在低温换热器4中蒸发，冷却了天然气及氮气。氮气进入氮储槽3后部分液化，进行气液分离，液氮在低温换热器4中蒸发，进一步冷却天然气，同时冷却了气态氮气。气态氮气节流降温后液化并在低温换热器4中蒸发，将天然气进一步降温，最终天然气经节流降温达到−162℃液化送入低温储罐7。

与阶式循环制冷相比，混

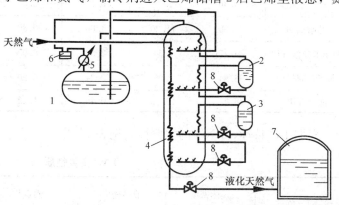

图 12-4 混合制冷流程

1—丙烷储罐；2—乙烯储槽；3—氮储槽；4—低温换热器；
5—冷却器；6—压缩机；7—低温储罐；8—节流阀

合制冷具有流程短、机组少、投资低等优点，缺点是能耗高，对混合制冷剂各组分的配比要求严格，气液平衡与焓的计算繁琐，换热器结构复杂。目前应用较多的是丙烷预冷混合制冷液化流程。

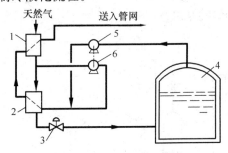

图 12-5　膨胀制冷流程

1、2—低温换热器；3—节流阀；4—低温储罐；
5—压缩机；6—膨胀涡轮机

（三）膨胀制冷

图 12-5 所示为天然气膨胀制冷流程。膨胀制冷是充分利用长输干管与用户之间较大的压力梯度作为液化的能源。它不需要从外部供给能量，只是利用了长输管线剩余的能量。这种方法适用于长输管线压力较高且液化容量较小的地方。来自长输干管的天然气，先流经低温换热器 1，然后大部分天然气在膨胀涡轮机中膨胀制冷并减压到输气管网的压力。没有减压的天然气在低温换热器 2 中被冷却，并经节流阀 3 降压降温液化后进入低温储罐 4。储罐上部蒸发的天然气，由膨胀涡轮机带动的压缩机吸出并压缩到输气管网的压力，并与膨胀涡轮机出来的天然气混合作为冷媒，经低温换热器 2 及 1 送入管网。按此原理被液化的天然气数量，取决于管网的压力所能提供的能量。

膨胀制冷流程操作比较简单，投资适中，适用于液化能力较小的调峰型天然气液化装置。

三、液化天然气性质

液化天然气的组分取决于原料天然气和生产工艺。其主要组分为甲烷，还有少量的乙烷、丙烷、氮等。

我国使用的部分 LNG 气源组分见表 12-2 所示。

部分 LNG 气源组分　　　　　　　　　　　表 12-2

气源名称	甲烷（%）	乙烷（%）	丙烷（%）	氮（%）	其他（%）	热值（MJ/Nm³）
中原油田	95.86	2.94	0.73	0.09	0.39	38.71
吐哈油田	82.30	11.20	4.60	0.80	1.10	42.64
西澳卡拉沙气田	88.77	7.54	2.59	0.07	1.02	42.25
印尼东固气田	96.64	1.97	0.34	0.90	0.15	38.30
海南福山	78.48	19.83	0.46	1.22	0.01	38.46

根据生产特性，LNG 的主要性质见表 12-3。

LNG 主要性质　　　　　　　　　　　表 12-3

颜　色	气体密度（kg/Nm³）	液体密度（kg/m³）	沸点（℃）	临界温度（℃）	临界压力（MPa）
无色透明	0.70~0.87	430~480	−162~−157	−82.57	4.58

续表

液体高热值 （MJ/kg）	气体高热值 （MJ/Nm³）	华白指数 （MJ/Nm³）	气态爆炸下限 （%）	气态爆炸上限 （%）	燃烧势
50.16~55.10	38.90~46.60	44.94~56.70	5	15	45.18

第二节　液化天然气储运

无论是天然气液化厂、接收站，还是气化站、加气站，都需要设置 LNG 的储存与运输设施。LNG 温度很低，同时气化后的天然气是易燃易爆的燃料，因此要求储存与运输 LNG 的设施耐低温、安全可靠。

一、LNG 储存

（一）LNG 储罐（槽）分类

各种 LNG 储罐（槽）可按容量、隔热方式、压力及材料等进行分类。

1. 按容量分类

（1）小型储罐：容量 5~50m³，常用于撬装或小型气化站、LNG 加气站、LNG 槽车。

（2）中型储罐：容量 50~100m³，常用于小型气化站、大工业燃气用户气化站。

（3）大型储罐：容量 100~5000m³，常用于小型 LNG 生产装置、城镇气源气化站。

（4）大型储槽：容量 10000~40000m³，常用于基本负荷型和调峰型液化装置。

（5）特大型储槽：容量 40000~200000m³，常用于 LNG 接收站。

2. 按围护结构的隔热方式分类

（1）真空粉末隔热：常见于中小型 LNG 储罐、LNG 槽车。

（2）正压粉末堆积隔热：广泛用于大中型 LNG 储罐和储槽。

（3）高真空多层缠绕隔热：很少采用，仅限用于小型 LNG 储罐如车载 LNG 钢瓶。

3. 按储罐压力分类

（1）压力储罐：储存压力一般在 0.4MPa 以上。

（2）常压储罐：储存压力通常在几百 Pa 以下，多用于大型、特大型储槽。

4. 按储罐的材料分类

（1）双金属罐：内罐和外壳均用金属材料，内罐采用耐低温的不锈钢或铝合金，外壳采用黑色金属，目前采用较多的是压力容器用钢。常用的几种内罐材料见表 12-4。

常用的几种内罐材料　　　　　　　　　　　　　　　　　　表 12-4

材　料	型　号	许用应力（应用于平底储槽）（MPa）
不锈钢	A240	155.1
铝	AA5052	49.0
	AA5086	72.4
	AA5083	91.7
5%Ni 钢	A645	218.6
9%Ni 钢	A553	218.6

（2）预应力混凝土储槽：有的大型储槽采用预应力混凝土外壳，内筒采用耐低温的金属材料。

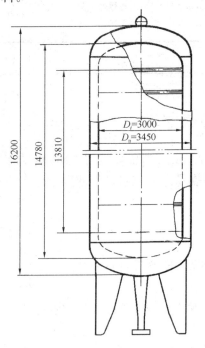

图 12-6　100m³ 立式 LNG 储罐结构示意图

（3）薄膜罐：内筒采用厚度为 0.8～1.2mm 的 36Ni 钢（又称殷钢）。

（二）LNG 储罐（槽）结构

储罐主要是圆筒形和球形储罐，圆筒形储罐有卧式和立式，卧式多用于运输槽车，固定储罐多为立式，在此仅介绍应用较多的立式储罐。

1. 中小型立式 LNG 储罐

考虑到 LNG 主要成分为液态甲烷，储罐内筒及管道材料一般采用 0Cr18Ni9 奥氏体不锈钢，外筒可用优质碳素钢 16MnR 压力容器用钢板。内、外筒间支承为玻璃钢与 0Cr18Ni9 钢板组合结构，以满足工作状态和运输状态强度及稳定性的要求。

容量为 100m³ 立式 LNG 储罐结构示意图如图 12-6 所示。内筒封头采用标准椭圆形封头，外封头采用标准碟形封头。支脚采用截面形状为"工"字形钢结构，并把支脚最大径向尺寸控制在外筒直径以内，以方便运输。操作阀门、仪表均安装在外下封头上；所有从内筒引出的管子均采用套管形式的保冷管段与外下封头焊接连接结构，以保证满足管道隔热及对阀门管道的支承要求。隔热方式采用真空粉末（珠光砂）隔热，理论计算日蒸发率 ≤0.27%/d。具体技术特性见表 12-5。

100m³/0.6MPa 立式 LNG 储罐技术特性　　　　　　　　　　　　　表 12-5

项　　目	内　筒	外　筒	备　注
容器类别	三类		
储存介质	LNG		
最高工作压力（MPa）	0.6	真空	内筒压力视用户使用压力要求而定
设计压力（MPa）	0.66	−0.1	内筒压力视用户使用压力要求而定，"−"指外压
气压试验压力（MPa）	0.8		
安全阀开启压力（MPa）	0.64		
工作温度（℃）	−162	环境温度	
设计温度（℃）	−196	50	
几何容积（m³）	105.3	46*	*指夹层容积
有效容积（m³）	100		
腐蚀裕量（mm）	0	1	
主体材质	0Cr18Ni9	16MnR	
焊接接头系数	1	0.85	

续表

项　目	内　筒	外　筒	备　注
充装系数	≤0.95		
空重（kg）		37380	
满重（kg）		79980	LNG

2. 立式 LNG 子母型储罐

立式 LNG 子母型储罐的典型结构如图 12-7 所示。子母型罐由多个（三个以上）子罐并联组成内罐，以满足低温液体储存站大容量储液量的要求。多个子罐并列组装在一个大型外罐（即母罐）之中。子罐通常为立式圆筒形，外罐为立式平底拱盖圆筒形。由于外罐形状尺寸过大等原因不耐外压而无法抽真空，外罐为常压罐。隔热方式为粉末（珠光砂）堆积隔热。

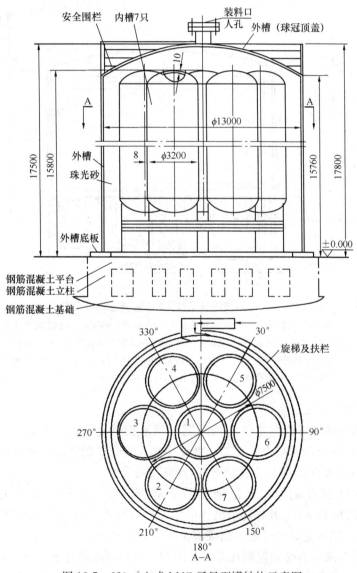

图 12-7　620m³ 立式 LNG 子母型罐结构示意图

子罐通常由制造厂制造完工后运抵现场吊装就位，外罐则加工成零部件运抵现场后，在现场组装。

单个子罐的几何容积通常在 $100\sim150m^3$ 之间，最大可达 $250m^3$，单个子罐的容积不宜过大，过大会导致运输吊装困难。子罐的数量通常为 3～7 个，最多不超过 12 个，因此可以组建成 $300\sim2000m^3$ 的大型储罐。

子罐最大工作压力可达 1.8MPa，通常为 0.2～1.0MPa，视用户使用压力要求而定。

子母型罐的优点在于可依靠储罐本身的压力对外排液，制造安装成本较低。不足之处在于不能采用真空隔热，设备的外形尺寸庞大。

3. 全封闭围护系统 LNG 储槽

全封闭围护系统 LNG 储槽较多地应用于 LNG 接收站，容量最大的可达 20 万 m^3。图 12-8 所示是全封闭围护系统 LNG 储槽的结构示意图。

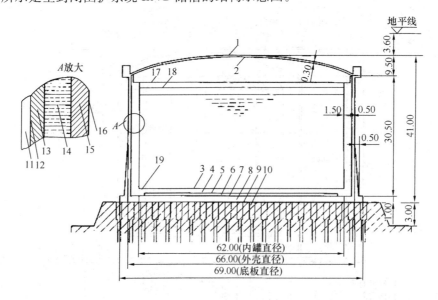

图 12-8　全封闭围护系统 LNG 储槽结构示意图

1—水泥槽顶；2—金属层；3—内罐钢质底板；4—底部隔热层；5—钢筋混凝土板；

6—隔热板；7—8Ni9 金属板；8—底部加热器；9—底部预应力混凝土；10—管桩基础；

11—预应力混凝土外壳；12—TTSTE26 金属层；13—隔热层；14—珠光砂；

15—弹性毡；16—8Ni9 钢内罐；17—悬吊顶；18—矿物棉；19—聚苯乙烯-水泥环

（三）LNG 储罐的安全运行

LNG 在储罐中储存可能产生的安全问题包括液相气化超压和液相分层产生的沸腾。针对超压的措施包括控制储罐充装容量、低温绝热、安全控制等；针对沸腾的措施包括充装不同液相 LNG 时按照顺序充装、定期进行倒罐等。

液化天然气在储存期间，无论绝热效果如何，总要产生一定数量的蒸发气体（Boil Off Gas，简称 BOG），并伴随着液体的膨胀，储罐不允许充满，其最大充满度与设计工作压力有关。储罐充满度可通过储罐液位指示器来监控。

LNG 储罐的内部压力必须控制在允许范围内，压力过高或过低（出现负压），对储罐都是潜在的危险。影响储罐压力的因素很多，如热量进入引起液体的蒸发，充装期间液体的快速闪蒸，错误操作，都可能引起罐内压力上升，如果以非常快的速度从储罐向外排液或抽气，则可能使罐内形成负压。

因此必须要有可靠的压力控制装置和保护装置来保障储罐的安全，使罐内的压力在允许范围内。在正常操作时，压力控制装置将储罐内过多的蒸发气体输送到供气管网、再液化系统或燃料供应系统。但在蒸发气体骤增或外部无法消耗这些蒸发气体的情况下，压力安全保护装置应能自动开启，将蒸发气体送到火炬燃烧或放空。因此 LNG 储罐的安全保护装置必须具备足够的排放能力。

此外，有些储罐安装有真空安全装置，测量罐内压力和当地大气压，判断罐内是否出现真空，如果出现真空，安全装置能及时向罐内补充 LNG 蒸气。

除了在 LNG 储罐上安装安全保护装置（安全阀）外，在 LNG 管路、泵、气化器等所有可能产生超压的地方，都应该安装足够的安全阀。

二、LNG 运输

（一）海上运输

当有水运条件、运距超过 4000km 时，海上运输比管输天然气经济。世界 LNG 贸易主要通过海上运输，运输工具为 LNG 运输船。

LNG 运输船是载运大宗 LNG 货物的专用船舶，目前的标准载货量在 $13 \times 10^4 \sim 15 \times 10^4 \, m^3$ 之间，一些国家已设计出 $16 \times 10^4 \, m^3$、$20 \times 10^4 \, m^3$ 甚至 $30 \times 10^4 \, m^3$ 的 LNG 船。2008年4月我国生产的第一艘 LNG 船"大鹏昊"装载量为 $14.7 \times 10^4 \, m^3$，货舱类型为 GT-NO.96E-2 薄膜型，是世界上当时最大的薄膜型 LNG 船，船长 292m，宽 43.35m。

LNG 船根据货舱形式分为三种，MOSS 型（球形舱），GTT 型（薄膜舱），SPB 型（棱形舱）。不同的货舱采用不同的隔热方式，MOSS 型 LNG 船球罐采用多层聚苯乙烯板隔热；GTT 型 LNG 船的围护系统是由双层船壳、主薄膜、次薄膜和低温隔热层组成；SPB 型 LNG 船的围护系统是由弹性连接隔热板组成。图 12-9 为 $12.5 \times 10^4 \, m^3$ GTT 型 LNG 船液货舱分布图。

LNG 运输状态为低温常压，温度为 -162℃。LNG 船在运输过程中需要保证货舱的隔热性能，以降低 LNG 的气化率，减少 LNG 的损耗，液舱蒸发率应控制在一定范围内，一般 ≤0.2%/d。

（二）陆上运输

LNG 陆上运输主要指槽车运输，采用槽车将 LNG 从接收站或天然气液化工厂通过公路、铁路运输到 LNG 气化站或供应站。公路运输受运输安全和运输经济性因素的影响，运输距离越长，不安全因素越多，运输成本越高。公路运输距离经济半径为 500km 左右，铁路运输距离经济半径为 1000km 左右。LNG 运输状态为低温常压，温度为 -162℃。

LNG 槽车有半挂式运输槽车和集装箱式罐车两种形式，主要包括牵引车、槽车罐或罐式集装箱和半挂车。半挂式运输槽车罐的规格主要有 $30m^3$、$45m^3$、$50m^3$ 等，集装箱罐的规格主要有 $35m^3$、$40m^3$、$50m^3$ 等。图 12-10 为 LNG 半挂式运输槽车结构示意图。

LNG 槽车隔热形式主要有：真空粉末隔热；真空纤维隔热；高真空多层隔热。真空粉末隔热具有真空度要求不高、工艺简单的特点，但罐体重量大。而高真空多层隔热与真空粉末隔热相比隔热效果好，装载容积大，但施工难度大，制造费用高，主要用于车载 LNG 钢瓶。真

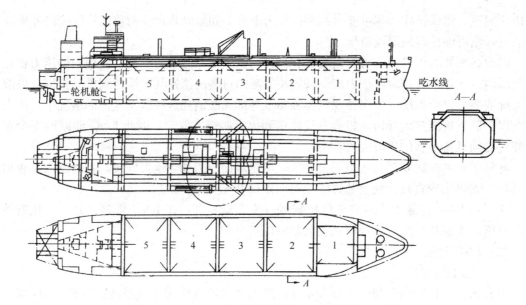

图 12-9　12.5×10⁴ m³ GTT 型 LNG 船液货舱分布图

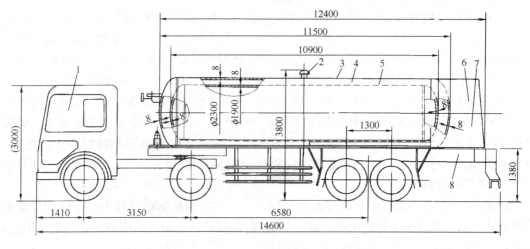

图 12-10　LNG 半挂式运输槽车结构示意图

1—牵引车；2—外筒安全装置；3—外筒（16MnR）；4—绝热层真空纤维；5—内筒（0Cr18Ni9）；
6—操作箱；7—仪表、阀门、管路系统；8—THT9360 型分体式半挂车底架

空纤维隔热形式介于真空粉末隔热和高真空多层隔热之间，广泛应用于槽车隔热。

　　LNG 槽车有两种卸液方式：自增压卸车和用泵卸车。

　　自增压卸车是利用增压器中气化的气相 LNG 返回槽车储罐增压，借助压差卸车。这种卸车方式简单，但卸车时间长，槽车储罐设计压力高，空载质量大，运输效率低。

　　用泵卸车是采用配置在车上的离心式低温泵卸车。优点是流量大，卸车所需时间短；泵后压力高，可适应各种压力规格的储罐；泵前压力要求低，无需消耗大量液体增压，槽车罐体压力低，装备质量轻，运输效率高。缺点是整车造价高，结构较复杂，低温液体泵需要合理预冷和防止气蚀。

　　槽车工艺系统包括进排液系统、进排气系统、自增压系统、吹扫置换系统、仪表控制

系统、紧急切断与气控系统、安全系统、抽空系统、液位分析取样系统。

第三节　液化天然气接收站

　　LNG 接收站是指接收海上运输 LNG 的终端设施，接收从基本负荷型天然气液化工厂用 LNG 船运来的液化天然气，储存和气化后分配给用户。主要包括专用码头、卸船装置（卸料臂）、LNG 输送管道、储槽、气化装置、气体计量和压力控制装置、蒸发气体回收装置、控制及安全保护系统、维修保养系统等，另外还常设有冷能利用系统。

　　LNG 接收站除了气化 LNG 供应区域管网用户，另外也提供 LNG 给管网达不到的中小城镇气化站、小区瓶组站等。

　　LNG 接收站的储槽容量很大，由于传热等原因储槽中 LNG 会不断蒸发，过多的蒸发气需从储槽排出。根据对蒸发气的处理方式不同，LNG 接收站的工艺流程有直接输出式和再冷凝式两种。对于直接输出式流程，蒸发气用压缩机增压后，送至稳定的下游用户，在卸船的工况下，会有大量蒸发气需要下游用户接收。对于再冷凝式流程，蒸发气经过压缩后，进入再冷凝器被由泵从储槽中抽出的 LNG 直接冷却，被冷却液化的蒸发气与由泵抽出的 LNG 一起，经 LNG 气化外输系统，输送给下游用户。图 12-11 为接收站再冷凝式工艺流程。

一、LNG 卸船系统

　　卸船系统由卸料臂、卸船管线、蒸发气回流臂、LNG 取样器、蒸发气回流管线及 LNG 循环保冷管线组成。LNG 运输船靠泊在码头后，经码头上卸料臂将船上 LNG 输出管线与岸上卸船管线连接起来，由船上储罐内的输送泵（潜液泵）将 LNG 输送到接收站的储槽内。随着 LNG 不断输出，船上储罐内气相压力逐渐下降，为维持一定的压力值，将岸上储槽内一部分蒸发气加压后，经回流管线及回流臂送至船上储槽内。

　　LNG 卸船管线一般采用双母管。卸船时两根母管同时工作，各承担 50% 的输送量。当一根母管出现故障时，另一根母管仍可工作，不致使卸船中断。在非卸船期间，双母管可使卸船管线构成一个循环，便于对母管

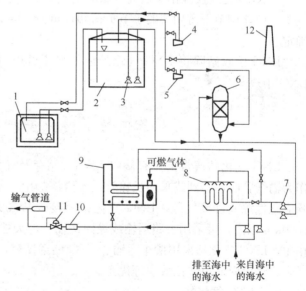

图 12-11　接收站再冷凝式工艺流程

1—LNG 槽船；2—LNG 储罐；3—潜液泵；4—卸船压缩机；
5—蒸发气压缩机；6—蒸发气再冷凝器；7—输出泵；
8—水浴式气化器；9—浸没燃烧式气化器；10—计量装置；
11—调压器；12—火炬

进行循环保冷，使其保持低温，减少因管线漏热使 LNG 蒸发量增加。每次卸船前还需用船上 LNG 对卸料臂等预冷，预冷完毕后再将卸船量增加至正常输送量。卸船管线上配有取样器，在每次卸船前取样并分析 LNG 的组成、密度及热值。

二、LNG 储存系统

LNG 储存系统由低温储槽、附属管线及控制仪表组成。低温储槽内的液体在储存过程中，由于外部少量热量的传入，会使一部分低温液体气化，储槽的日蒸发率约为0.06%～0.08%。一般接收站至少应有 2 个等容积的储槽。

三、LNG 气化外输系统

LNG 需要通过换热器将其气化为气态天然气，通过管道输送到城镇用户。LNG 接收站的气化外输系统包括 LNG 输送泵、气化器及调压计量设施等。

用于气化液化天然气的换热器称为 LNG 气化器，按加热方式不同可分为空气加热型气化器、水加热型气化器、蒸汽加热型气化器、燃烧加热型气化器。

如图 12-11 所示，LNG 接收站储槽内 LNG 经潜液泵加压后部分作为冷媒进入蒸发气再冷凝器，使来自储槽顶部的蒸发气液化。根据用户要求，LNG 被外输泵加压至管网需要的压力。如经外输泵加压至 4.0MPa 后，进入水浴气化器中蒸发。水浴气化器在基本负荷下运行时，浸没燃烧式气化器作为备用，在水浴气化器维修时或在需要增加气化量调峰时开启浸没燃烧式气化器。

气化后的天然气（外输气）经调压计量后输往用户。为保证储槽内潜液泵、外输泵正常运行，泵出口均设有 LNG 循环管线。当外输量变化时，可利用循环管线调节 LNG 流量。在停止外输时，可使 LNG 在管线内循环，以保证泵处于低温状态。

LNG 气化规模根据所供应区域的用气量来确定。LNG 接收站相当于下游区域管网的气源，应能调节下游用户的季节负荷和日负荷，因此，气化能力按照用户最大日用气量来确定。

LNG 接收站除将 LNG 气化外输外，还可通过灌装系统将 LNG 装至槽车，外运至LNG 用户。

第四节　液化天然气气化站

LNG 气化站通常指具有接收 LNG、储存及气化供气功能的场站。LNG 气化站主要作为输气管线达不到或采用长输管线不经济的中小型城镇的气源，另外也可作为城镇的调峰应急气源或过渡气源。LNG 气化站距接收站或天然气液化工厂的经济运输距离宜在1000km 以内，可采用公路运输或铁路运输。与天然气管道长距离输送、高压储罐储存等相比，LNG 气化站采用槽车运输、LNG 储罐储存，具有运输灵活、储存效率高、建设投资小、建设周期短、见效快等优点。

一、LNG 气化站

（一）气化站工艺流程

LNG 气化站工艺流程如图 12-12 所示。LNG 由低温槽车运至气化站，在卸车台利用增压器 6 对槽车储罐加压，将 LNG 送入气化站储罐 1 储存。气化时通过储罐增压器 10 将LNG 增压，或利用低温泵 11 加压，将 LNG 输至气化器 2 和 3 气化为气态天然气，经调压、计量和 BOG 气体汇合加臭后进入供气管网。

气化器通常采用两组空温式气化器，相互切换使用，当一组使用时间过长，气化器结霜严重，导致气化器气化效率降低，出口温度达不到要求时，则切换到另一组使用。在夏

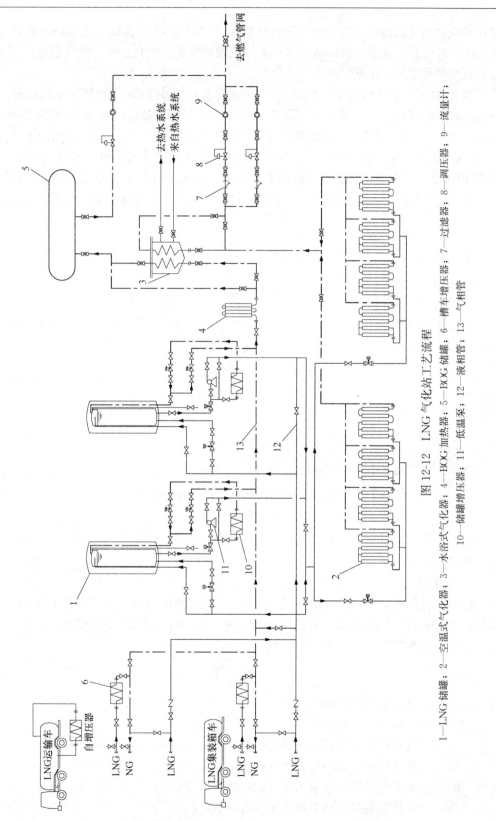

图 12-12 LNG 气化站工艺流程

1—LNG 储罐；2—空温式气化器；3—水浴式气化器；4—BOG 加热器；5—BOG 储罐；6—槽车增压器；7—过滤器；8—调压器；9—流量计；10—储罐增压器；11—低温泵；12—液相管；13—气相管

季，经空温式气化器气化后天然气温度可达 15℃ 左右，可以直接进入管网；在冬季或雨季，由于环境温度或湿度的影响，气化器气化效率降低，气化后的天然气温度达不到要求时，可启用水浴式气化器气化。

气化站内设有 BOG 储罐，LNG 储罐顶部的蒸发气经过 BOG 加热器加热后进入 BOG 储罐；卸车完毕后，LNG 槽车内的气体通过顶部的气相管被输送到 BOG 加热器加热，然后进入 BOG 储罐。当 BOG 储罐内的压力达到一定值后，将储罐内的气体送入供气管网。

LNG 储罐设计温度−196℃，LNG 气化器后设计温度一般不低于环境温度 8～10℃。LNG 储罐设计压力根据系统中储罐的配置形式、液化天然气组分及工艺流程确定。当采用储罐等压气化时，气化器设计压力为储罐设计压力；采用加压强制气化时，气化器设计压力为低温加压泵出口压力。

（二）气化站工艺设备

LNG 气化站工艺设备主要有储罐、气化器、调压计量装置、低温泵等。

1. 储罐

气化站储存总容积确定：

为保证不间断供气，特别是在用气高峰季节也能保证正常供应，气化站中应储存一定数量的液化天然气。气化站储罐总容积可按式（12-1）计算：

$$V_{\text{tot}} = \frac{nK_{\text{m}}^{\max}G_{\text{d}}}{\rho_{T_{\max}}\varphi_{\text{b},T_{\max}}} \tag{12-1}$$

式中　V_{tot}——总储存容积（m^3）；

$\quad n$——储存天数（d）；

$\quad K_{\text{m}}^{\max}$——月高峰系数，推荐使用 $K_{\text{m}}^{\max}=1.2\sim1.4$；

$\quad G_{\text{d}}$——年平均日用气量（kg/d）；

$\quad \rho_{T_{\max}}$——最高工作温度下的液化天然气密度（kg/m^3）；

$\quad \varphi_{\text{b},T_{\max}}$——最高工作温度下的储罐允许充装率。

储存天数主要取决于气源情况（气源厂个数，气源厂检修周期和时间，气源厂的远近等）和运输方式。

2. 气化器

LNG 气化器根据热源的不同，可分为空温式气化器和水浴式气化器两种类型。图12-13所示是 LNG 空温式气化器结构示意图，图 12-14 所示是 LNG 水浴式气化器结构示意图。

气化器的换热面积按式（12-2）计算：

$$F = \frac{\omega q}{K\Delta t} \tag{12-2}$$

式中　F——气化器的换热面积（m^2）；

$\quad \omega$——气化器的气化能力（kg/s）；

$\quad q$——气化单位质量液化天然气所需的热量（kJ/kg），$q = h_{\text{v}} - h_l$；

$\quad h_l$——进入气化器时液化天然气的比焓（kJ/kg）；

$\quad h_{\text{v}}$——离开气化器时气态天然气的比焓（kJ/kg）；

$\quad K$——气化器的总传热系数（$\text{kW}/(\text{m}^2\cdot\text{K})$）；

$\quad \Delta t$——加热介质与液化天然气的平均温差（K）。

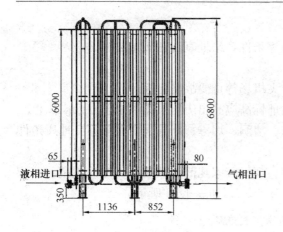
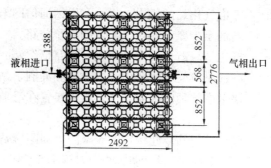

图 12-13 LNG 空温式气化器结构示意图

气化站气化能力按高峰小时计算流量确定，分两组设置，相互切换使用。

3. 低温泵

LNG 低温泵主要用于加压强制气化系统及灌装钢瓶，可在罐区外露天布置或设置在罐区防护墙内。LNG 低温泵常采用离心泵。根据最大流量及所需压力选型。

（三）LNG 气化站安全控制

由于 LNG 易燃易爆的特性，站内需配备监控及消防系统。

气化站安全报警系统需设置储罐高低液位报警、储罐超压及真空报警、低温报警、可燃气体检测报警、火焰检测报警等。

LNG 气化站应按现行国家规范《城镇燃气设计规范》（GB 50028）和《建筑设计防火规范》（GB 50016）的要求，设置必要的消防系统。

（四）站址选择及总平面布置

由于 LNG 具有低温储存的特点，同时具有易燃易爆的危险性，因此 LNG 气化站在建设布局、设备安装、操作管理等方面都有一些特殊要求。

图 12-14 LNG 水浴式气化器结构示意图

1. 站址选择

站址选择一方面要从城镇的总体规划和合理布局出发，另一方面也应从有利生产、方便运输、保护环境着眼。因此在站址选择过程中，要考虑到既能完成当前的生产任务，又要想到将来的发展。站址选择一般应考虑以下问题。

站址应选在城镇和居民区的全年最小频率风向的上风侧。若必须在城镇建站时，尽量远离人口稠密区，以满足卫生和安全的要求。

考虑气化站的供电、供水和电话通信网络等条件，站址宜选在城镇边缘。

站址至少要有一条全天候的汽车公路。

气化站应避开油库、桥梁、铁路枢纽站、飞机场等重要战略目标。

站址不应受洪水和山洪的淹灌和冲刷，站址标高应高出历年最高洪水位 0.5m 以上。

要考虑站址的地质条件，避免布置在滑坡、溶洞、塌方、断层、淤泥等不良地质条件的地区。

气化站与站外建构物的安全防火间距应符合现行国家规范《城镇燃气设计规范》（GB 50028）和《建筑设计防火规范》（GB 50016）的要求，如表 12-6 所示。

液化天然气气化站的液化天然气储罐、天然气

放散总管与站外建构筑物的防火间距（m）　　　　　　表 12-6

	储罐总容积（m³）							集中放散装置的天然气放散总管
	≤10	>10 ≤30	>30 ≤50	>50 ≤200	>200 ≤500	>500 ≤1000	>1000 ≤2000	
居住区、村镇和影剧院、体育馆、学校等重要公共建筑（最外侧建、构筑物外墙）	30	35	45	50	70	90	110	45
工业企业（最外侧建、构筑物外墙）	22	25	27	30	35	40	50	20
明火、放散火花地点和室外变、配电站	30	35	45	50	55	60	70	30
民用建筑，甲、乙类液体储罐，甲、乙类生产厂房，甲、乙类物品仓库，稻草等易燃材料堆场	27	32	40	45	50	55	65	25
丙类液体储罐，可燃气体储罐，丙、丁类生产厂房，丙、丁类物品仓库	25	27	32	35	40	45	55	20
铁路（中心线）　国家线	40	50	60	70		80		40
铁路（中心线）　企业专用线		25		30		35		30
公路、道路（路边）　高速，Ⅰ、Ⅱ级，城市快速		20			25			15
公路、道路（路边）　其他		15			20			10
架空电力线（中心线）		1.5 倍杆高				1.5 倍杆高，但 35kV 以上架空电力线不应小于 40m		2.0 倍杆高
架空通信线（中心线）　Ⅰ、Ⅱ级		1.5 倍杆高	30		40			1.5 倍杆高
架空通信线（中心线）　其他			1.5 倍杆高					

2. 总平面布置

LNG 气化站总平面应分区布置，一般分为生产区（包括卸车区、储罐区、气化区）

和生产辅助区。卸车区设置地衡、增压器,储罐区设置储罐、增压器、围堰、溢流池,气化区设置气化器、调压器、计量、加臭装置,生产辅助区设置生产用房、消防水池等。站内建、构筑物安全防火间距应符合《城镇燃气设计规范》(GB 50028)和《建筑设计防火规范》(GB 50016)的要求。LNG 气化站平面布置示例见图 12-15。

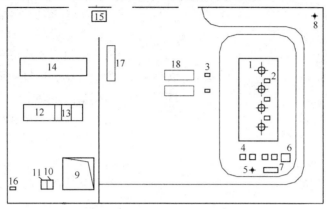

图 12-15　LNG 气化站平面布置图

1—储罐;2—储罐增压器;3—卸车增压器;4—空温式气化器;5—水浴式气化器;
6—BOG、EAG 加热器;7—调压计量橇;8—放散管;9—消防水池;10—消防泵房;
11—变电室;12—生产辅助用房;13—仓库;14—综合楼;15—门卫;16—化粪池;
17—地衡;18—LNG 运输槽车

二、LNG 瓶组气化站

LNG 瓶组气化站是采用钢瓶组作为 LNG 储存设备的供气设施。主要工艺设备包括:LNG 钢瓶、空温式气化器、BOG 加热器、过滤器、调压器、流量计及加臭装置等。其工艺流程如图 12-16 所示。LNG 自钢瓶组 1 流出,经空温式气化器 4 气化,和经 BOG 加热器 5 加热后的 BOG 气体一起,经过过滤、调压、计量、加臭后流入供气管道。

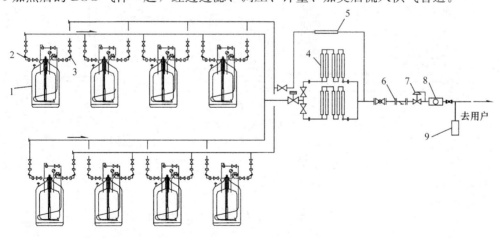

图 12-16　LNG 瓶组气化站工艺流程

1—LNG 钢瓶;2—液相连接软管;3—气相连接软管;4—空温式气化器;
5—BOG 加热器;6—过滤器;7—调压器;8—流量计;9—加臭装置

LNG 瓶组气化站的供气规模不宜过大,供气对象主要是居民小区、小型工商业用户。

气瓶组的供气能力按供气区域高峰小时用气量确定。储气容积根据运距的远近确定，气瓶组的总容积一般不大于 4m³ 为宜。目前采用的气瓶容积主要是 175L 和 410L 两种。图 12-17 为 410L 卧式 LNG 钢瓶结构示意图。

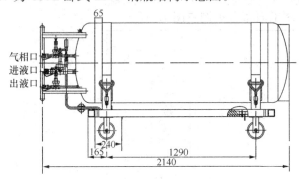

图 12-17　410L 卧式 LNG 钢瓶结构示意图

三、LNG 撬装气化站

LNG 撬装气化站是将 LNG 气化站的工艺设备、阀门、零部件以及现场一次仪表集成安装在撬体上。根据储罐大小、现场地形，撬装站可分成卸车撬、储罐撬、增压撬、气化撬，或者分成卸车撬和储罐增压气化撬。

LNG 撬装气化站工艺简单、运输安装方便、占地面积小，适用于城镇独立居民小区、中小型工业用户和大中型商业用户供气。

LNG 槽车运来 LNG，通过卸车柱卸入储罐储存，用气时，通过增压器使储罐中 LNG 进入气化器气化，再经过调压、计量、加臭进入供气管道。

图 12-18 所示为 LNG 撬装气化站工艺流程图。

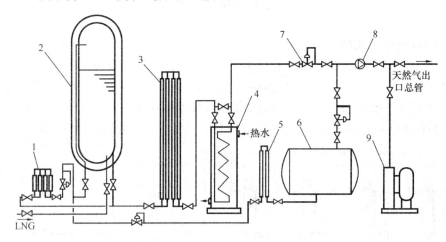

图 12-18　LNG 撬装气化站工艺流程示意图

1—增压气化器；2—LNG 储罐；3—空温式气化器；4—水浴式加热器；
5—BOG 加热器；6—BOG 储罐；7—调压器；8—流量计；9—加臭机

第五节　液化天然气汽车加气站

一、LNG 汽车加气站

LNG 作为车用燃料，与燃油相比，具有辛烷值高、抗爆性好、燃烧完全、排气污染少、发动机寿命长、运行成本低等优点；与压缩天然气相比，具有储存效率高、续驶里程长、储瓶压力低、重量轻等优点。LNG 汽车一次加气可连续行驶 1000～1300km，可适应长途运输，减少加气次数。

LNG 加气站工艺流程如图 12-19 所示。LNG 加气站设备主要包括 LNG 储罐、增压气化器、低温泵、加气机、加气枪及控制盘。运输槽车上的 LNG 需通过泵或自增压系统升压后卸出，送进加气站内的 LNG 储罐。通常运输槽车内的 LNG 压力低于 0.35MPa。卸车过程通过计算机监控，以确保 LNG 储罐不会过量充装。LNG 储罐容积一般采用 $50\sim120m^3$。

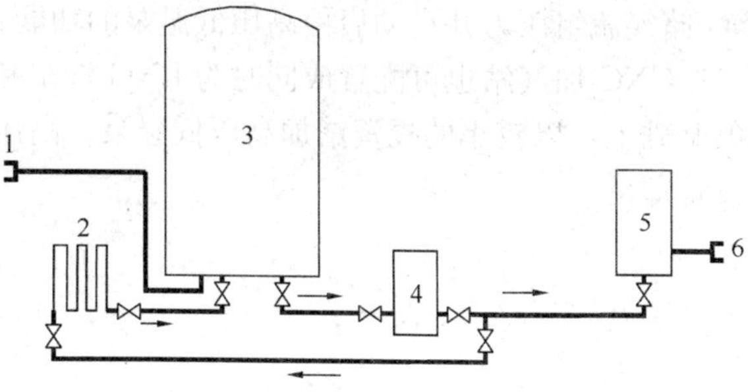

图 12-19 LNG 汽车加气工艺流程图
1—卸车接头；2—增压气化器；3—储罐；
4—LNG 低温泵；5—LNG 加气机；6—加气枪

槽车运来的 LNG 卸至加气站内的储罐后，可通过启动控制盘上的按钮，通过低温泵，使部分 LNG 进入增压气化器，气化后天然气回到罐内升压。升压后罐内压力一般为 $0.55\sim0.69MPa$，加气压力为 $0.52\sim0.83MPa$（此压力是天然气发动机正常运转所需要的），依靠低温泵给汽车加气。

加气机在加液过程中不断检测液体流量。当液体流量明显减小时，加注过程会自动停止。加气机上会显示出累积的 LNG 加注量。加注过程通常需要 $3\sim5min$ 左右。

PLC 控制盘利用变频驱动手段，调节加气站的运行状况，监测流量、压力以及储罐液位等参数。

二、L-CNG 汽车加气站

LNG 高压气化后也可为 CNG 汽车加气。在有 LNG 气源同时又有 CNG 汽车的地方，可以建设液化压缩天然气（L-CNG）加气站，为 CNG 汽车加气。采用高压低温泵可使液体加压，在质量流量和压缩比相同的条件下，高压低温泵的投资、能耗和占地面积均远小于气体压缩机。利用高压低温泵将 LNG 加压至 CNG 所需压力，再经过高压气化器使 LNG 气化后，通过顺序控制盘储存于 CNG 高压储气瓶组，当需要时通过 CNG 加气机向 CNG 汽车加气。

L-CNG 加气站设备主要包括储罐、高压低温泵、高压气化器、储气瓶组、加气机、加气枪及控制盘等。L-CNG 加气站的工艺流程如图 12-20 所示。

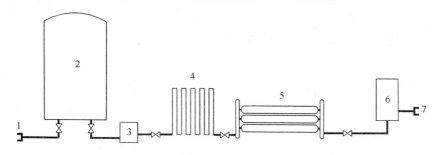

图 12-20 L-CNG 加气站工艺流程图
1—卸车接头；2—LNG 储罐；3—高压低温泵；4—高压气化器；
5—CNG 储气瓶组；6—CNG 加气机；7—加气枪

　　L-CNG 加气站中的监控系统，除具有 LNG 加气站监控系统的功能外，还具有监测 CNG 储气瓶组压力并自动启停高压低温泵的功能。

　　L-CNG 加气站也可配置成同时为 LNG 汽车和 CNG 汽车服务的加气站。只需在 LNG 站的基础上，以较小的投资增加高压低温泵、高压气化器、CNG 储气设施和 CNG 加气机等设备即可。

第十三章　液化石油气供应

第一节　液化石油气的输送

液化石油气储配站的功能是从生产厂接收液化石油气，储存在站内的固定储罐中，并通过各种方式转售给不同用户。

将液态液化石油气由生产厂输送到储配站，其输送方式可分为：管道输送、铁路运输、公路运输和水路运输。在选择输送方式时，应通过不同方案的技术经济比较来确定。

一、管道输送

管道输送在投资、运行费用、管理的安全性、可靠性等方面往往优于其他方案，它的不足之处是无法分期建设，一次投资较大，金属消耗量也较大。管道输送适用于运输量较大的情况，也适用于虽然运输量不大但运距较短的情况。如果液化石油气储配站修建在生产厂附近，采用管道输送将有明显的经济效果。

（一）液化石油气的管道输送系统

输送液化石油气的管道按照设计压力的不同，通常分为三个等级：

Ⅰ级　　$p > 4.0$MPa

Ⅱ级　　1.6MPa$< p \leqslant 4.0$MPa

Ⅲ级　　$p \leqslant 1.6$MPa

管道的压力级别不同，对其材质、阀件的要求也不同，离周围的建筑物安全距离及验收要求也不同。

用管道输送液化石油气时，必须考虑液化石油气易于气化这一特点。在输送过程中，要求管道中任何一点的压力都必须高于管道中液化石油气所处温度下的饱和蒸气压，否则液化石油气在管道中会气化形成"气塞"，将大大地降低管道的通过能力。

液化石油气管道输送系统，是由起点站储罐、起点泵站、计量站、中间泵站、管道及终点站储罐所组成，如图13-1所示。

用泵由起点站储罐抽出液化石油气（为保证连续工作，泵站内应不少于两台泵），经计量后，送到管道中，再经中间泵站将液化石油气压送入终点站储罐。如输送距离较短，可不设中间泵站。

（二）管道的工艺计算

管道的工艺计算主要包括管径的确定、压力降的计算及烃泵的选型。

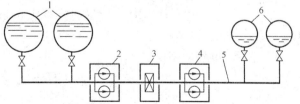

图 13-1　液化石油气管道运输系统

1—起点站储罐；2—起点泵站；3—计量站；4—中间泵站；

5—管道；6—终点站储罐

1. 管径的确定

$$d = \sqrt{\frac{4G_d}{\pi t_d \rho w} \times \frac{1000}{3600}} = 1.05\sqrt{\frac{G_d}{\pi t_d \rho w}} \tag{13-1}$$

式中　d——管道内径（m）；

　　　G_d——管道的日输送量（t/d）；

　　　ρ——液态液化石油气的密度（kg/m³）；

　　　w——液态液化石油气在管道内的流速，一般为 $1\sim2$m/s；

　　　t_d——管道的日工作小时数（h/d）。

2. 输送管道的阻力损失

采用水力计算基本公式（13-2）计算管道沿程阻力损失。

$$\Delta p_l = \lambda \frac{L}{d} \frac{w^2}{2g} \tag{13-2}$$

式中　Δp_l——管道摩擦阻力（m 液柱）；

　　　λ——摩擦阻力系数；

　　　L——管道长度（m）；

　　　g——重力加速度（m/s²）。

由于液化石油气的黏度很小，一般情况下在输送管道内雷诺数很大，液态液化石油气的流动状态处于阻力平方区，适于采用阿里特苏里公式（6-22）计算摩擦阻力系数。

$$\lambda = 0.11\left(\frac{\Delta}{d} + \frac{68}{Re}\right)^{0.25}$$

式中　Δ——管道绝对粗糙度（m）。

对轻度腐蚀钢管一般取 $\Delta = 0.0002$m。

对液化石油气输送管道进行水力计算时，局部阻力一般取为沿程摩擦阻力的 $5\%\sim10\%$。

$$\Delta p = (1.05 \sim 1.1)\Delta p_l \tag{13-3}$$

3. 烃泵的扬程

烃泵的扬程按式（13-4）计算。

$$H = \Delta p + H_0 + (H_2 - H_1) \tag{13-4}$$

式中　H——烃泵的扬程（m 液柱）；

　　　Δp——管道的总阻力损失（m 液柱）；

　　　H_0——管道末端的余压，管道末端的压力比饱和蒸气压高出的部分称余压，一般为 $(0.3\sim0.5)$MPa，计算时换算成 m 液柱；

H_2、H_1——管道终点、起点的高程（m）。

4. 烃泵的电机功率

$$P = K_p \frac{QH\rho g}{1000\eta} = K_p \frac{QH\rho}{102\eta} \tag{13-5}$$

式中　P——电机功率（kW）；

　　　Q——烃泵的排量（m³/s）；

　　　K_p——系数，取 1.2；

η——效率（包括烃泵效率和传动效率）。

液化石油气管道输送一般采用多级离心泵。在烃泵的选型时应考虑离心泵在管路中工作的设计工况及其可能的变化范围，使烃泵工况处于较高效率的范围内。泵组每1～3台应设1台备用。选用烃泵的台数应适中，台数过少则备用系数大，台数过多则相应增加管道、阀件及配电设备的数量，且会增大泵房的建筑面积。

（三）避免发生气蚀的措施

在烃泵的选型设计计算中，还应校核烃泵不发生气蚀的条件。离心泵是靠液体储槽与泵入口处之间的压力差将液体吸入，但泵入口处的压力不能降得过低，因为当泵入口处的压力降至与液体温度相应的饱和蒸气压相等时，叶轮进口处的液体会出现气泡，大量的气泡随液体进入泵的高压区时，会发生气蚀现象。在输送低沸点（相对于水）的烃类液体时，必须使烃泵入口处液化石油气的压力高于其操作温度下的饱和蒸气压，这个高出值被称为气蚀余量。

在烃泵的性能表中规定的烃泵允许气蚀余量数值 Δh_0，通常是由烃泵生产厂通过试验确定的。因为 Δh_0 是用输送20℃的清水进行的标定，在实际输送液化石油气时，Δh_0 需要按液化石油气的密度和蒸气压进行校正（图13-2），其校正系数通常小于1。

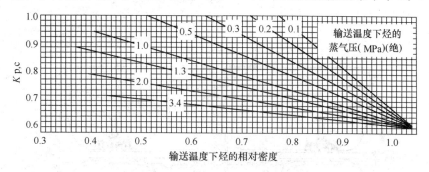

图13-2　烃泵的气蚀余量校正系数

校正后烃泵的允许气蚀余量为：

$$\Delta h = K_{p,c}\Delta h_0 \tag{13-6}$$

式中　Δh——校正后烃泵的允许气蚀余量（m液柱）；

$K_{p,c}$——校正系数，查图13-2；

Δh_0——烃泵样本列出的允许气蚀余量（m液柱）。

在工程上为防止烃泵内产生气蚀，通常的技术措施是保证烃泵前有一定的附加静压液柱高度，例如使液化石油气储罐与烃泵中心保持一定高度差。

$$\Delta h_p \geqslant \Delta h + \Delta h_i \tag{13-7}$$

式中　Δh_p——烃泵入口附加水静压液柱高度（m液柱）；

Δh_i——烃泵入口前管道的阻力损失（m液柱）。

此外，当管线坡度很大，在管线沿途出现最高点时，由于静压减少，有可能产生气蚀，必须进行校核计算，如果出现气蚀，需加大烃泵的扬程。

（四）输送液化石油气管道的选线要求

对拟建的液化石油气输送管线，如何在起点、终点之间选择一条最合理的线路是一个重要的工作环节。

选择线路的原则是长度最短、安全、方便施工、便于运行管理。选择线路可参考始、终点间的交通和供电条件，尽量少穿越农田，避开重要工程设施、厂矿或建筑物稠密区域，避开复杂地形或地物障碍。所选择线路应满足液化石油气管道对各种建、构筑物的安全间距要求。已有交通条件对线路施工和运行管理非常重要，线路靠近公路及其他道路有利于施工的进行及以后对线路的维护保养，线路附近已有的供电条件是设立泵站和减少投资、经济运行的有利条件。

液化石油气管道一般采用地下敷设，它与建、构筑物和其他相邻管道的水平净距与垂直净距的要求，应符合《城镇燃气设计规范》（GB 50028）的相关规定。

二、铁路运输

铁路运输主要是采用专门的铁路槽车运输，铁路运输与公路运输比较，运输能力较大，运费较低，它与管道输送相比较为灵活。但铁路运输的运行及调度管理都比管道输送和公路运输复杂，并受铁路接轨和铁路专用线建设等条件的限制。

这种运输方式适用于运距较远，运输量较大的情况。

（一）铁路槽车的构造

铁路槽车的构造如图 13-3 所示。

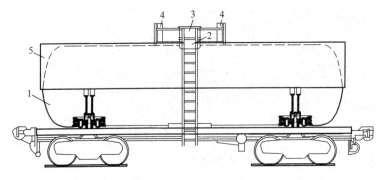

图 13-3 铁路槽车的构造
1—圆筒形储罐；2—人孔；3—附属设备；4—安全阀；5—遮阳罩

通常是将圆筒形卧式储罐安放在火车底盘上，在罐体上部有人孔。铁路槽车采用"上装上卸"的装卸方式，全部附属设备均设置在人孔盖上。附属设备包括供装卸用的液相管和气相管、液面指示计（特别是控制最高液位的装置）、紧急切断装置、压力表、温度计等。

人孔上设置保护罩，人孔左右各设一个弹簧式安全阀。

为减少太阳光对槽车的直接照射，在罐体上部装设遮阳罩，有的槽车还设有隔热层，既防日晒，也防火灾的影响。

槽车上还设有操作平台和罐内外直梯。有的槽车罐底设有蒸汽夹套，防止罐内水分冻结。

为了便于槽车的装卸，使装卸车软管易于联结，槽车通常设置两个液相管和两个气相管。槽车一般均不设排污管。

在新型铁路槽车的设计中，采用高强度的材料减轻了铁路槽车的自重，提高了槽车的运输能力。

(二)铁路槽车储罐的设计压力

槽车储罐的设计压力,主要根据储罐内液化石油气在最高工作温度下的饱和蒸气压来决定。此外,还应考虑在铁路槽车运行时,由于振动或突然刹车液态液化石油气对罐体产生的冲击力,以及槽车进行装卸作业时,由压缩机或泵施加给罐体的压力等。

槽车储罐的设计压力按式(13-8)计算。

$$p_t = 1.1 p_{max,t} \tag{13-8}$$

式中　p_t——槽车储罐的设计压力(MPa);

　　　$p_{max,t}$——槽车储罐的最高工作压力(MPa)。

三、公路运输

公路运输包括汽车槽车运输、活动储罐的汽车运输和钢瓶的汽车运输。在此,仅介绍其主要方式——汽车槽车运输。与铁路槽车运输相比,汽车槽车运输能力较小,运费较高,但灵活性较大。它适用于运输量较小,运距较近的情况。同时汽车槽车也可作为以管道或铁路运输方式为主的液化石油气储配站的辅助运输工具。

(一)汽车槽车的种类

汽车槽车根据其用途可分为运输槽车和分配槽车两种。

运输槽车可作为运距不大的储配站的主要运输工具,或作为大型储配站的补充运输工具。

运输槽车一般不设卸车泵。小型运输槽车的罐容通常小于10t。大型运输槽车比铁路槽车有较大的灵活性,可直接供应大型用户以减少倒运工序。

分配槽车适用于直接供应有单独储罐的用户。分配槽车的罐容通常为2~5t,车上装有卸车泵。

(二)汽车槽车的构造

汽车槽车的构造如图13-4所示。将卧式圆筒形储罐固定在汽车底盘上,罐体上有人孔、安全阀、液面指示计、梯子和平台,罐体内部装有防波隔板。汽车上安装供卸车用的烃泵,烃泵的轴经传动机构与汽车发动机的主轴相连接,烃泵由汽车发动机带动。

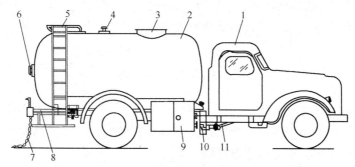

图 13-4　汽车槽车的构造

1—驾驶室;2—罐体;3—人孔;4—安全阀;5—梯子及平台;6—液面指示计;7—接地链;8—汽车底盘;9—阀门箱;10—烃泵;11—烃泵的传动机构

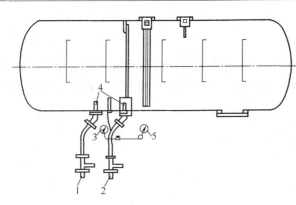

压力表、温度计以及液相管和气相管的阀门设在阀门箱里，在液相管和气相管的出口，应安装过流阀和紧急切断阀。

为防止碰撞，在汽车槽车后部的车架上，装有与储罐不相连的缓冲装置。槽车防静电用的接地链，其上端与储罐和管道连接，下端自由下垂与地面接触。

汽车槽车装卸阀门的设置有两种方式，一种为侧面装卸式（图13-5），另一种为后部装卸式（图13-6）。图13-7

图13-5 侧面装卸式

1—液相管；2—气相管；3—温度计；

4—紧急切断阀；5—压力表

为侧面装卸式汽车槽车的管路系统图。

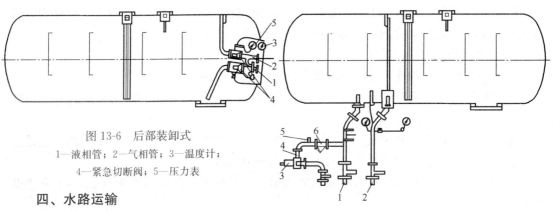

图13-6 后部装卸式

1—液相管；2—气相管；3—温度计；

4—紧急切断阀；5—压力表

图13-7 汽车槽车的管路系统

1—液相管；2—气相管；3—烃泵；4—弹性管；

5—安全阀；6—过滤器

四、水路运输

水路运输采用设有储罐的船舶（槽船），从水路运输液化石油气。它是一种运量大、成本低的液化石油气运输方式，槽船上的液化石油气可以常温储存，也可以降温储存。

水上运输分为海运与河运，海运被广泛用于国际液化石油气贸易中，用于海运的液化石油气槽船容量可达数万吨级，用于河运的液化石油气槽船一般容量较小，为数百吨到数千吨级。发展内河液化石油气水运或近海液化石油气海运，可降低液化石油气运输成本。

第二节 液化石油气储罐的规格及阀件

一、常用储罐主要技术规格

目前国内较为普遍采用固定储罐储存大量液化石油气，它具有结构简单、建造方便、类型多、便于选择、可分期分批建造等优点。

在储存容量较小时，多采用圆筒形常温压力储罐。储存容量较大时，多采用球形常温压力储罐，也可采用低温压力式或低温常压式储罐。液化石油气储罐绝大多数都建在地面上，也有的建在地下或半地下。液化石油气储罐的主要技术规格列于表13-1和表13-2。

常用圆筒形储罐主要技术规格 表 13-1

公称容积 V_g （m^3）	几何容积 V （m^3）	最大充装重量 G （t）	公称直径 DN （mm）	总　长 L_0 （mm）	设备重量 （kg）
2	2.01	0.85	1000	2740	931.1
5	5.07	2.14	1200	4704	1848.5
10	10.01	4.22	1600	5258	3156.8
20	20.11	8.49	2000	6762	5547
30	30.03	12.67	2200	8306	7135
50	50.04	21.12	2600	9900	12659
100	100.01	42.20	3000	14764	22729
100	100.02	42.21	3200	13008	23965
120	120.07	50.67	3200	15498	27957

注：本系列设计压力按压力容器安全技术监察规程（法规）确定。

球形储罐主要技术规格 表 13-2

序　号	1	2	3	4	5	6	7	8	9	10
公称容积（m^3）	50	120	200	400	650	1000	2000	3000	4000	5000
内径 ϕ（mm）	4600	6100	7100	9200	10700	12300	15700	18000	20000	21200
几何容积（m^3）	52	119	188	408	640	975	2025	3054	4189	4989

注：本系列设计压力按压力容器安全技术监察规程（法规）确定。

二、储罐的接管和阀件配置

圆筒形储罐的连接管及其阀件的配置如图 13-8 所示，球形储罐的连接管及其阀件的配置如图 13-9 所示。储罐上均设有液化石油气气相进出管和液相进出管、液相回流管和排污管等。液相回流管与烃泵出口管上的安全回流阀相接；排污管设在储罐的最低点，以排除储罐内的水分和污物。储罐还必须有降温用的喷淋水装置和消防用的喷水设备。

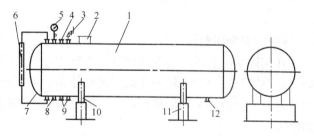

图 13-8　圆筒形储罐接管及阀件的配置

1—筒体；2—人孔；3—安全阀；4—液相回流接管；

5—压力表；6—液面指示计；7—温度计接管；

8—气相进出口接管；9—液相进、出口接管；10—鞍式支座；

11—非燃烧体刚性基础；12—排污管

三、储罐的附件

为了保证储罐的正常、安全运行，储罐上设有必要的附件。除了需要安装压力表、温度计外，还需要设置液面指示计、安全阀、安全回流阀、过流阀、紧急切断阀及防冻排污阀等。配置的阀门及附件的公称压力（等级）应高于液化石油气系统的设计压力。

（一）液面指示计

液面指示计是用直接或间接的方法测定储罐内液相液化石油气液面位置的设备。常用的液面指示计有以下几种：直观式（包括玻璃板式、固定管式、转动或滑动管式）、浮子

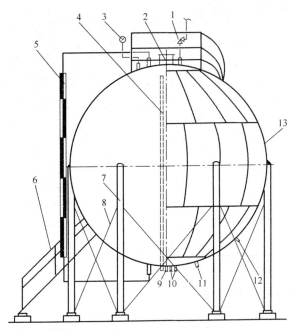

图 13-9　球形储罐连接管及阀件的配置

1—安全阀；2—人孔；3—压力表；4—气相进出口接管；
5—液面指示计；6—盘梯；7—赤道正切式支柱；8—拉杆；
9—排污管；10—液相进、出口接管；11—温度计接管；
12—二次液面指示计接管；13—壳体

式及压力式等。对于储配站的固定储罐，宜选用能直接观察全液位的玻璃板式液位计。对于容积 100m³ 和 100m³ 以上的储罐，还应设置远传显示的液位计，且宜设置液位上、下限报警装置。

（二）安全阀

为防止由于储罐附近发生火灾或因其他操作失误而导致储罐内的压力突然升高，在储罐顶部必须设置安全阀，并应符合下列要求：

1. 必须选用弹簧封闭全启式，其开启压力不应大于储罐设计压力

2. 容积为 100m³ 或 100m³ 以上的储罐应设置两个安全阀；

3. 安全阀应装设放散管，其管径不应小于安全阀出口的管径，放散管管口应高出储罐操作平台 2m 以上，且应高出地面 5m 以上；

4. 安全阀与储罐之间必须装设阀门，且阀口应全开，并应铅封或锁定。

（三）安全回流阀

在用烃泵灌装液化石油气钢瓶的系统中，由于灌瓶数量经常波动、特别是当突然短时间停止灌瓶时，会由于压力升高引起泵体和管道系统的振动或其他事故。因此，在烃泵的出口管段上应设置安全回流阀，当压力过高时，阀门自动开启，使一部分液化石油气回流到储罐。

（四）紧急切断阀和过流阀

紧急切断阀及过流阀通常串联在一起，设置在储罐的液相及气相出口。当管道或附件发生断裂有大量液化石油气泄出，其出口的速度达到正常速度的 1.5～2.0 倍时，能自动关断的阀门称为过流阀（又称快速阀），它是一种防护装置，当事故排除后该阀门可以自动打开。紧急切断阀是当发生事故时，为防止大量液化石油气泄出而设置的一种能快速关闭的阀门。紧急切断阀和过流阀一起可以更加可靠的防止大量液化石油气泄出。

（五）在北方地区储罐的排污管处还应采取防止排污阀冻结的措施。

四、储罐的充满度

在任一温度下，储罐的最大充装量是指液化石油气当达到最高工作温度时，因液相体积膨胀，恰好能充满整个储罐的充装量。如果储罐的充装量超过其最大充装量，当温度达到最高工作温度时，液化石油气液相体积膨胀量由于超过储罐中气相空间的体积，会对储罐产生巨大的作用力，可能破坏储罐。

液化石油气的充装温度不同，其最大充装量也不同。储罐的最大充装量，可用容积充

满度 K_f 表示。

任一充装温度下的容积充满度 K_f，为任一充装温度下储罐的最大充装容积 V_f 与储罐几何容积 V_t 的比值。即：

$$K_f = \frac{V_f}{V_t} \tag{13-9}$$

$$V_f = K_f V_t = G_f v \tag{13-10}$$

式中　G_f——液化石油气的最大充装量（t）；

v——在充装温度下液化石油气的比容（m^3/t）。

当液化石油气的工作温度升高到最高工作温度 T_{max} 时，液化石油气充满储罐，其容积为 V_t，即：

$$V_t = G_f v_{Tmax} \tag{13-11}$$

式中　v_{Tmax}——在最高工作温度 T_{max} 下，液化石油气的比容（m^3/t）。

则任一充装温度下，储罐的容积充满度为：

$$K_f = \frac{V_f}{V_t} = \frac{G_f v}{G_f v_{Tmax}} = \frac{v}{v_{Tmax}} \tag{13-12}$$

在任一充装温度下，储罐的最大充装容积为：

$$V_f = K_f V_t = \frac{v}{v_{Tmax}} V_t \tag{13-13}$$

储罐的最大充装量为：

$$G_f = \frac{V_f}{v} = \frac{V_t}{v_{Tmax}} = \rho_{Tmax} V_t \tag{13-14}$$

式中　ρ_{Tmax}——在最高工作温度下，液化石油气的密度（t/m^3）。

在储罐的实际运行中，由于存在各种误差，如罐体制造的几何尺寸的负偏差（按容积计算可达 3％左右），计量或液面测量仪表的误差（可达 2％左右），操作误差以及读数误差等，考虑了一个 0.9 的误差系数，所以用式（13-15）计算储罐的允许最大充装量。

$$G_f = 0.9 \rho_{Tmax} V_t \tag{13-15}$$

容积充满度与以下几个因素有关：

（1）液化石油气的组分　由于液化石油气的组分不同，其比容也不同，在相同的充装温度和最高工作温度条件下，液化石油气的组分将影响容积充满度 K_f 值的大小。

（2）液化石油气的最高工作温度　液化石油气的最高工作温度 T_{max} 越高，其比容 v_{Tmax} 也随之增大。若储罐的充装温度不变，则 K_f 值将随 T_{max} 的升高而降低。

季节的不同也将影响最高工作温度，为合理利用储罐的储存容积，冬季与夏季应取不同的 K_f 值。

（3）液化石油气的充装温度　当液化石油气的最高工作温度 T_{max} 不变时，K_f 值将随充装温度的升高而增大，随充装温度的降低而减小。

第三节　液化石油气的降温储存

液化石油气储罐内的压力是液化石油气的组分及温度的函数。根据目前我国的液化石油气供应状况，储配站的液化石油气组分是经常变动的，为了保险起见，可以按极限状态50℃的纯丙烷考虑。但我国地域广阔，南、北方温度相差很大，北方地区一年之中很难达到设计温度。即使达到，时间也非常短。对于储存量比较大的液化石油气储存站，利用常温压力储罐进行设计会造成设备投资高并耗费大量的钢材。因此，采用降温储存是非常必要的。对于任何一个地区，都可以通过经济技术分析确定一个合适的设计温度，以达到年计算费用最低的目的。根据不同的设计温度，可以采用压力储存，也可以采用常压储存。

当环境温度低于设计温度时，储罐可以正常运行；但当环境温度高于设计温度时，储罐内的压力就会超过设计压力。因此，必须采取制冷的措施，以降低储罐内的液化石油气温度，所以必须配备制冷装置。

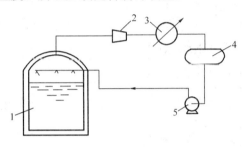

图 13-10　直接冷却式流程

1—低温储罐；2—压缩机；3—冷凝器；

4—储液槽；5—烃泵

图 13-10 所示是直接冷却式流程。当罐内温度及压力升高到一定值时，开启压缩机 2，从储罐内抽出气态液化石油气，使罐内压力降低。被抽出的液化石油气经压缩机加压，再经冷凝器 3 冷凝成液体，进入储液槽 4 内，并由烃泵 5 打入储罐 1 的上部，经节流喷淋到气相空间，其中一部分液化石油气吸热重新气化，依此循环，储罐内的液化石油气不断被冷却，使罐内的温度和压力低于设计值。

图 13-11 所示是间接气相冷却式流程。当罐内温度、压力升高时，由储罐顶部排出的气态液化石油气经冷凝器 2 冷凝成液态，进入储液槽 3 由烃泵 4 打入储罐 1 的上部，节流喷淋到气相空间，其中一部分液化石油气气化并吸热，降低了罐内温度。气液分离器 7 中的液态液化石油气在冷凝器 2 中气化作为冷媒，并和气液分离器 7 中的气体一起被压缩机 5 吸入、加压并经冷凝器 6 冷凝成液体，回到气液分离器 7 中。

图 13-12 所示是间接液相冷却式流程。当罐内温度升高时，开启烃泵 2，将液态液化石油气打入换热器 3，经冷却后送回罐内。冷却后的液化石油气和罐内的液化石油气混合，降低了罐内的温度。

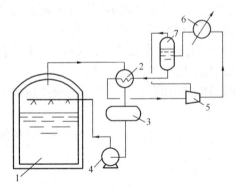

图 13-11　间接气相冷却式流程

1—储罐；2—冷凝器；3—储液槽；4—烃泵；

5—压缩机；6—冷凝器；7—气液分离器

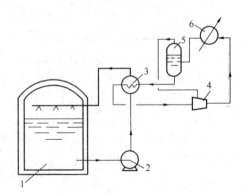

图 13-12　间接液相冷却式流程

1—储罐；2—烃泵；3—换热器；4—压缩机；

5—气液分离器；6—冷凝器

直接冷却式（亦称开式循环法）系统简单、运行费用低，得到了广泛的应用。间接冷却式（亦称闭式循环法）通常用在液化石油气的运输船上。

第四节　液化石油气的装卸方式

液化石油气通常采用压缩机、升压器或烃泵进行装卸，个别场合也可以用静压差或不溶于液化石油气的压缩气体进行装卸。

一、利用压缩机装卸的方式

利用压缩机装卸的工艺流程如图13-13所示。

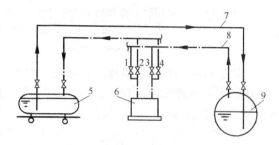

图 13-13　利用压缩机装卸的工艺流程

1、2、3、4—气相阀门；5—槽车；6—压缩机；

7—液相管；8—气相管；9—储罐

卸车时，打开气相阀门2与3，开启压缩机，将储罐中的气态液化石油气压送到槽车中。槽车中的液态液化石油气在压力作用下（通常为0.2MPa～0.3MPa的压差）经液相管送入储罐。当槽车内的液化石油气卸完后，还应将气态液化石油气由槽车中抽出，压入储罐中。此时，需关闭储罐和槽车的液相阀门，同时关闭气相阀门2和3，打开气相阀门1和4，启动压缩机，但槽车储罐中的最终压力不能过低，一般应保持在0.1MPa～0.2MPa左右，通过这个过程可以回收约3%～4%的液化石油气。

利用压缩机不但可以卸车，也可以装车，但是由于槽车储罐容积通常小于地面储罐容积，卸车时槽车储罐气相空间较小，升压较快，可以节省能量。而装车时如果地面储罐气相空间较大，升压较慢，利用压缩机装车就会比较慢。

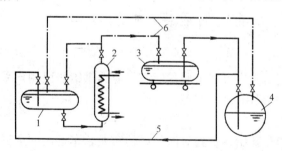

图 13-14　利用升压器装卸的工艺流程

1—中间储罐；2—升压器；3—槽车；

4—储罐；5—液相管；6—气相管

二、利用升压器装卸的方式

利用升压器装卸的工艺流程如图13-14所示。中间罐1和升压器2联合工作，通过热媒对升压器2中的液态液化石油气加热，部分液态液化石油气气化，进入槽车3中，其中部分液化石油气蒸汽凝结于槽车中的液相表面，使液相表面温度升高，气相空间的压力也随之增大，槽车中的液态液化石油气在压力作用下进入储罐4，其工作原理与利用压缩机卸车基本相同。这种方式比压缩机工作更平稳可靠，因此得到了广泛的应用。

三、利用烃泵装卸的方式

采用烃泵装卸液化石油气是一种比较简单的方法，工艺系统简单，只需液相管道。当为了加快装卸速度而增设气相连通管时，管径也较小，用烃泵装卸的工艺流程如图13-15所示。

在卸车时，打开液相阀门2和3，关闭液相阀门1和4，开启烃泵，槽车中的液化石

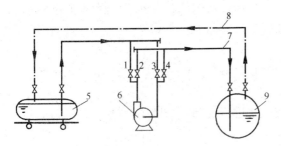

图 13-15　利用烃泵装卸的工艺流程

1、2、3、4—液相阀门；5—槽车；6—烃泵；

7—液相管；8—气相管；9—储罐

油气在烃泵的作用下，经液相管进入储罐中，气相管只起压力平衡作用。装车时，关闭液相阀门 2 和 3，打开液相阀门 1 和 4，在烃泵的作用下，液化石油气由储罐进入槽车。

在整个系统中，应保证烃泵的吸入口处有比饱和蒸气压大的静压力，否则，在吸入管中的液化石油气将气化造成"气塞"，使烃泵空转。采用这种装卸方式要保证同一台烃泵的吸入口在装车和卸车时均有足够的静压力是比较困难的，因此，基本上是装车和卸车各用一台烃泵。

用烃泵装卸槽车时，烃泵的负荷是根据装卸车所需时间和装卸量确定的，其装卸量可按式（13-16）计算。

$$G = mV_tK_f\rho f \tag{13-16}$$

式中　G——液态液化石油气装卸量（t）；

m——槽车数量（辆）；

V_t——槽车储罐的几何容积（m^3/辆）；

K_f——槽车储罐的容积充满度；

ρ——在充装温度下，液态液化石油气的密度（t/m^3）；

f——考虑留有一定余量的系数，一般取 $f=1.2$。

装卸槽车的烃泵可以用叶片泵（滑片泵）或离心泵，烃泵的选择主要取决于槽车储罐的容积大小，一般对装车量大的情况采用离心泵。

第五节　液化石油气的灌装

一、气瓶灌装

我国在很长一段时期液化石油气的分配与供应方式主要是气瓶供应。供给居民用户采用 15kg 气瓶，供给商业用户和小型工业用户采用 50kg 气瓶。

（一）机械化、自动化灌瓶工艺

这种方法是指运到灌瓶站的空瓶，从卸车开始，直到对灌装后的实瓶装车运出的全过程，均采用机械化和自动化。

机械化、自动化灌瓶的工艺流程如图 13-16 所示。

回站钢瓶用叉车放在托盘运输机上的托盘中，推瓶器将空瓶推上传送带运进灌瓶间。经过清洗、烘干后，由上瓶器将钢瓶推上倒空转盘。倒出钢瓶中的残液后，空瓶沿机动辊道去灌装转盘。灌装完的实瓶经检斤装置对钢瓶的灌装量进行复检，并在水检机组上进行瓶阀的气密性检验。经检查合格的实瓶，在烘干设备中烘干后沿传送带送去装车外运。

机械化灌装转盘机组（图 13-17 所示）包括下列部件：装有自动灌装秤的转盘、转盘主轴、上瓶器、卸瓶器、检斤秤和传送带。

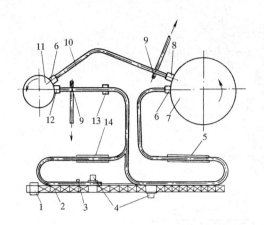

图 13-16 液化石油气机械化灌瓶工艺流程

图 13-17 液化石油气灌装转盘机组

1—托盘运输机；2—托盘；3—停止器；4—推瓶器；

5—清洗烘干设备；6—上瓶器；7—倒空转盘；8—卸瓶

器；9—分瓶器；10—机动辊道；11—灌装转盘；

12—检斤装置；13—水检机组；14—烘干设备

　　转盘是一个圆形金属结构承重台，上面安装主轴和若干台自动灌装秤。金属结构由套着橡皮的托轮支撑，托轮则沿着固定在基础上的环形轨道可用不同的速度绕主轴旋转，每旋转一周，钢瓶就可灌装到规定的重量。上瓶辊道和上瓶器能自动地把空瓶送到台秤瓶位，上瓶器的动作与转盘的旋转部分同步；卸瓶器能自动地把从转盘上卸下的重瓶，送到运送钢瓶的传送带上去。灌装转盘的转动结构如图 13-18 所示。

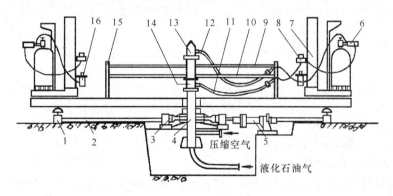

图 13-18 灌装转盘转动结构

1—托轮；2—旋转结构；3—蜗轮蜗杆；4—主轴；5—传动机构；6—气动灌装嘴；

7—自动灌装秤；8—压缩空气减压器；9—液化石油气环管；10—压缩空气环管；

11—压缩空气软管；12—液化石油气软管；13—液化石油气分配头；14—压缩空气

分配头；15—环管支架；16—液化石油气调压器

　　转盘的旋转机构由防爆电机、变速箱、减速机、蜗轮蜗杆传动装置所组成。

　　灌装转盘主轴（图 13-19 所示）的用途是从固定管道向转盘的旋转部分供应液化石油气和压缩空气。液化石油气和压缩空气从固定管道进入主轴，经两个分配头和软管，将其

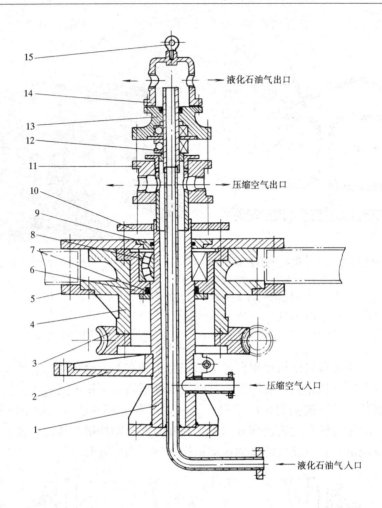

图 13-19　液化石油气灌装转盘主轴

1—主轴；2—支架；3—蜗轮；4—连接件；5—连接法兰；6—轴承座；7—J 形密
封；8—轴承；9—压盖；10—连接板；11—压缩空气分配头；12—止推轴承；
13—轴承座；14—液化石油气分配头；15—吊环螺钉

分送到两个环管，然后再送到每个自动秤位。

（二）手动或半自动化灌瓶工艺

在中小型储配站或灌瓶站中较多采用自动灌瓶秤和链条传送带组合的半自动灌瓶生产线。这种系统除可以减轻人工劳动强度，提高灌瓶效率外，设备投资较少是其一大优点。

采用手工灌瓶和半自动灌瓶时，其台秤数按式（13-17）计算。

$$N_b = \frac{n_{f,d}}{m_{f,d} n_{f,b}} \tag{13-17}$$

式中　N_b——台秤数（台）；

$n_{f,d}$——每日需要的灌瓶数（瓶/d）；

$m_{f,d}$——灌瓶的生产班制（班/d）；

$n_{f,b}$——单台秤每班的灌装能力（瓶/（台·班））。

一般手工灌瓶能力为 250～300 瓶/（台·班），半自动(机械、气动或射流)灌瓶秤灌装能力为 300～360 瓶/（台·班）。确定灌瓶秤台数时，应考虑适量的备用秤。

灌瓶秤的台数也可按单瓶的灌装时间计算，一般当灌装压力为 1.0～1.2MPa 时，手工灌瓶秤灌装 15kg 钢瓶需 60～80s，半自动灌瓶需 50～60s，灌装一个 50kg 的钢瓶需 3～4min。

单台秤每班的灌装能力 $n_{f,b}$ 可按式（13-18）计算。

$$n_{f,b} = \frac{t_b \times 60}{t_{u,b}} \tag{13-18}$$

式中 t_b——每台秤每班净工作时间(h/（台·班）)；

$t_{u,b}$——每瓶灌装所需的时间（min/瓶）。

（三）钢瓶灌装量的复检（也称检斤）

钢瓶的超量灌装严重威胁钢瓶的使用安全，容易引发重大的伤亡事故，因此对灌装后的实瓶进行重量复检是灌瓶过程中不可缺少的环节。一般采用指针式台秤作检斤秤。检斤秤可直接装在链条式运输机上，在运输钢瓶的过程中，对钢瓶的灌装量进行检查。如果灌装超重或分量不足，操作人员将不合格的钢瓶从运输机上取下，或者送去倒出余量，或者拿到单独的灌装秤上补灌。

（四）实瓶阀门气密性检验

检斤后的实瓶，在入库或直接装车外运以前，都要对钢瓶阀门进行气密性检验。在机械化灌装工艺流程中，检验装置是设在灌装转盘之后的一个水槽，里面装有一个四翼板转子。每块翼板上均有辊道和护栏（护栏是用来挡住钢瓶，在辊道绕轴旋转时钢瓶不至翻倒），辊道视钢瓶容积不同，每次可直接从运输机上接过 6～8 个钢瓶。当翼板转子转动 90°时，钢瓶进入水中，若水中有气泡出现，即可确定瓶阀漏气，操作人员将漏气瓶挑出送去倒空和维修。在手工和半自动化灌装中，一般是将钢瓶阀门上涂抹肥皂液，当有皂泡出现，即可确定钢瓶阀门漏气。

二、汽车槽车装卸台

向汽车槽车中灌装液化石油气，或从汽车槽车向固定储罐卸液化石油气，都是在专门的汽车槽车装卸台上进行的。通常储配站的汽车槽车装卸台及回车场地靠近站的出入口。汽车槽车装卸台的管路系统如图 13-20 所示。埋地的气、液相管道分别与压缩机间的气相管和罐区的液相总管相连，在液相及气相管上装设压力表及阀门，仪表及阀门设在铁皮制的保护罩内，装卸台上面应设罩棚。

灌装时将铠装橡胶软管上的快速接头分别与汽车槽车上的气、液相管相连，用烃泵或压缩机进行灌装和卸车。

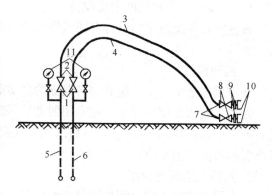

图 13-20 简易汽车槽车装卸台

1、8—截止阀；2—高压胶管法兰接头；3、4—高压胶管；5—气相管；6—液相管；7—高压胶管螺纹接头；9—六角内接头；10—快装接头承口；11—压力表

三、残液回收系统

从用户运回的钢瓶，在灌装液化石油气之前，应将钢瓶内的少量残液（C_5以上组分和少量C_4组分）回收。为此，在灌瓶站应设置残液回收系统。

（一）残液回收的方法

经常采用的回收残液的方法主要有：

1. 正压法

气瓶中残液的压力，一般都比残液罐中的压力小，用压缩机向钢瓶内压入气态液化石油气来提高瓶中的压力，使残液流入残液罐，如图 13-21 所示。

倒残液时，打开阀门 1，气态液化石油气通过压缩机增压后压入钢瓶。当钢瓶内压力比残液罐压力大 0.1MPa～0.2MPa 时，关闭阀门 1，翻转钢瓶，打开阀门 2，使残液流入残液罐。

2. 负压法

这种方法是利用压缩机抽出残液罐上部空间的气体，以降低残液罐中的压力，使钢瓶中的残液流入残液罐，如图 13-22 所示。此种方法目前很少用，多采用正压法。

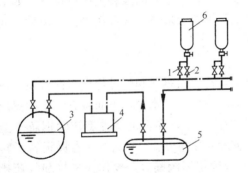

图 13-21　正压法回收残液的工艺流程

1、2—阀门；3—储罐；4—压缩机；
5—残液罐；6—钢瓶

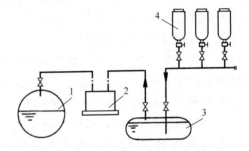

图 13-22　负压法回收残液的工艺流程

1—储罐；2—压缩机；
3—残液罐；4—钢瓶

（二）残液回收系统的主要设备

残液回收系统的主要设备有残液倒空架（或回转式残液倒空转盘机组）、烃泵及运送残液的汽车槽车等。

1. 残液倒空架

残液倒空架是用来将钢瓶翻转倒立的金属框架结构，有单瓶位和多瓶位倒空架。操作时，先将钢瓶放在倒空架上．用专用的夹具固定钢瓶，连接好倒空接头和软管，将气态液化石油气压入钢瓶（正压法），然后用人工（或电动）将倒空架翻转，使钢瓶倒立，残液排出后再将倒空架复位。

2. 残液倒空转盘机组

残液倒空转盘机组与灌装转盘机组相似，也是由旋转台、主轴、上瓶器、卸瓶器、辊道和传送带等部件组成。

倒空转盘机组的工作程序是：需要倒空的钢瓶由上瓶器送到转盘的倒空瓶位上，人工将倒空嘴与钢瓶阀门连接并打开瓶阀，气态液化石油气便进入瓶内。当瓶内压力升高到一定值后，发讯器切断钢瓶的液化石油气通路，这时钢瓶自动翻转倒立，残液排放管的阀门开启。随着转盘转动，瓶内残液逐渐排出，残液倒空后，钢瓶翻转复位，人工关闭瓶阀再将倒空嘴卸下，卸瓶器将钢瓶推下转盘送上传送带。

3. 残液倒空架数量的确定及残液罐的容量

残液倒空架的数量主要取决于液化石油气中的残液量、日灌瓶量、工作班制和残液倒空速度（对于 15kg 的钢瓶，残液量超过 1kg 时应倒一次残液）。一般可按式（13-19）计算。

$$N_r = \frac{n_{r,d}t_{u,r}}{60t_r m_{r,d}} \tag{13-19}$$

式中　N_r——所需残液倒空架的数量（台）；

　　$n_{r,d}$——日倒空残液的钢瓶数，取日灌瓶量的一半，即 $n_{r,d}=n_{f,d}/2$（瓶/d）；

　　$t_{u,r}$——每个钢瓶倒空所需的时间（min/瓶），一般 15kg 钢瓶倒空速度约 2min/瓶；

　　t_r——每台倒空架每班工作小时数，取 6～7(h/(台·班))；

　　$m_{r,d}$——残液倒空架的工作班制（班/d）。

残液罐通常采用圆筒形卧式罐，其容量应能储存 7～10 天的残液回收量。残液罐的设计压力与残液的成分和储配站所在地区的温度有关，一般选用 1MPa。

第六节　液化石油气储配站的工艺流程及平面布置

液化石油气储配站的主要任务是：

（1）自液化石油气生产厂或储存站接收液化石油气；

（2）将液化石油气卸入储配站的固定储罐进行储存；

（3）将储配站固定储罐中的液化石油气灌注到钢瓶、汽车槽车的储罐或其他移动式储罐中；

（4）接收空瓶，发送实瓶；

（5）将空瓶内的残液或有缺陷的实瓶内的液化石油气倒入残液罐中；

（6）残液处理：

① 供站内锅炉房作燃料；

② 外运供给专门用户作燃料。

（7）检查和修理气瓶；

（8）站内设备的日常维修。

一、储配站的工艺流程

储配站的规模大小、液化石油气的运输方式、装卸车方法以及灌瓶方法的不同，储配站的工艺流程也不同。通常采用烃泵、压缩机或烃泵-压缩机联合工作的工艺流程。

大型储配站一般采用机械化、自动化的灌装和运输设备，通常采用烃泵-压缩机联合工作的工艺流程，即用压缩机卸车，而用烃泵灌瓶，其工艺流程如图 13-23 所示。

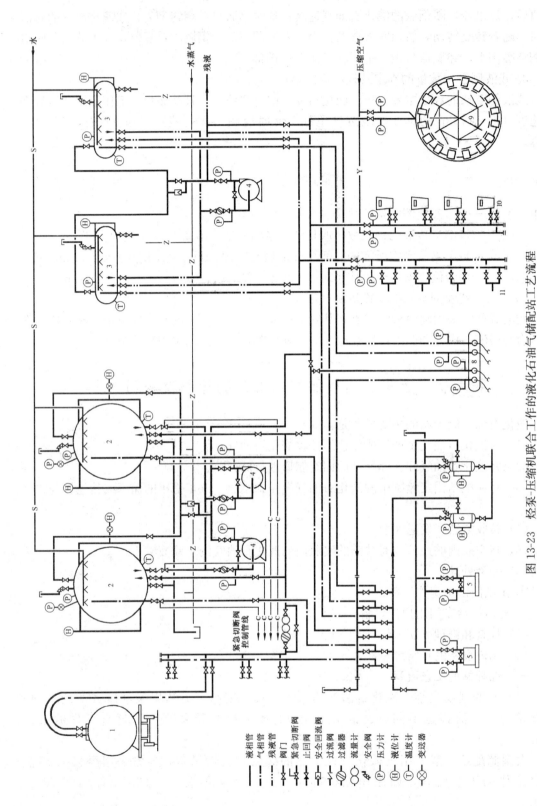

图 13-23 烃泵-压缩机联合工作的液化石油气储配站工艺流程

1—铁路槽车；2—固定储罐；3—残液罐；4—烃泵；5—压缩机；6—气液分离器；7—油气分离器；8—汽车槽车装卸台；9—机械化灌装转盘；10—灌瓶秤；11—残液倒空架

液相管
气相管
残液管
阀门
紧急切断阀
正回阀
安全回流阀
过滤器
过流器
流量计
安全阀
（P）—压力计
（H）—液位计
（T）—温度计
—变送器

为了完成卸火车槽车、灌瓶和灌装汽车槽车等任务，火车槽车卸车栈桥的液相干管与储罐的液相进口管相连；烃泵的吸入口与储罐的液相出口管相连，而烃泵的出口与灌瓶车间的液相管、汽车槽车装卸台的液相管相连。储配站的所有液相管道互相连通，形成统一的液相管道系统。

储配站内的火车槽车卸车栈桥、汽车槽车装卸台、储罐、残液罐以及残液倒空架的气相管，通过气相阀门组与压缩机的吸、排气干管相连，形成统一的气相系统。利用压缩机可以从任何储罐中抽出气相，送入其他储罐、火车槽车或汽车槽车中。

利用上述液相与气相管路系统及阀门，可以完成以下操作：火车槽车和汽车槽车的装卸，储罐的充装和倒罐，钢瓶的灌装以及钢瓶中残液的倒出。

钢瓶和汽车槽车的液化石油气是用烃泵灌装的，也可通过压缩机给储罐升压（从其他储罐抽气）来灌装。

利用烃泵灌装时，不允许烃泵内液相多次循环，因为这样会导致液相过热，使烃泵内形成"气塞"，破坏烃泵的运转。因此在系统内设有安全旁通回流阀，可自动地将多余的液相排入回流管，流回储罐。

由于气相管道在变化的温度和压力下运行，管内可能产生冷凝液（即液相），为避免将液相以及液化石油气中的杂质、水分带进压缩机气缸，在压缩机入口管上应安设气液分离器。在压缩机出口管上装设油气分离器，是为了避免气态液化石油气将气缸中的润滑油带出污染其他设备。

二、储配站的平面布置

（一）站址选择

选择站址一方面要从城镇的总体规划和合理布局出发，另一方面也应从有利生产、方便运输、保护环境着眼。因此，在站址选择过程中，既要考虑到完成当前的生产任务，也要考虑到将来的发展。站址选择一般应注意以下问题：

1. 站址应选在城镇和居民区的全年最小频率风向的上风侧。若必须在城市建站时，应尽量远离人口稠密区域，以满足卫生和安全的要求。要求地势平坦、开阔、不易积存液化石油气。

2. 考虑储配站的供电、供水和电话通信网络等各种条件，站址选在城镇边缘为宜。

3. 当液化石油气用铁路运输时，选址应考虑经济合理的接轨条件；用管道输送时，站址应接近液化石油气生产厂；用水路运输时，站址应选在靠近卸船码头的地方。

4. 储配站应避开油库、桥梁、铁路枢纽站、飞机场等重要战略目标。

5. 站址不应受洪水和山洪的淹灌和冲刷，站址标高应高出历年最高洪水位 0.5m以上。

6. 应考虑站址的地质条件，避免布置在滑坡、溶洞、塌方、断层、淤泥等不良地质区域，站址的土耐压力一般不低于 150kPa。

（二）平面布置原则

根据液化石油气储配站生产工艺过程的需要，站内应设置下列建筑物和构筑物：

1. 当液化石油气由铁路运输时，应设有铁路专用线、火车槽车卸车栈桥及卸车附属设备。

2. 液化石油气储罐。

3. 液化石油气压缩机间。

4. 液化石油气灌瓶间，包括灌瓶、钢瓶的残液倒空及存放。

5. 汽车槽车装卸台。

6. 修理间（包括机修间、瓶修间、角阀修理间、电焊与气焊车间等）。

7. 车库（汽车槽车、运瓶汽车及其他车辆分库存放）。

8. 消防水池和消防水泵房。

9. 其他辅助用房（包括配电室、仪表间、空气压缩机室、化验室、变电所、水泵房和锅炉房）。

10. 行政管理及生活用房。

厂区的总平面布置，除考虑生产工艺流程顺畅、合理，平面布置整齐、紧凑，合理利用地形、地貌等因素外，还应严格遵守《建筑设计防火规范》（GB 50016）要求的防火间距，并考虑留有发展的余地。

为保证安全和便于生产管理，应将储配站分区布置。一般分为生产区（储罐区和灌装区）和辅助区。生产区宜布置在站区全年最小频率风向的上风侧或上侧风侧，灌装区布置在储罐区与辅助区之间，以利用装卸车回车场地，保证储罐区与辅助区之间有较大的安全防火距离。

储罐区内设置各种储罐、专用铁路支线、火车卸车栈桥及卸车附属设备等。液化石油气储罐的布置、储罐之间的距离、储罐与其他建（构）筑物之间的防火间距均应符合有关安全规程的要求。

灌装区内设置灌瓶车间、压缩机间、配电及仪表间、汽车槽车装卸台、汽车槽车车库及运瓶汽车回车场地等。

灌瓶车间是站内的主要生产车间，在灌瓶车间内除进行民用和工业用钢瓶的灌装、倒残液、检重、检漏等操作外，还须存放一定量的空、实瓶，属于储存火灾危险性甲类第五项物品的库房，因此在车间建筑及总平面布置时应严格遵守安全防火有关规定。

辅助区内布置生产、生活管理及生产辅助建（构）筑物。

生产管理及生活用房，可合设在一幢综合楼中，布置在靠近辅助区的对外出入口处。

生产辅助建（构）筑物分为：维修部分、动力部分及运输部分（汽车队）。

维修部分包括机修车间、电气焊车间、角阀及钢瓶修理间、新瓶库、材料库等。这些建筑可以成组布置，便于管理和工作联系，又可以形成共同的室外操作场地。

动力部分的变电室、水泵房及消防水池、空气压缩机室、锅炉房等，可集中布置在辅助区距出入口较远、人员活动较少的一侧，形成动力区，便于管理。

厂区的工艺管道布置应力求管线最短，采取分散和集中相结合的形式，用低支架地上敷设（通向汽车装卸台的管道在回车场地一段可用埋地敷设，与道路交叉时采用架空敷设），经常操作的管道阀门可集中布置，便于操作。厂区的其他管道如给水、采暖、热力等管道，均应明管敷设。

为便于消防工作和确保安全，罐区应有环形的消防通道。

年供应量为 1000t 和 10000t 的储配站总平面布置示例分别如图 13-24、图 13-25 所示。

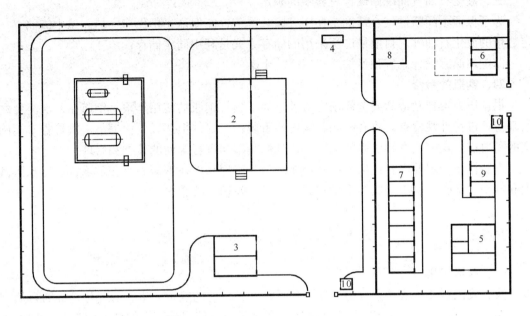

图 13-24　1000t/年液化石油气储配站总平面图

1—罐区；2—压缩机间、灌瓶间；3—汽车槽车库；4—汽车槽车装卸台；5—锅炉房；
6—营业室、修理车间及瓶库；7—变配电室等；8—车库；9—办公楼；10—门卫

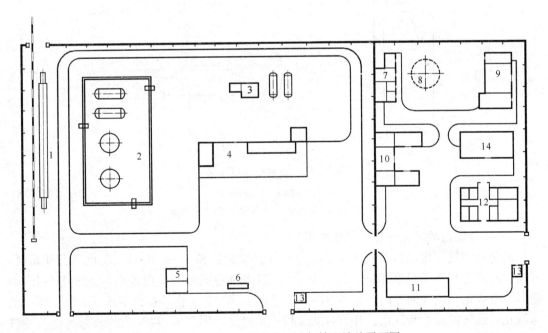

图 13-25　10000t/年液化石油气储配站总平面图

1—火车栈桥；2—罐区；3—压缩机间、仪表间；4—灌瓶间；5—汽车槽车库；6—汽车槽车装卸台；
7—变配电、水泵房；8—地下消防水池；9—锅炉房；10—空气压缩机室、机修间；
11—车库；12—综合楼；13—门卫；14—钢瓶大修间

三、液化石油气储配站储存总容积的确定

为了保证不间断供气，特别是在用气高峰季节也能保证正常供应，储配站中应储存一定数量的液化石油气。目前最广泛采用的储存方式是利用储罐储存。

储配站储罐设计总容积可按式（12-1）计算。

四、钢瓶的检修

根据压力容器制造和安全使用的要求，为了延长钢瓶的使用年限，钢瓶在每次灌装之前都应该进行外观检查，将有缺陷、漆皮严重脱落、附件损坏以及根据上一次检查日期确定的需要进行定期检查和试验的钢瓶，送到修瓶车间进行全面的检查和修理。

钢瓶检修的主要内容包括：检查钢瓶阀门、修理和更换钢瓶底座和护罩、进行水压试验和气密性试验、检查钢瓶的重量和容积，进行除锈、喷漆等。

第七节　液化石油气的气化

一、自然气化

液态液化石油气依靠本身的显热，和吸收外界环境的热量而进行的气化，称为自然气化，如图 13-26 所示。自然气化方式多用于居民用户、用气量不大的商业用户及小型工业用户的液化石油气供应系统中。

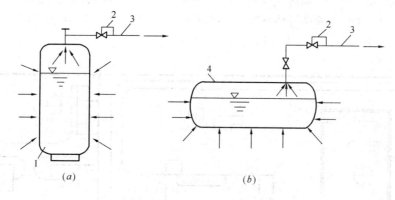

图 13-26　自然气化示意图

（a）钢瓶；（b）储罐

1—钢瓶；2—调压器；3—气相管道；4—储罐

（一）容器内的气化过程及气化能力

液化石油气气化过程中容器内的压力和液温变化如图 13-27 所示。气化过程开始时，容器内的液温与环境温度相同（以 t 表示），容器内的压力为该温度下的饱和蒸气压 p。随着气态液化石油气的导出，容器内的压力逐渐下降。为了保持在该液温下的蒸气压，液态液化石油气就要不断气化。开始时液温和外界温度相同为 t，要气化的液态液化石油气不能依靠传热从外界环境获得热量，只能消耗自身显热进行气化，于是液温随之下降，这样就产生了容器内的液温与外界环境之间的温差，液态液化石油气就开始通过容器壁依靠传热从外界环境获得热量气化。

随着液温逐渐下降，传热量也随之增大。经过 τ_0 时间后，气化所需热量与从外部传进的热量平衡，这样，液温保持稳定，此后气化所需的热量全靠传热供给。

实际上从容器内导出的气体压力应不低于调压器入口所需的最低压力 p_0。液化石油气液温必须不低于蒸气压为 p_0 时的温度 t_0，为了要连续导出气，应使气化压力保持在 p_0 以上。p_0 越高，液温 t_0 也越高，气温与液温差值越小，则气化速度就越小。

在确定最低液温时，还应考虑到空气中水蒸气的露点。当液温低于空气中水蒸气的露点或冰点时，在容器表面即会结露或结霜，传热系数变小，影响气化能力。

如以 t_0 为最低允许液温，则 τ_0 时间内容器的气化量及气化速度可用式 (13-20) 表示。

$$G = G_1 + G_2 + G_3 = w_0\tau_0$$
$$(13\text{-}20)$$

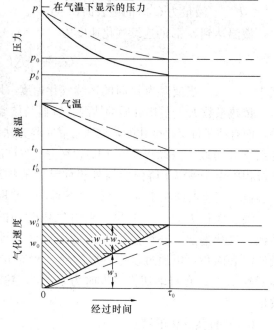

图 13-27 气化过程中压力、液温的变化

则

$$w_0 = \frac{1}{\tau_0}(G_1 + G_2 + G_3) \qquad (13\text{-}21)$$

式中 G——τ_0 时间内总气化量（kg）；

G_1——τ_0 时间内依靠本身显热的气化量（kg）；

G_2——τ_0 时间内容器中气体因压力从 p 降到 p_0 而向外导出的气体量（kg）；

G_3——τ_0 时间内依靠传热的气化量（kg）；

w_0——实际单位时间气化量（kg/s）；

τ_0——气化时间（s）。

上述三部分气化量分别为：

$$G_1 = \frac{1}{r}G'c_{pm}(t - t_0) \qquad (13\text{-}22)$$

$$G_2 = (V - G'v)(\rho - \rho_0) \qquad (13\text{-}23)$$

$$G_3 = \frac{1}{r}KF\left(t - \frac{t + t_0}{2}\right)\tau_0 \qquad (13\text{-}24)$$

式中 r——气化潜热（kJ/kg）；

G'——容器内的液量（kg）；

c_{pm}——液态液化石油气在气化前状态至液温降为 t_0 间的平均定压比热（kJ/(kg·K)）；

t——空气温度，亦即气化前的液温（K）；

t_0——最低允许的液温（K）；

V——容器的内容积（m³）；

v——液态液化石油气在气化前状态至液温降为 t_0 间的平均比容（m³/kg）；

ρ——气态液化石油气在气化前状态时的密度（kg/m³）；

ρ_0——气态液化石油气在 t_0 状态时的密度（kg/m³）；

K——传热系数（$kW/(m^2 \cdot K)$）；

F——液量为G'时的湿表面积（m^2）。

液温达到t_0后的连续气化速度为

$$G_0 = \frac{1}{r} KF(t - t_0) \qquad (13-25)$$

式中 G_0——当液温为t_0时的连续气化速度（kg/s）。

传热系数K与周围介质的情况、容器与储罐的形状和空气与罐壁的接触条件等因素有关，而有些条件又是变化的，故通常靠实验方法取得。对地上$50kg$钢瓶，在无风状态下传热系数K可取$7\sim8.2W/(m^2 \cdot K)$，在空气少许流动时K可取$11\sim17.5\ W/(m^2 \cdot K)$。当气化过程中由于液温下降使容器外表面结露或结冰时，K值为正常情况的三分之一。对地下容器，当容器埋在土壤冰冻线以下时，一般取$K=3\sim6W/(m^2 \cdot K)$。

湿表面积F是一个变量，随着气化时间的增加而减少。可根据连续气化量、传热系数、气化潜热、环境温度及最低允许液温计算出总湿表面积。例如，每一个钢瓶的最低湿表面积可以通过设定钢瓶的允许剩余量求得（通常不设自动切换装置时为容器容积的30%；有自动切换装置时为50%），这样就可以计算出满足用户连续供气的钢瓶数量。

（二）自然气化的特点

1. 气化能力的适应性 容器或储罐内的液态液化石油气利用显热的气化量G_1及原有容器内气体因降低压力向外导出的气体量G_2与依靠传热的气化量G_3性质不同，前两部分气体量取决于容器内的液体量、内容积、液温变化及压力变化等条件，而与时间无关。因此可以在短时间内获得较大的气化量，当减少气化量或停止气化，液温可以回升，那么还可以再利用由此积蓄起来的显热在短时间内以较大的速度气化。这种气化方式的气化能力，根据实际条件具有一定的缓冲性质，这种性质称为气化能力的适应性，这是自然气化的一个重要特性。

2. 气化过程的不稳定性 随着容器中气相液化石油气被不断引出，液态液化石油气不断气化，从而逐渐减少。因此气化能力也会随之降低。当液化石油气是非单一成分时，气化过程引出的气相和仍存留在容器内的气相和液相的组成都要发生改变，轻组分会减少，重组分会增加，因此容器中的饱和蒸气压会逐渐降低。

3. 再液化问题 自然气化时，如果液温与环境温度相同，气化后的气体压力就相当于那时环境温度下的饱和蒸气压。若从容器的出口至调压器入口的高压管道也在同样的环境温度下，气态液化石油气就不会在这段管段内出现再液化现象，如图13-28（a）所示。

在实际使用液化石油气时，主要是依靠传热从环境获得气化所需热量，液温一般都低于环境温度。在这个液温下气化的饱和蒸气，由容器排出后，处在比气化时温度高的环境温度下，即液化石油气蒸气在管道内处于过热状态，因此也不会发生再液化现象。但是如果长时间停留在输气管道内（例如夜间不用气的情况下），而周围环境的温度又在逐渐下降，当温度低于该压力下的蒸气露点时，一部分气体就要再液化而滞留于管道低处。不过像一般的瓶装供应，这部分管道较短，凝结量也极少，而且当再次使用液化石油气时会立即气化，实际上无任何影响。

根据上述情况，自然气化方式一般不必特别考虑再液化问题。但是如图 13-28（b）所示，在容器内气化了的液化石油气，如以很高的压力长距离输送，而且高压管道部分的环境温度比气化容器的环境温度低，那么这部分气体就会出现再液化现象。缩短气化容器与调压器之间的距离，或采用降压输送可以避免再液化现象的发生。

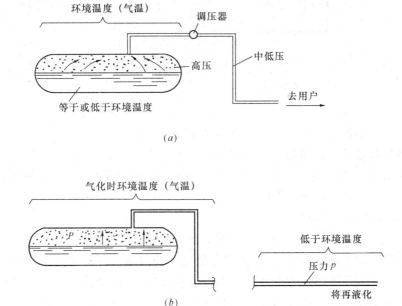

图 13-28　自然气化的再液化条件
（a）不再液化的条件；（b）再液化的条件

二、强制气化

强制气化就是人为地加热液态液化石油气使其气化的方法。气化是在专门的气化装置（气化器）中进行的。

在实际工程中，当液化石油气用量较大采用自然气化很不经济或生产工艺要求液化石油气热值稳定时，多采用强制气化。

（一）强制气化的特点

1. 对多组分的液化石油气，如采用液相导出强制气化，则气化后的气体组分始终与原料液化石油气的组分相同。因而可向用气单位供应组分、热值稳定的气态液化石油气。

2. 与自然气化不同，强制气化在不大的气化装置中可以气化大量的液态液化石油气，由气化器的出力满足大量用气的需要，气化量不受容器个数、湿表面积大小和外部气候条件等限制，不需要从保证安全可靠供气的角度确定容器的个数及总容积。

3. 液化石油气气化后，如仍保持气化时的压力进行输送，则可能出现再液化问题。为防止再液化必须使已气化了的气体尽快降到适当压力，或者继续加热提高温度，使气体处于过热状态后再输送。

以图 13-29 所示的强制气化系统为例说明液化石油气再液化的条件。

储罐环境温度为 25℃，组分为 50％丙烷与 50％丁烷的液态液化石油气，在其饱和蒸气压 0.6MPa 下送入气化器，气化后的气体组分与液体组分相同。

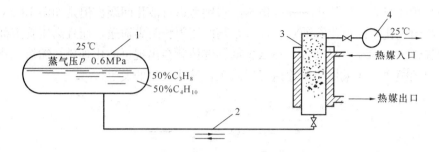

图 13-29 强制气化再液化条件

1—储罐；2—液相管；3—气化器；4—调压器

通过计算得知，组分为 50％丙烷与 50％丁烷的气态液化石油气，如果在 0.6MPa 下不再液化，其最低温度约 40℃。因此，气化器的加热温度不宜低于 40℃，否则，将导致剩液中留下越来越多的丁烷组分。另一方面，上述组分气态液化石油气，如果要在环境温度 25℃时不再液化，其最高压力约为 0.3MPa。所以，气化器之后应紧接调压器，使液化石油气压力降到 0.3MPa 以下，以防再液化。

（二）强制气化的工艺流程

在强制气化系统中，液化石油气从容器中进入气化器的方式有下列三种：依靠容器自身的压力（等压强制气化）；利用烃泵使液态液化石油气加压到高于容器内的蒸气压后送入气化器，使其在加压后的压力下气化（加压强制气化）；液态液化石油气依靠自身压力从容器进入气化器前先进行减压（减压强制气化）。

1. 等压强制气化　如图 13-30 所示，容器 1 内的液态液化石油气，依靠自压 p 进入气化器 2，进入气化器的液体从热媒获得气化所需热量，气化后压力为 p 的气体经调压器 3 调节到管道要求的压力输送给用户。低峰负荷时，采用自然气化供气。

在该系统中储罐与气化器的相对位置，应保证当储罐内达到最低液位时，气化器内的液位高度满足其可以进行正常工作的要求。

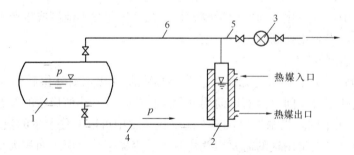

图 13-30 等压强制气化原理示意图

1—容器；2—气化器；3—调压器；4—液相管；5—气相管；6—气相旁通管

2. 加压强制气化　如图 13-31 所示，容器 1 内的液态液化石油气由烃泵 4 加压到 p' 送入气化器 2，在气化器内，在 p' 的压力下气化，然后由调压器 3 调节到管道要求的压力输送给用户。

气化器具有负荷自适应特性：当用气量减少时，气化器内液化石油气气相压力升高，

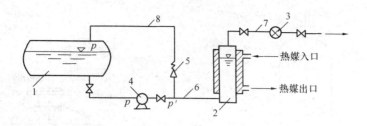

图 13-31　加压强制气化原理示意图

1—容器；2—气化器；3—调压器；4—烃泵；5—回流阀；

6—液相管；7—气相管；8—旁通回流管

在达到甚至超过液相进入压力时，将阻止液相继续进入并将液相推回进液管，回流阀自动开启，液相液化石油气回流到容器 1 中，从而使气化器中液相传热面积减少，气化量减少。当用气量增大时，则发生相反的过程。该特性是气化器对于负荷变动相应自动调整产气量的一种适应特性。

3. 减压强制气化　如图 13-32 所示。液体在进入气化器前先通过减压阀 4 减压，再在气化器内气化。在这种气化方式中，当导出气体减少或停止时，气化器内压力升高，则通过回流阀 5 将液体导回容器，通过减少传热面积而降低气化速度。

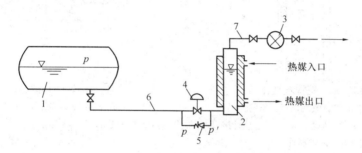

图 13-32　减压强制气化原理示意图

1—容器（储罐）；2—气化器；3—调压器；4—减压阀；5—回流阀；

6—液相管；7—气相管

三、气化器及其计算

（一）气化器

气化器按载热体的不同可分为蒸气式、热水式、电热式和火焰式等。按换热的形式可以分为蛇管式、列管式、U 形管式和套管式等。

1. 蛇管式气化器　蛇管式气化器的热媒可采用水蒸气或热水，一般从蛇管的上端进入，从下端排出。液态液化石油气与蛇管的外表面换热后气化，气态液化石油气便从气相出口引出。蛇管式气化器的构造简单，气化能力较小，其构造原理如图 13-33 所示。

2. 列管式气化器　这种气化器虽然结构比较复杂，但气化能力较大，维修和清扫管束比较方便，其构造如图 13-34 所示。

3. 火焰式气化器　这类气化器可以分为两类，一类是烟气通过壁面与液化石油气换热，它只用于生产量非常大的气化装置中。第二类是烟气通过中间介质把热量传给液化石

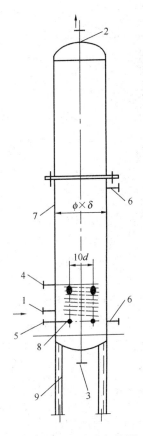
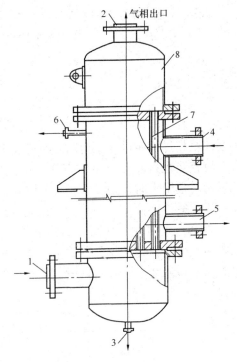

图 13-33　蛇管式气化器

1—液相进口；2—气相出口；3—排污管；

4—热媒进口；5—热媒出口；6—液位计接口；

7—壳体；8—蛇形管；9—支架

图 13-34　列管式气化器

1—液相进口；2—气相出口；3—排污管；

4—热媒进口；5—热媒出口；6—不凝气出口；

7—列管；8—壳体

油气。在没有其他热源的情况下，采用自备液化石油气做燃料是很方便的。火焰式气化器如图 13-35 所示。

烟气通过中间介质把热量传给液化石油气的火焰式气化器，加热系统的传热系数 K 为 $0.041 \sim 0.047 kW/(m^2 \cdot K)$，气化系统的传热系数 K 为 $0.233 \sim 0.466 kW/(m^2 \cdot K)$。

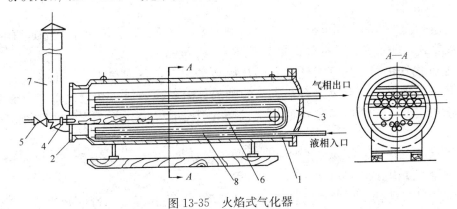

图 13-35　火焰式气化器

1—外壳；2、3—端盖；4—燃烧器；5—阀门；6—双火筒；7—烟筒；8—管组气化系统

4.电热式气化器　一般生产量不大时可采用电热式气化器。这种装置一般气化1kg液化石油气需要消耗432~504kJ的能量。中间介质可以采用油或者水。电热式气化器如图13-36所示。

由于气化器工作条件的特殊性，对制造气化器的材料也有一定要求。气化器内各种管道及外壳可以用普通碳钢，若液化石油气中含硫化物较多，则建议用含12%铬、20%镍的合金钢。为了防止电腐蚀，不能同时使用黑色和有色两种金属。铜在含硫的湿介质中腐蚀得很严重，所以一般不采用。

气化器上一般都装有温度计、压力表、安全阀和液面指示计等仪表。

在气化温度较高、沸腾剧烈的气化过程中，往往气体中带有雾状液滴。因此在构造上应考虑设置挡液板或其他类型的液滴分离装置，也可以在气相出口加热，使液滴过热而气化。

图13-37为蛇形管式电加热气化器及其控制仪表。

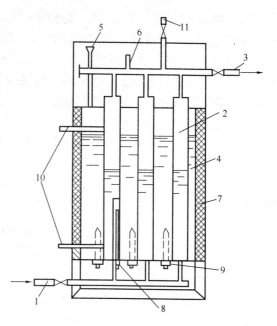

图 13-36　电热式气化器

1—液态液化石油气入口；2—气化筒；3—气态液化石油气出口；4—油箱；5—注油口；6—安全阀接口；7—保温层；8—压力式指示温度计连接处；9—油用电热器；10—液位计接口；11—排气管

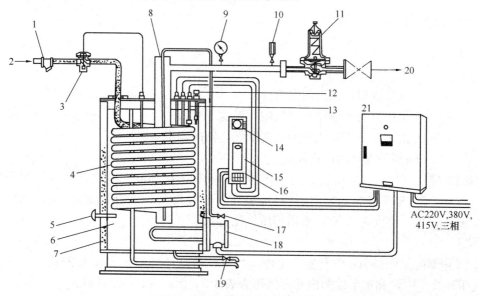

图 13-37　蛇形管式电热式气化器

1—液体过滤器；2—液体入口；3—温度液位控制阀；4—蛇形管；5—温度计；6—热水槽；7—保温材料；8—气态液化石油气集气管；9—压力表；10—安全阀；11—调压器；12—液位计；13—浮子开关；14—温度保护恒温器开关；15—控温开关；16—温度控制箱；17—残液排放阀；18—电加热器；19—热水排放阀；20—气态液化石油气出口；21—控制盘

AC220V,380V,415V,三相

气化器由带保温材料的筒体、蛇形管、电加热器、气液相连接管、安全阀及若干仪表和控制件组成。液态液化石油气沿液体入口管进入气化器，在蛇形盘管内部自上而下流动，同时接受管外热水传给的热量而气化，由中间的集气管上升，经气相管导出。在筒体上安有感温元件来控制水温。水温达到高限时关闭电源；水温到达低限时接通电源，使电加热器工作，对气化器内热水进行加热。当气化器中的液位上升到一定高度或气化器水温过低时，通过控制阀将进液管关闭。

气化器上的安全阀在气化器超压时进行放散。

（二）气化器的计算

气化器的计算主要是计算传热面积，传热面积按式（12-2）计算。其中气化器的总传热系数见表 13-3。

气化器传热系数 表 13-3

序号	气化器类型	总传热系数(kW/(m²·K))	备　注
1	热水气化器	0.2326～0.2908	
2	蒸汽气化器	0.4652～0.5815	
3	火焰气化器	中间加热系统 0.041～0.047	火焰与水
		气化系统 0.233～0.465	水与液化石油气
4	电热气化器		气化单位质量液化石油气耗电量 432～504kJ

当 $\dfrac{t_1 - t_2'}{t_2 - t_1'} < 2$ 时，可采用算术平均温差：

$$\Delta t = \frac{(t_1 - t_2') + (t_2 - t_1')}{2} \tag{13-26}$$

否则，需采用对数平均温差：

$$\Delta t = \frac{(t_1 - t_2') - (t_2 - t_1')}{\ln \dfrac{t_1 - t_2'}{t_2 - t_1'}} \tag{13-27}$$

式中　t_1、t_2——热媒进口、出口的温度（℃）；

　　　t_1'——操作压力下液化石油气饱和温度（℃）；

　　　t_2'——操作压力下液化石油气离开气化器的温度（℃）。

t_2' 实际上是略高于露点的过热温度。

【例 13-1】　求产气量 50kg/h 的气化器传热面积。已知液态液化石油气体积分数组成：丙烷为 0.5，正丁烷为 0.5。工作环境最高温度为 25℃，最低温度为 5℃，热水进口温度为 60℃，出口温度为 50℃，采用等压气化方式。

【解】

1. 气化器的工作压力　气化器的工作压力应按最高环境温度 25℃时液化石油气的饱和蒸气压计算，丙烷和正丁烷的饱和蒸气压查表 1-5。由式（1-17）计算得：

$$p = \Sigma p_i = \Sigma x_i p_i' = 0.5 \times 0.967 + 0.5 \times 0.2744 = 0.62\text{MPa}$$

2. 气化器的工作温度　气化器的工作温度应略高于气化器工作压力下组分为丙、丁烷的体积分数各占 0.5 时混合气体的露点。露点按例 1-9 方法试算得 37.6℃，气化器的工作温度取为 42℃。

3. 气化单位质量的液化石油气需要的热量为：

$$q = h_v - h_1$$

式中　h_1——液态液化石油气在 25℃时的比焓（kJ/kg），丙烷和正丁烷的比焓均按饱和
　　　　　液体考虑，查图 1-18 和图 1-19；

　　　h_v——气态液化石油气在 42℃时的比焓（kJ/kg），丙烷和正丁烷的比焓查图 1-18
　　　　　和图 1-19。在气化器的工作压力为 0.62MPa 时，根据道尔顿分压定律，完
　　　　　全气化了的丙烷和正丁烷的分压力均为 0.31MPa。

液态液化石油气组分的质量分数为：

丙烷：　　$g_{C_3} = \dfrac{x_3 M_3}{x_3 M_3 + x_4 M_4} = \dfrac{0.5 \times 44}{0.5 \times 44 + 0.5 \times 58} = 0.43$

丁烷：　　$g_{C_4} = \dfrac{x_4 M_4}{x_3 M_3 + x_4 M_4} = \dfrac{0.5 \times 58}{0.5 \times 44 + 0.5 \times 58} = 0.57$

　　　$q = (980 \times 0.43 + 740 \times 0.57) - (588 \times 0.43 + 348 \times 0.57) = 392 \text{kJ/kg}$

4. 平均温差

$$\Delta t = \frac{(60 - 42) + (50 - 25)}{2} = 21.5℃$$

5. 换热面积　查表 13-3，取该气化器总传热系数 $K = 0.25 \text{kW/(m}^2 \cdot \text{K)}$
则

$$F = \frac{\omega q}{K \Delta t} = \frac{50 \times 392}{3600 \times 0.25 \times 21.5} = 1.013 \text{m}^2$$

第八节　液化石油气的管道供应

液化石油气的供应方式主要有瓶装供应和将液化石油气气化后管道供应两类。

瓶装供应资金投入少，建设过程短，简便灵活，适宜于临时用户或边远散户的用气。但瓶装供应方式有较大的局限性，如在供应的过程中存在灌装、换气、装卸和运输等多个环节，对气瓶和附件需进行定期的检修和校验，难以满足商业用户及工业用户的大量用气需求等。

液化石油气管道供应作为城镇燃气或小区气源，除了向家庭用户正常供应生活用气外，还可满足冬季采暖的需要。液化石油气管道供应还可作为城镇燃气的调峰气源及备用气源。

根据供气规模的大小、输气距离的远近、环境温度的高低，确定液化石油气管道供应的气化站是采用自然气化还是强制气化，是低压输送还是中压输送。

一、自然气化的管道供应

对于供气量不大的系统，多采用自然气化，可以减少投资，降低运行费用。这种系统通常采用 50kg 钢瓶，布置成两组，一组是使用部分，称为使用侧，另一组是待用部分，称为待用侧。钢瓶具有储气和为自然气化换热两种功能。根据高峰负荷的需要和自然气化的过程及能力可以确定出钢瓶的数量。

当输气距离很短，管道阻力损失较小时，气化站通常采用高低压调压器，采用低压管道供气，如图 13-38 所示。当输气距离较长（超过 200m 以上），采用低压供气不经济时，

气化站设置高中压调压器或自动切换调压器，采用中压管道供气，在用户处再进行二次调压。设置自动切换调压器的系统如图 13-39 所示。

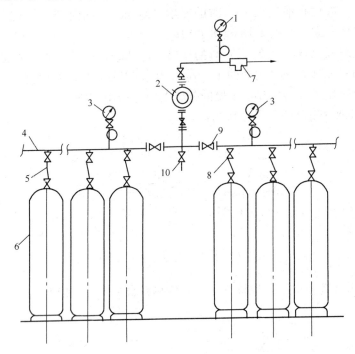

图 13-38　设置高低压调压器的系统

1—低压压力表；2—高低压调压器；3—高压压力表；4—集气管；

5—高压软管；6—钢瓶；7—备用供给口；8—阀门；9—切换阀；10—泄液阀

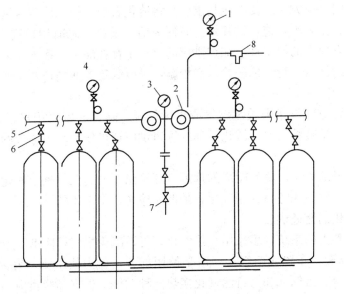

图 13-39　设置自动切换调压器的系统

1—中压压力表；2—自动切换调压器；3—压力指示器；

4—高压压力表；5—阀门；6—高压软管；7—泄液阀；8—备用供给口

自动切换调压器主要由转动把手、凸轮装置、压力指示器和两个高中压调压器构成。

开始工作时，首先扳动转换把手，通过凸轮的作用使一个调压器的膜上弹簧压紧，这个调压器即为使用侧调压器，另一个调压器则为待用侧调压器。由于弹簧压紧程度不同，两个调压器的关闭压力也就不同。当使用侧调压器工作时，其出口压力大于待用侧调压器关闭压力，待用侧钢瓶不能供给气体，只有使用侧钢瓶供气。随着液量的减少，液温降低及成分的变化，调压器入口压力降低，出口压力也相应下降，当降到低于待用侧调压器关闭压力时，待用侧调压器也开始工作（此时是两侧同时工作）。当使用侧钢瓶组内的液体用完时，扳动转换把手，原来待用侧调压器膜上弹簧被压紧变成使用侧，原来使用侧瓶组关闭，更换钢瓶后作为新的待用侧。

使用侧、待用侧或两侧都处于工作状态时，指示器上均有标志。

二、强制气化的管道供应

当用户较多、用气量较大时，采用自然气化必然造成需要钢瓶数量太多，使气化站占地面积太大而不经济，同时给运行管理也带来诸多不便，此时应采用强制气化的供应系统。强制气化的气化站可以采用 50kg 钢瓶，也可以采用储罐。采用 50kg 钢瓶时，可以采用气、液两相引出的钢瓶。高峰时依靠强制气化供气，低峰或停电时可以依靠自然气化供气，既可以节省电能，又提高了供气的可靠性。强制气化的瓶组供应站如图 13-40 所示。采用储罐供气时，可以采用地面罐，当安全距离不能满足要求时也可采用地下罐。不过采用地下罐时必须配置潜液泵，提高了造价和初装费，也增加了维护的难度。在强制气化系统中，气化站中的钢瓶及储罐主要起储气作用。因此，钢瓶数量或储罐容积是由储气所需要的天数决定。

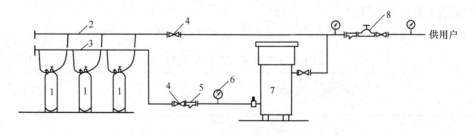

图 13-40　强制气化的瓶组供应站系统图

1—气、液两相出口钢瓶组；2—气相管；3—液相管；
4—阀门；5—过滤器；6—压力表；7—气化器；8—调压器

强制气化的储罐供气装置如图 13-41 所示。

液化石油气由储罐 1 在储存压力下送往气化器 6。在气化器启动时，打开阀门 2 由储罐气相供气。气化器由以气态液化石油气为燃料的快速热水器 5 供出的热水作热媒。在气化器工作后，开启阀门 3，关闭阀门 2，由气化器生产的气态液化石油气向热水器 5 供气。在用气低谷时，气化器不工作，可以开启阀门 9，关闭阀门 8，由储罐气相直接向管网供气。

强制气化的供气系统根据输送距离的远近可以采用中压供气，也可采用低压供气。

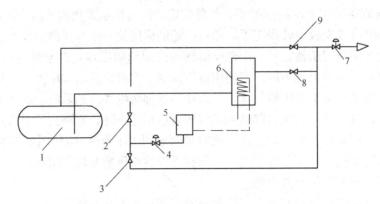

图 13-41　强制气化的储罐供气装置

1—储罐；2、3、8、9—阀门；4、7—调压器；5 -热水器；6—气化器

第九节　液化石油气混空气的管道供应

在远离燃气输配管网或天然气输气干线的地区，液化石油气与空气混合可以作为中小城镇气源。目前，随着我国天然气工业的发展，长输管网趋于网络化，使得有些地区应用天然气成为可能，在天然气到来之前，液化石油气混空气可以作为过渡气源，天然气到来之后，已建成的混气系统仍可作为调峰气源、应急气源或备用气源。

液化石油气和空气混合作为中、小城镇气源与人工煤气相比具有投资少、运行成本低、建设周期短、规模弹性大的优点。与气态液化石油气相比，由于露点降低，在寒冷地区可以保证全年正常供气。

目前广泛采用的液化石油气混空气的比例及其特性如表 13-4 所示。

液化石油气混空气的比例及特性　　　　　　　　　　　　表 13-4

特性 LPG：AIR	低热值 Q_l （MJ/Nm³）	密度 ρ （kg/Nm³）	华白数 W （MJ/Nm³）	燃烧势 Cp	燃烧类别
35：65	37.5	1.67	36.5	36.9	气田气
44：56	47.1	1.77	47.3	39.4	10T
50：50	54.2	1.82	53.1	40.4	12T

采用液化石油气混空气作为主气源时，必须注意的是混合比例应严格控制在安全范围内，混合气中液化石油气的体积分数必须高于其在空气中爆炸极限上限 2 倍。

根据供气规模的不同，液化石油气混空气的方式和设备也不同。主要有引射式混合器、自动比例式混合器和流量主导控制混合器。

一、引射式混合器

液化石油气-空气混合气的制备过程如图 13-42 所示。该系统包括液态液化石油气的气化及气态液化石油气与一定数量的空气相混合。用烃泵 2 将液态液化石油气从储罐 1 送入气化器 6。气化器为管式换热器，管间是液化石油气，管内是热媒（水蒸气或热水）。

为了防止气化器内液态液化石油气液面过高，其上装有浮球式极限液位调节器 5，它保持气化器最大充满度为 75％。在气化器中产生的液化石油气饱和蒸气进入过热器 7 继

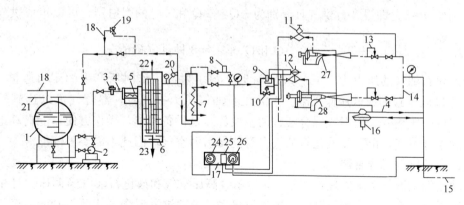

图 13-42　引射式混合装置

1—储罐；2—烃泵；3—过滤器；4—调节阀；5—浮球式极限液位调节器；6—气化器；7—过热器；8—调压器；9—孔板流量计；10—辅助调压器；11—小生产率引射器关闭阀；12—大生产率引射器关闭阀；13—低压调压器；14—集气管；15—燃气分配管网；16—指挥器；17—仪表盘；18—气态液化石油气管道；19—泄流阀；20—安全阀；21—液态液化石油气管道；22—热媒入口；23—热媒出口；24—自记式温度计；25—自记式流量计；26—自记式压力计；27—小生产率引射器；28—大生产率引射器

续被加热，使其过热温度达到 25～30℃。然后，气态液化石油气经过调压器 8 进入引射式混合器的喷嘴，从喷嘴高速喷出的气态液化石油气从周围大气中吸入空气，在引射器中进行混合。制备好的混合气经过集气管 14 送入燃气分配管网 15。

当燃气用气量较小时，气化器中的压力升高，当压力超过储罐 1 的压力时，泄流阀 19 开启，过量气态液化石油气经管道 18 流回储罐 1。为了防止气化器内压力过高，其上设有可将过量气态液化石油气排入大气的安全阀 20。

引射器的自动启动和生产率的调节过程如下：当燃气用量为零时（如夜间）混合装置不工作，这时阀门 11、12 关闭。当有燃气用量时，集气管 14 中的压力降低，该脉冲传至阀门 11 的薄膜上，使阀门 11 开启，气态液化石油气进入小生产率引射器 27 的喷嘴。当燃气用量继续增大时，指挥器 16 开始工作，该脉冲传至小生产率引射器的针形阀，其薄膜传动机构使针形阀移动，从而增加引射器的喷嘴流通面积，提高其生产率。当小生产率引射器的生产率达到最大时，孔板流量计 9 产生的压力降就足以开启阀门 12，使大生产率引射器 28 开始运行。当流量继续增大时，大生产率引射器的针形阀开大，使其生产率继续增大。

当燃气用量降低时，集气管 14 中的压力升高，引射器就逐个停止运转。

调压器 8 和 13 能使引射器前后的压力保持不变，从而使液化石油气-空气混合气的组分保持不变。当针形阀改变喷嘴截面时，引射系数靠空气在吸入室中的节流作用维持不变。

混气装置上装有测量气态液化石油气温度、流量、孔板流量计压力降、管网燃气压力的仪表。为了使引射式混合系统具有供气量的调节能力，可以采用多个引射器，用引射器开停组合实现供气量的变化，可以采用二进制配置，即设 n 个气量依次为 $Q_i = \dfrac{2^{n-i}}{2^n - 1} Q$ $(i = 1, 2, 3, \cdots, n)$ 的引射器。对这种配置的引射器组合，可以实现 2^n 种供气量的分段调节。例如 $n=3$，即设 3 台供气且分别为 $\frac{1}{7}Q$、$\frac{2}{7}Q$ 和 $\frac{4}{7}Q$ 的引射器，可以组成供气量为 0、$\frac{1}{7}Q$、$\frac{2}{7}Q$、$\frac{3}{7}Q$、$\frac{4}{7}Q$、$\frac{5}{7}Q$、$\frac{6}{7}Q$ 和 Q 等 $2^3=8$ 种供气量情况。

当液化石油气的压力为 0.1～0.3MPa 时，该引射器工作时所产生的压力通常为 5～7kPa，连接低压管网或低压储气罐。当液化石油气压力提高时，混合气可以达到较高的压力，实现中压输送。引射式混合装置的主要优点是设备简单，操作方便，能自动地保持混合气的组分不变，由于靠液化石油气自身能量引射空气，因此不需要外部能源。

二、自动比例式混合器

自动比例式混气系统原理如图 13-43 所示。高压空气和液化石油气经调压、计量后进入混合器混合，其混合比例由调节装置进行自动调节。这种混合方式所得到的混合气压力高，但设备复杂，耗电量大，适用于大型混气站。

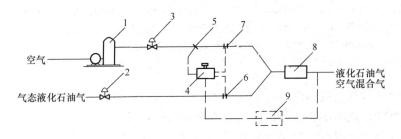

图 13-43　自动比例式混气器系统原理图

1—空压机；2—液化石油气调压器；3—空气调压器；4—调节装置；5—调节阀；

6、7—流量孔板；8—混合器；9—辅助调压装置

三、流量主导控制混合器

如图 13-44 所示，该装置主要有两个流量计和一个流量控制阀。气态液化石油气和空气经正常调压后进入混合器，液化石油气通过流量计直接进入混合室，其流量、温度和压力数据输送到控制系统的可编程序控制器 PLC（图中未表示），转换成标准流量，然后按设定的混合比例计算空气的供入流量，由 PLC 发出指令设定流量控制阀的开启位置，使空气以适当的流量通过。当液化石油气的流量增加或减少时，同样通过程序调节空气

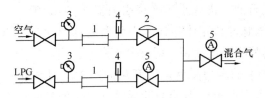

图 13-44　流量主导控制混合装置

1—流量计；2—流量控制阀；3—压力传感器；

4—温度传感器；5—气动阀

的流量，以维持原混合比例不变。由于信号的传送、计算和控制阀的反应动作都在两种气体混合前进行，故称为前馈式控制，由于电子信号的传送速度和 PLC 的运算速度都极快，所以该混合器对任何变化的反应都是实时的。机械活动部分只有流量控制阀，对其实际测试结果显示，流量控制阀由全关至全开只需数秒钟，所以即使是在系统启动时，也可快速地反应，达到正确的位置。

该混合器除了上述的前馈控制外，同时也采用了后馈式控制，使其在反应快捷的同时，精度也很高。在该混合器出口，设置了热值仪，提供反馈信号。混合比的设定一般是

按液化石油气的已知热值计算出来的，但这样计算出来的混合比不一定准确，因为液化石油气的热值会随着每一批进货成分不一样而改变。该混合器的反馈控制不只补偿了因液化石油气组分变化对混气热值的影响，并同时补偿了所有仪表，包括流量计、流量控制阀、温度和压力传感器等可能存在的误差，因为反馈信号所反应的是全部影响热值因素的净值。PLC 会用所有这些因素的净值来调整热值的偏差，一次性把它消除。经过这一修正，热值的控制更为准确，通常误差都不超过 1%。

这种混合器有如下优点：

（1）结构简单，出现机械故障的几率大大减小。

（2）采用前馈式控制，反应快速，由启动至稳定只需约 10s。

（3）启动后能自动快速稳定下来，可按混气的流量及出口压力自动控制混气出口气动阀的开关，不会出现低流量时混气不准确和热值波动的现象。

（4）由于同时采用后馈式控制，补偿了所有计量仪表的误差和液化石油气本身热值的变化，混合气热值的精度可维持在 ±1% 以内。

（5）由于液化石油气在混合器前不需经过减压和通过细小的孔口，同样的混气压力所要求的液化石油气进口压力可大大降低。

参 考 文 献

1. 段常贵主编. 燃气输配(第四版)[M]. 北京：中国建筑工业出版社，2011.
2. 伍悦滨，朱蒙生主编. 工程流体力学泵与风机[M]. 北京：化学工业出版社，2012.
3. 伍悦滨主编. 工程流体力学(水力学)[M]. 北京：中国建筑工业出版社，2006.
4. 方修睦主编. 建筑环境测试技术(第二版)[M]. 北京：中国建筑工业出版社，2008.
5. 沈仲棠，朱芝芬. 临界区摩阻系数计算公式的探讨[J]. 煤气与热力，1986，6(01)：11-13.
6. 顾安忠主编. 液化天然气技术手册[M]. 北京：机械工业出版社，2010.
7. 严明卿主编. 燃气工程设计手册[M]. 北京：中国建筑工业出版社，2008.

高校建筑环境与能源应用工程学科专业指导委员会规划推荐教材

征订号	书　名	作　者	定价(元)	备　注
23163	高等学校建筑环境与能源应用工程本科指导性专业规范(2013年版)	本专业指导委员会	10.00	2013年3月出版
25633	建筑环境与能源应用工程专业概论	本专业指导委员会	20.00	2014年7月出版
28100	工程热力学(第六版)	谭羽非 等	38.00	国家级"十二五"规划教材(可免费索取电子素材)
35779	传热学(第七版)	朱　彤 等	58.00	国家级"十二五"规划教材(可免费浏览电子素材)
22813	流体力学(第二版)	龙天渝 等	36.00	国家级"十二五"规划教材(附网络下载)
27987	建筑环境学(第四版)	朱颖心 等	43.00	国家级"十二五"规划教材(可免费索取电子素材)
31599	流体输配管网(第四版)	付祥钊 等	46.00	国家级"十二五"规划教材(可免费索取电子素材)
32005	热质交换原理与设备(第四版)	连之伟 等	39.00	国家级"十二五"规划教材(可免费索取电子素材)
28802	建筑环境测试技术(第三版)	方修睦 等	48.00	国家级"十二五"规划教材(可免费索取电子素材)
21927	自动控制原理	任庆昌 等	32.00	土建学科"十一五"规划教材(可免费索取电子素材)
29972	建筑设备自动化(第二版)	江　亿 等	29.00	国家级"十二五"规划教材(附网络下载)
18271	暖通空调系统自动化	安大伟 等	30.00	国家级"十二五"规划教材(可免费索取电子素材)
27729	暖通空调(第三版)	陆亚俊 等	49.00	国家级"十二五"规划教材(可免费索取电子素材)
27815	建筑冷热源(第二版)	陆亚俊 等	47.00	国家级"十二五"规划教材(可免费索取电子素材)
27640	燃气输配(第五版)	段常贵 等	38.00	国家级"十二五"规划教材(可免费索取电子素材)
28101	空气调节用制冷技术(第五版)	石文星 等	35.00	国家级"十二五"规划教材(可免费索取电子素材)
31637	供热工程(第二版)	李德英 等	46.00	国家级"十二五"规划教材(可免费索取电子素材)
29954	人工环境学(第二版)	李先庭 等	39.00	国家级"十二五"规划教材(可免费索取电子素材)
21022	暖通空调工程设计方法与系统分析	杨昌智 等	18.00	国家级"十二五"规划教材
21245	燃气供应(第二版)	詹淑慧 等	36.00	国家级"十二五"规划教材
34898	建筑设备安装工程经济与管理(第三版)	王智伟 等	49.00	国家级"十二五"规划教材
24287	建筑设备工程施工技术与管理(第二版)	丁云飞 等	48.00	国家级"十二五"规划教材(可免费索取电子素材)
20660	燃气燃烧与应用(第四版)	同济大学 等	49.00	土建学科"十一五"规划教材(可免费索取电子素材)
20678	锅炉与锅炉房工艺	同济大学 等	46.00	土建学科"十一五"规划教材

欲了解更多信息,请登录中国建筑工业出版社网站:www.cabp.com.cn查询。
　　在使用本套教材的过程中,若有何意见或建议以及免费索取备注中提到的电子素材,可发Email至:jiangongshe@163.com。